岳麓書社

读名著　选岳麓

国家社会科学基金项目

"中国传统家训的创造性转化与创新性发展"（16BKS109）

阶段性成果

中华传统家训选读

家训选读

李兵 彭昊 / 选编 译注

岳麓书社

图书在版编目（CIP）数据

中华传统家训选读/李兵,彭昊选编译注. —长沙:岳麓书社,2022.9
（2023.8 重印）

ISBN 978-7-5538-1195-6

Ⅰ.①中… Ⅱ.①李…②彭… Ⅲ.①家庭道德—中国—古代
Ⅳ.①B823.1

中国版本图书馆 CIP 数据核字（2022）第 036214 号

ZHONGHUA CHUANTONG JIAXUN XUANDU

中华传统家训选读

李 兵 彭 昊 选编 译注

责任编辑:周家琛

责任校对:舒 舍

装帧设计:贺红梅

岳麓书社出版发行

地址:湖南省长沙市爱民路 47 号

直销电话:0731-88804152 0731-88885616

邮编:410006

版次:2022 年 9 月第 1 版

印次:2023 年 8 月第 2 次印刷

开本:880mm×1230mm 1/32

印张:13.125

字数:280 千字

ISBN 978-7-5538-1195-6

定价:68.00 元

承印:长沙市宏发印刷有限公司

如有印装质量问题,请与本社印务部联系

电话:0731-88884129

写在前面的话

2021 年 7 月，中共中央办公厅、国务院办公厅印发《关于进一步减轻义务教育阶段学生作业负担和校外培训负担的意见》，要求有效减轻义务教育阶段学生过重作业负担和校外培训负担，明确规定"严格执行未成年人保护法有关规定，校外培训机构不得占用国家法定节假日、休息日及寒暑假期组织学科类培训"。这意味着孩子在家的时间多了，空闲时间也多了，花更多的时间和精力陪伴、教育孩子成为家长们必须要面对的新现实。

同年 10 月，全国人大常委会通过的《中华人民共和国家庭教育促进法》，于 2022 年 1 月 1 日开始施行。这部法律的颁布，为家长们开展家庭教育赋予了法律规定，要求大家依法当好一个合格家长，并且按照科学的方法与理念去开展家庭教育。

家长陪伴、教育孩子的过程，不但要有适当的方法，而且还要有真正适合孩子的内容，否则家教就有可能被孩子视为令他们烦心的唠叨了，不但很难达到教育孩子的效果，而且还可能引起孩子的反感。

作为一名初中男生的家长，我也需要考虑选择什么内容来教孩子的问题。作为一名大学历史专业的教师，我觉得选择中华传统家训可能是教育儿子阿犇的合适内容。

2021 年 8 月的一个周末晚上，12 岁的阿犇像往常一样，去老师家上二胡课。一个多小时以后，从老师家出来的阿犇脸上没有了往日的笑容，我猜测可能在上课的时候发生了一些不愉快。回家的路上，我认真开车，他安静地坐在车上，都沉默不语。回家后，我和他妈妈仔细询问了那天的情况，才知道老师指导他练习的时候，老不得要领，老师不断地纠正他，他当时头脑一热，居然当面顶撞了老师。老师是一位德高望重、年过七旬的老先生，面对学生这样的态度，自然非常生气，当时就严厉地批评了他。我一听说，也是火冒三丈，因为他已经突破了做学生的底线，就想要严厉批评教育他。但是，转念一想，阿犇今天已经被老师严厉批评了，如果我们再严厉批评他一次，对已经进入青春期的孩子来说效果可能会适得其反。于是，我和他妈妈采用跟他聊天的方式，让他认识到自己的错误，他也保证以后不会再这样了。在我看来，阿犇对我们讲的道理并非不懂，也并非没有认识到今天自己的错误，但是他的控制力不够，一着急就有可能会率性而为，还需要再给他讲道理。但我们能讲的道理都已经讲过了，只能不断重复之前讲过的话，效果也不会好。于是，我想到用经典家训来跟他讲道理。

第二天上午，到了我跟他约定的暑假共读《古文观止》的时间，我告诉他："今天我们不读《古文观止》上的文章，读朱熹的《朱子家训》和朱柏庐的《朱子治家格言》吧。"我跟他讲了这两篇家训的大概内容和特点后，我们俩一句一句地读，一句一句地理解大意，当读到《朱子家训》中的"事师长，贵乎礼也；交朋友，贵乎信也。见老者，敬之"和《朱子治家格言》的"长幼内外，宜法肃辞严"时，我有意联系了前一天晚上发生的事情，跟阿犇强调了尊敬老师和长者的重要性，并且让阿犇重读几遍，希望他能牢牢记住。我看他的眼神和表情，似乎对昨晚发生的事情有些愧疚。过了一个星期，阿犇再次去老师家时，态度发生了明显的变化，学习很认真，老师非常开心，认为他这一次学习效果比之前的任何一次都要好。

尽管不能说这是阿犇读这两篇经典家训的效果，但我真正意识到，通过共读家训，不但可以增长家长的家教知识，还可以让孩子意识到很多道理不止自己的父母这么说，千百年来的人们都认同，自己应该要接受，教育效果可能会更好一些。

家训是中国传统社会开展家庭教育的教科书或者文本文献。家训有多个不同的称呼，如家诫、家规、家法、家教、家仪、家书、世范、宗规、祠规、家约、乡约、格言、遗令、遗记、遗敕、遗书、遗命、遗诫（戒）、终制、顾命、遗言、迪训等。此外，还有不少虽然并未以上述名称命名的名篇佳作，以"示儿""示子"为题的教子诗或训子诗，以及诸如吕坤的《呻吟语》、姚舜牧的《药言》、张英的《聪训斋语》等，这些都是中华传统家训。

中华传统家训的主要内容是教家族和家庭子弟读书、修身、处世、治家、善待亲族邻里等，因其具有约束性、强制性，甚至有惩戒性，对在全社会实现儒家倡导的修身、齐家理念起到了不可忽视的作用。不仅如此，由于家训体现了制定者的人生经验、感悟、教训、治家理念与心得以及对子弟的期许，其针对性更强，更能打动家族和家庭子弟，体现出家训制定者的治家智慧，从而能起到更好的家教效果，中国历史上确实有不少家族因恪守家训而长盛不衰。

然而，时至今日，原有的四世同堂、五世同堂逐渐被三口之家、四口之家代替，家庭结构呈现小型化趋势。家庭成员的地位也发生了巨大的变化，孩子几乎无可避免地成为家庭的中心，爷爷奶奶、外公外婆、爸爸妈妈在孩子身上倾注了全部的爱，"小公主""小皇帝"已经成为比较普遍的现象。在这样的家庭结构中，具有强制性、惩戒性的中华传统家训似乎已经没有存在的空间了。

另外，在大多数家长看来，孩子最重要的是学习成绩，成绩好就可以代表一切都好，"一俊遮百丑"，因此强调修身、成人和处世之道的中华传统家训似乎与现实脱节了，对当下家庭教育的作用和影响是微乎其微的。换言之，在当下，中华传统家训的适应性、有效性都遭到质疑，甚至是否定。

果真如此？2021年3月7日的《人民日报》刊登习近平总书记的谈话，他说："教育，无论学校教育还是家庭教育，都不能过于注重分数。分数是一时之得，要从一生的成长目标来看。如果最后没有形成健康成熟的人格，那是不合格的。"有健康成熟的人格才是合格人才的关键，而不能只看分数，毫无疑问，这是非常有见地的。

中华传统家训最重要的内容就是重视家族和家庭子弟人格的养成，希望将他们培养成"君子"。诸葛亮在《诫子书》中说："夫君子之行，静以修身，俭以养德，非淡泊无以明志，非宁静无以致远。"高攀龙在《高忠宪公家训》中说："人生爵位，自有定分，非可营求。只看义命二字透，落得作个君子。"曾国藩在《致纪鸿》（咸丰六年九月二十九日）中说："凡人多望子孙为大官，余不愿为大官，但愿为读书明理之君子。勤俭自持，习劳习苦，可以处乐，可以处约。此君子也。"

尽管我们当前要求孩子有健康成熟的人格与中华传统家训中的"君子"并不能画等号，但在核心要素上却存在相同之处，比如道德养成、意志形成和社会责任培养等，这意味着中华传统家训对当下的家庭教育依然有借鉴意义。

我们基于当下家庭教育的现实情况，从家庭教育的实际需要的角度，从汗牛充栋的中华传统家训中，精选部分经典家训编辑成此书。为便于大多数家长阅读和理解，我们以意译为主，将家训原文的大意译成白话文，让更多的家长愿意读、读得懂，希望能为他们开展家庭教育提供一些有益的借鉴。

本书由李兵负责列出提纲并译注，彭昊收集部分家训。在编写过程中，我们参考了前贤编著的家训著作，限于体例，均不一一注释，在书后列参考文献，特此说明并致谢意。

编译者

2022 年 4 月 15 日

目　录

司马谈：
扬名于后世，以显父母，
此孝之大者

——《命子迁》

　　司马谈（？—前110），夏阳（今陕西韩城南）人，司马迁之父，著有《论六家之要指》。司马谈通过举贤良方正入仕，官至太史令。元封元年（前110），汉武帝泰山封禅，司马谈因故被留在洛阳，未能参加，他感到非常遗憾，最终忧愤成疾而死。

　　作为太史令，司马谈自己虽然没有实现撰写一部通史的理想，却为其子司马迁修史积累了大量的一手资料，为《史记》的最终完成奠定了良好的基础。司马谈弥留之际，嘱托儿子司马迁一定要接续司马家族的修史传统，完成自己未竟的事业。他的遗言对日后司马迁遭受宫刑后仍能忍辱负重，发愤著述，写成《史记》有着直接的激励作用。司马迁通过自己的不懈努力，修成了被称为"史家之绝唱，无韵之离骚"的中国第一部纪传体通史——《史记》，出色地完成了父亲临终托付的重任，真正达到了父亲要求他通过修史"扬名于后世，以显父母"的目标。

　　本文选自《史记》卷一三〇《太史公自序》。

太史公[1]执迁手而泣曰："余先周室之太史也。自上世尝显功名于虞夏，典天官事。后世中衰，绝于予乎？汝复为太史，则续吾祖矣。今天子接千岁之统，封泰山，而余不得从行，是命也夫，命也夫！余死，汝必为太史；为太史，无忘吾所欲论著矣。且夫孝始于事亲，中于事君，终于立身。扬名于后世，以显父母，此孝之大者。夫天下称诵周公，言其能论歌文武之德，宣周邵之风，达太王王季之思虑，爰及公刘，以尊后稷也。幽厉之后，王道缺，礼乐衰，孔子修旧起废，论《诗》《书》，作《春秋》，则学者至今则之。自获麟[2]以来四百有余岁，而诸侯相兼，史记放绝。今汉兴，海内一统，明主贤君忠臣死义之士，余为太史而弗论载，废天下之史文，余甚惧焉，汝其念哉！"迁俯首流涕曰："小子不敏，请悉论先人所次旧闻，弗敢阙。"

译文 太史公司马谈握着儿子司马迁的手，流着泪着说："儿子啊，我们的先祖是周朝的太史。他们在上古的虞夏时期就建立了不朽的功业，他们在朝廷从事天文、历法等方面的工作。不过，后来我们的家族慢慢衰落了，难道司马家族从事天文、历法工作的传统会在我这一代中断吗？儿子啊，你要继续做太史这样的官，这样也就可以接续我们司马家族的事业。当今天子继承了千年一统的大业，他将在泰山举行封禅大典，这么重要的典礼，而我居然不能跟着去，目睹并记录下来，我真是命运不济啊！命运不济啊！我死了以后，你一定要做太史。

---

[1] 太史公：此指司马谈。

[2] 获麟：鲁哀公十四年（前481）捕获麒麟，孔子伤其事，撰写《春秋》至此搁笔。

如果做了太史，一定不要忘记我一直想要写的史书的事，一定要帮我完成遗愿。我告诉你，尽孝是从侍奉父母开始的，然后能侍奉好君主，最终目的是自己能立身扬名。能做到这点，就能光宗耀祖，让父母脸上有光，这就是最大的孝。普天之下没有人不赞扬周公的，说他能够阐发并且歌颂文王、武王的功业和道德修养，能够宣扬周公、召公的风度，能够领会太王、王季的思想，乃至于能够知晓西周先祖公刘的功业，并尊崇周之始祖为后稷。到了周幽王、周厉王时期，王道逐渐衰败，礼乐崩坏，孔子研究整理原有的典籍，重振被废弃破坏的礼乐，阐述《诗经》《书经》所蕴含的哲理，编纂《春秋》，这些著作至今被学者视为标准。自鲁哀公捕获麒麟以来的四百余年，诸侯之间兼并不断，史书也因此被损毁殆尽。现在大汉王朝兴起，天下一统，圣明的君主、忠诚的大臣和舍生取义的勇士，我作为太史都未能把他们的事迹记录下来，并且加以评价，真正丢掉了的修史传统，我感到非常惶恐，这一点你一定要引以为鉴！"司马迁低着头，泪流满面地说："儿子我虽然愚笨，但我一定会认真、详细地编纂先人所整理的史料，不会有丝毫的遗漏。"

刘向：

有忧则恐惧敬事，敬事则必有善功而福至也

——《诫子歆书》

刘向（约前77—前6），本名更生，字子政，成帝时更名为刘向，西汉沛（今江苏沛县）人。西汉经学家、目录学家、文学家，曾校阅群书，撰成《别录》，为中国目录学之祖。另有《说苑》《列女传》等。

刘歆（？—23），刘向之子。西汉末经学家、目录学家。他尚未成年即任黄门侍郎，是皇帝的近侍大臣。面对年少有成的儿子，刘向要他记住"吊者在门，贺者在闾"和"贺者在门，吊者在闾"两句话，懂得福祸变化的道理，只有时刻心怀敬畏，有如临深渊、如履薄冰的态度，恪尽职守，才能免除祸患。刘歆在协助父亲编纂《别录》的基础上，编纂了《七略》，对中国目录学的建立有重要贡献。他著有《三统历谱》，是中国第一部完整记载于史籍的历法。造有圆柱形的标准量器，所用圆周率为3.1547，世称"刘歆率"。刘歆是中国历史上少有的通才，这与其所受的良好家教不无关系。

本文选自《全上古三代秦汉三国六朝文·全汉文》卷三六。

告歆无忽，若未有异德，蒙恩甚厚，将何以报？董生[1]有云："吊者在门，贺者在闾。"言有忧则恐惧敬事，敬事则必有善功而福至也。又曰："贺者在门，吊者在闾。"言受福则骄奢，骄奢则祸至，故吊随而来。齐顷公[2]之始，藉霸者之余威，轻侮诸侯，亏跂蹇[3]之容，故被鞍[4]之祸，遁服而亡，所谓"贺者在门，吊者在闾"也。兵败师破，人皆吊之，恐惧自新，百姓爱之，诸侯皆归其所夺邑，所谓"吊者在门，贺者在闾"。今若年少，得黄门侍郎，要显处也。新拜皆谢贵人叩头，谨战战栗栗，乃可必免。

译文 歆儿啊，老父亲告诉你，一定不要疏忽大意啊，假如你没有超过常人的道德修养和业绩，国家却给你很多恩惠，你该怎么报答国家呢？董仲舒曾经说过："来吊丧的人走到家门前的时候，贺喜的人其实已经到了街巷口了。"董仲舒的言下之意是，人一旦有了忧患意识，就会诚惶诚恐，办事的时候心怀敬畏之心，就必然会有好的结果，幸福也会随之而来。董仲舒又说："贺喜的人到了家门前时，吊丧的人其实已经到了街巷口了。"他的言下之意是，如果人处在顺境，安于享受，往往就会变得骄傲奢侈，丢掉敬畏之心。一旦骄傲奢侈，往往就会有大祸临头，因此吊丧的人也就会跟着来。我给你举个例

---

[1] 董生：即董仲舒（前179—前104），广川（今河北景县）人，西汉大儒，今文经学大家。提出"天人感应""大一统"学说，曾建议汉武帝罢黜各家学说，独尊儒术。

[2] 齐顷公：名无野，春秋时齐国国君，齐桓公之孙，齐惠公之子。

[3] 跂蹇（qí jiǎn）：跛足。亦指跛行的人。

[4] 鞍：古地名，今山东济南西北。

子吧，春秋时期的齐顷公刚即位时，倚仗他的祖父齐桓公称霸诸侯的余威，心中没有敬畏之心，经常轻蔑、欺负其他诸侯，甚至嘲笑跛足的晋国使臣郤克，结果他在鞍地大败于晋国军队，最后自己与大夫逢丑父交换衣服，仓皇逃跑，才得以保全自己的性命。这就是董仲舒所说的"贺者在门，吊者在闾"的道理。齐顷公鞍地兵败之后，人们都来慰问他。面对这种困境，齐顷公决定改过自新，时时怀有恐惧、敬畏之心，他因此得到了齐国百姓的爱戴，其他诸侯国也都归还了以前夺取的齐国城邑。这就是所谓的"吊者在门，贺者在闾"的道理。歆儿啊，你如今是少年得志，年纪轻轻就做了黄门侍郎，这可是地位很高的职位啊。你上任之后，那些新做官的人都要来拜谢你，那些贵人也向你磕头。在这种情况下，你只有时刻战战兢兢、如临深渊，保有如履薄冰之心，谨慎从事，才能避免灾祸啊！

马援：
好议论人长短，妄是非正法，此吾所大恶也

马援（前14—后49），字文渊，扶风茂陵（今陕西兴平东北）人。建武十七年（41），任伏波将军，镇压交趾征侧、征贰起义，封"新息侯"。曾以"男儿要当死于边野，以马革裹尸还葬耳，何能卧床上在儿女子手中耶"自誓。

马援在出征交趾时，针对兄长马余之子马严、马敦好议论人是非，结交轻薄侠客的行为，专门写信给他们，再三申明自己的态度，要求他们慎于言语，谨于择交，努力做"谨敕之士"，而不能"论议人之长短"。马援还以龙伯高和杜季良为例来劝诫他们，要求他们学龙伯高，成为一个老实谨慎的君子。书信写得情真意切，又以理服人，言辞中饱含着自己对于侄儿们的深情厚爱和殷切期望。后来马严官至五官中郎将、太中大夫、将作大匠，马敦官至虎贲中郎将。

本文选自《后汉书》卷二四《马援传》。

初，兄子严、敦并喜讥议，而通轻侠客。援前在交趾[1]，还书诫之曰："吾欲汝曹闻人过失，如闻父母之名，耳可得闻，口不可得言也。好议论人长短，妄是非正法，此吾所大恶也，宁死不愿闻子孙有此行也。汝曹知吾恶之甚矣，所以复言者，施衿结褵，申父母之戒，欲使汝曹不忘之耳。

译文 起初，马援兄长马余的两个儿子马严和马敦，都有喜欢讥讽、议论别人的坏毛病，并且同一些轻狂的侠客交往。马援在前往交趾的途中，写信告诫他们："我希望你们听到了别人的过失，就像听见了父母的名字一样，只能听，嘴巴上不能说出来，不能去议论。喜欢议论别人的长短，胡乱评论国家的政治法令等大事，这些都是我深恶痛绝的。我告诉你们，我宁可死，也不愿意子孙有这样的行径。你们已经知道我痛恨这种事，所以我再说一次。就像女儿在出嫁之前，母亲会反复训诫系上带子，结上佩巾一样，再三嘱咐她嫁到夫家之后不能行差踏错一样，我反复说的目的是希望你们永远不要忘记。

"龙伯高[2]敦厚周慎，口无择言，谦约节俭，廉公有威，吾爱之重之，愿汝曹效之。杜季良[3]豪侠好义，忧人之忧，乐人之乐，清浊无所失，父丧致客，数郡毕至，吾爱之重之，不愿汝曹效也。效伯高不得，犹为谨敕之士，所谓刻鹄[4]不成尚类鹜者也。效季良不得，陷为天下轻薄子，所谓'画虎不成反

---

[1] 交趾(zhǐ)：东汉时为郡名，辖今越南北部。

[2] 龙伯高(前1—88)：名述，京兆府(今陕西西安)人，曾任零陵太守，有官声。

[3] 杜季良：名保，京兆府人，光武帝时官至越骑司马。

[4] 鹄(hú)：天鹅。

类狗'者也。讫今季良尚未可知，郡将下车辄切齿，州郡以为言，吾常为寒心，是以不愿子孙效也。"

译文 "龙伯高这个人敦厚诚实，为人谨慎，他说的话没有什么可以让人挑剔的，为人谦逊而节俭，廉洁公正又不失威严。我喜欢他，敬重他，希望你们能学学他的样子。杜季良为人豪放，有侠义心肠，富有同情心，好主持公道，把别人的忧愁作为自己的忧愁，把别人的快乐作为自己的快乐，无论别人为人怎么样，他都不会疏远他们。他的父亲去世办丧事的时候，远近几个郡的人纷纷前来悼念。我也喜欢他，也敬重他，但是不希望你们向他学习。因为你们学习龙伯高，即使学不成，还可以成为谨慎、有自控力的人，这就是所谓的雕刻鸿鹄不成还可以雕成一只野鸭子，不会离得太远。可是，一旦你们学习杜季良不成功，那就会堕落成为轻薄子弟，这就是所谓'画虎不成反类狗'了。到现在杜季良的未来还不知道会怎么样，每个郡守刚刚到任的时候，总是咬牙切齿地恨他，州里郡里都因此有闲话。我常常替他寒心，这就是我不希望子孙们向他学习的原因。"

马援：好议论人长短，妄是非正法，此吾所大恶也

郑玄：
勖求君子之道，研钻勿替，敬慎威仪，以近有德

——《诫子益恩书》

　　郑玄（127—200），字康成，北海高密（今属山东）人。汉代经学的集大成者，治学以古文经说为主，兼及今文经说。

　　此篇家训是郑玄七十岁时身染重病，深恐自己不久于人世，给独子郑益恩写下的。在家训中，郑玄叙述自己为求学游走四方，遍访大儒，意在为儿子树立学习向上的榜样；讲述自己屡次推辞入仕为官，潜心著述，意在告诫儿子勿入宦途；讲述自己因党锢之祸被囚禁14年之久，既有自己命运多舛的悲凉之感，也有对朝廷昏暗的怨恨之情。字里行间透露出郑玄耿介、孤傲的学者性格，他希望把自己不慕虚荣、不计名利、自得其乐的操守和人生观传达给儿子。最后告诫儿子，在学业上，应认真钻研，持之以恒；在生活上，应勤劳节俭。全篇文字饱含着父亲的深情厚望，是为学、为人、教子的经典之作。

　　本文选自《后汉书》卷三五《郑玄传》。

吾家旧贫，（不）为父母群弟所容，去厮役之吏，游学周、秦之都，往来幽、并、兖、豫之域，获觐 [1] 乎在位通人，处逸大儒。得意者咸从捧手，有所受焉。遂博稽六艺 [2]，粗览传记，时睹秘书纬术之奥。年过四十，乃归供养，假田播殖，以娱朝夕。遇阉尹擅势，坐党禁锢 [3]，十有四年，而蒙赦令，举贤良方正、有道 [4]，辟 [5] 大将军三司府。公车 [6] 再召，比牒并名，早为宰相。惟彼数公，懿德大雅，克堪王臣，故宜式序。吾自忖度，无任于此，但念述先圣之元意，思整百家之不齐，亦庶几以竭吾才，故闻命罔从。而黄巾为害，萍浮南北，复归邦乡。入此岁来，已七十矣。宿素衰落，仍有失误，案之礼典，便合传家。

译文 我们老郑家过去是很穷的，幸好父母、各位弟弟对我非常宽容，也非常支持我的决定，他们知道我不想做官，就支持我辞掉了像贱役一样的小吏职务。正因为如此，我能到周、秦两朝的故都去周游求学，往来于幽、并、兖、豫等州，有幸拜见那些身居高位而博古通今的大学者，以及隐居不仕、学识渊博的著名儒者。最让我得意的是，这些大学者都愿意接见我，并且能不吝赐教，让我真正学到了不少知识。于是我开

---

[1] 觐（jìn）：朝见君主或者朝拜圣地。

[2] 六艺：指《易》《书》《礼》《乐》《诗》和《春秋》六种儒家经书。

[3] 坐党禁锢：指东汉桓帝、灵帝时，宦官专权，李膺等正直的士大夫起而与之展开斗争，结果反被宦官集团打压，"党人"或被杀，或被禁锢，史称"党锢之祸"。

[4] 贤良方正、有道：均为汉代察举制度中的科目。

[5] 辟（bì）：征召。

[6] 公车：汉代以公家车马递送应征召的士子，后因以公车为举人应试的代称。

始广泛地稽考"六艺"等儒家经典著作，浏览经文的传和记之类的注解，有时也研习秘籍图谶和经书的奥妙。到了四十岁以后，我才回家奉养父母，租来田地耕种，自食其力地欢度时日。然而，好景不长，当时宦官专权乱政，受党锢之祸的牵连，我被关进了监狱，经历了长达十四年的牢狱之灾后，才被皇帝赦免，并被荐举为贤良方正、有道，又有被征召为大将军和三司府官员的大好机会。朝廷两次征召我，那些与我一同列在官府名单上，跟我齐名的人，如今很多都做了宰相级别的高官了。说到他们，他们确实有美德、有涵养，能够胜任辅佐帝王公卿的职务，因此对他们的任命是合适的。我暗自思考，觉得自己就不能胜任这样的职务，我只想着阐发先世圣贤的本来思想，整理诸子百家的不同学说，这也许可以让我发挥自己的才干吧，所以我并没有依照征召的命令去做官。之后，国家遭受黄巾军的祸乱，我像浮萍一样四处漂泊，又回到了老家。到今年，我已经七十岁了。虽然我一生以修养品行、追求学问为志向，但是到了这么大年龄了，仍然有缺失和错误。依照古礼的记载，是到了该把家事传给子孙的时候了。

今我告尔以老，归尔以事，将闲居以安性，覃[1] 思以终业。自非拜国君之命，问族亲之忧，展敬坟墓，观省野物，胡尝扶杖出门乎！家事大小，汝一承之。咨尔茕[2] 茕一夫，曾无同生相依。其勖[3] 求君子之道，研钻勿替，敬慎威仪，以近有

---

[1] 覃(tán)：深广。

[2] 茕(qióng)：没有兄弟，孤独。

[3] 勖(xù)：勉励。

德。显誉成于僚友，德行立于己志。若致声称，亦有荣于所生，可不深念邪！可不深念邪！吾虽无绂[1]冕[2]之绪，颇有让爵之高。自乐以论赞之功，庶不遗后人之羞。末所愤愤者，徒以亡亲坟垄未成，所好群书率皆腐敝，不得于礼堂写定，传与其人。日西方暮，其可图乎！家今差多于昔，勤力务时，无恤饥寒。菲饮食，薄衣服，节夫二者，尚令吾寡恨。若忽忘不识，亦已焉哉！

译文 儿子啊，现在我要告诉你的是，我已经老了，要把家事都托付给你，我将要闲居在家，以安心性情，继续深思，以完成我的学术事业。从今以后，除非是要去拜谢国君的敕命，或者去看望生病的族人、亲戚，或者要去祭扫祖先坟墓，或者外出观察田野的风物，我怎么还会挂着拐杖出门乱跑呢？家里的大事小事，你都要承担起来了。唉，我只有你这么一个儿子，让你孤孤单单，没有兄弟可以依靠。你一定要努力探求君子之道，深入细致钻研，不要让学问荒废了，恭敬谨慎地注重你自己的举止仪表，多跟有品德的人交往、请教。好的名声往往是靠志同道合者促成的，树立德行则全靠自己的志向。假如自己有了好名声，生你的父母也会以此为荣，这个问题你能不深思吗！你能不深思吗！我虽没有建立高官显贵们那么高的功业，但是我有推功让爵的高洁品行。我以著书立说、研究经典为乐，希望没有给后人留下被人羞辱、耻笑的把柄。最后，让我深感郁闷和遗憾的是，死去双亲的坟墓还没有

---

[1] 绂（fú）：古代系印纽的丝绳，亦指官印。

[2] 冕（miǎn）：中国古代帝王及大夫以上的官员戴的礼帽，后专指帝王的皇冠。

修好，我喜欢的书籍大都陈腐破烂了，没有能力再到讲堂去整理编辑好，并传给好学的人了。日落西山，我已经到了迟暮之年，还有什么可做计划的！我们家现在的情况比之前好一些了，希望你勤奋努力，及时耕种，不误农时，这样就不会再为饥寒担忧了。你平时吃、穿都要简单一些，不要讲究。如果能在衣、食两方面都有节制，我也就没有太多的遗憾了。如果你把我的这些话当作耳边风，不能领会我的良苦用心，那我也没有办法，只好算了！

诸葛亮家书二则

非淡泊无以明志，非宁静无以致远

——《诫子书》

诸葛亮（181—234），三国蜀汉政治家、军事家。建安十二年（207），刘备三顾茅庐，请他出谋献策，他提出了联孙吴抗曹、兴复汉室的建议。刘备建立蜀汉后，担任丞相。刘备去世后，辅佐后主刘禅。

此文为诸葛亮去世前写给八岁儿子诸葛瞻的一封家书。诸葛亮告诫儿子要"静"与"俭"相结合，"非淡泊无以明志"是"俭"的结果，"非宁静无以致远"是"静"的结果。求学必须心静，而心静又必须恬淡寡欲，如对功名利禄的欲望过重，心必然无法宁静。最后特别强调，人要珍惜时光，为实现自己的目标而奋斗。此篇短小精悍的家书，字字珠玑，言简意赅，对仗工整，堪称教子的千古范文。"静以修身，俭以养德""非淡泊无以明志，非宁静无以致远"成为至理名言而流传千古。

本文选自《诸葛亮集·文集》卷一。

夫君子之行，静以修身，俭以养德，非淡泊无以明志，非宁静无以致远。夫学须静也，才须学也，非学无以广才，非志无以成学。淫慢则不能励精，险躁则不能治性。年与时驰，意与日去，遂成枯落，多不接世，悲守穷庐，将复何及！

译文 一个品德高尚的人的行为，应该是通过潜心专一来提升个人的品德修养，通过俭朴的生活来培养品德。如果不甘于内心恬淡、清心寡欲，就无法明确自己的远大志向；如果不精力集中、排除外来干扰，就无法成就远大的目标。所以学习要求潜心专一，能力、才干需在学习中不断提升。不学习才干就不会提升，没有远大的志向，学业就很难有所成就。放纵懈怠就无法振奋精神，轻薄浮躁就不能陶冶自己的性情。年华随着时光飞逝，意志也会随着岁月渐渐消退，人就会像枯枝落叶一样消逝，大多数人对社会没有任何的贡献，只能悲伤地守着自己的破房子度日了，到那时悔恨又怎么来得及呢！

夫志当存高远，慕先贤，绝情欲

——《诫外生书》

在此篇家训中，诸葛亮首先告诫外生（即外甥）立志的重要性，认为立志是一个人成才的基础和关键。他强调立志必须高远，以古圣先贤为榜样，摈弃低俗的欲望，战胜自己的不良思想，才能不断激励自己。而"忍屈伸，去细碎，广咨问，除嫌吝"是实现高远志向的关键。他提出如果立大志，即使不能实现，对自己的德行也不会有损害；如果不立志或者志向不坚定，沉溺于世俗私欲之中，则会沦为平庸之辈。全篇文字把诸葛亮对晚辈的殷殷期望表达出来，内容丰富，极具哲理性。"志当存高远"是诸葛亮一生的真实写照和人生经验的总结，也是激励后来人立大志的座右铭。

本文选自《诸葛亮集·文集》卷一。

夫志当存高远，慕先贤，绝情欲，弃疑滞，使庶几之志，揭然有所存，恻然有所感；忍屈伸，去细碎，广咨问，除嫌吝，虽有淹留，何损于美趣，何患于不济。若志不强毅，意不慷慨，徒碌碌滞于俗，默默束于情，永窜伏于凡庸，不免于下流矣！

译文 为人应树立高尚远大的志向，仰慕学习古代圣贤，要节制自己的情欲，去掉郁结在胸中的不良思想，使自己有接近或者近似于先贤的志向，使远大的志向能够树立起来，并且能够不断地激励自己。之后，为了实现自己的志向，一定要正确对待挫折，抛弃琐碎小事，广泛地学习，不要有嫉贤妒能之心。这样即使暂时人家不知道自己的才德，没有人赏识你，这对于自己高尚的情操、美好志趣也是没有任何损害的，又何必担心是否能成功呢？如果志向不刚强坚韧，意气不慷慨高昂，就只碌碌无为而流于世俗，默默无闻而被情欲所束缚，永远只能混迹于平庸的人群之中，沦落为地位低下的人！

羊祜：
言则忠信，行则笃敬

——《诫子书》

羊祜（hù）（221—278），字叔子，泰山南城（今山东平邑南）人。羊祜出身世族，十二岁时丧父。魏末任相国从事中郎，掌司马昭机要。西晋代魏后，为都督荆州诸军事，守襄阳，后拜征南大将军。他为人清廉正直，谦逊礼让，仁德之名流传后世。

在此篇家训中，羊祜告诉儿子，尽管自己从小就接受严格的家庭教育，但是在乡里并没有得到"清异"之名。他非常坦率地告诉儿子，自己的政绩远不如前辈，儿子也同样没有超出常人的才能，因此立身处世就更应该"言则忠信，行则笃敬"。他严厉告诫儿子不传无根据的话，不轻信诽谤和赞誉的话，要谦虚谨慎，三思而后行，切忌言行无信。这篇家训提出的"恭为德首，慎为行基"的教子思想，为仕宦之家所称许。

本文选自《全上古三代秦汉三国六朝文·全晋文》卷四一。

吾少受先君之教，能言之年，便召以典文。年九岁，便诲以《诗》《书》。然尚犹无乡人之称，无清异之名。今之职位，谬[1]恩之加耳，非吾力所能致也。吾不如先君远矣，汝等复不如吾，谘度[2]弘伟，恐汝兄弟未之能也。奇异独达，察汝等将无分也。恭为德首，慎为行基，愿汝等言则忠信，行则笃敬，无口许人以财，无传不经之谈，无听毁誉之语。闻人之过，耳可得受，口不得宣，思而后动。若言行无信，身受大谤，自入刑论。岂复惜汝！耻及祖考。思乃父言，纂乃父教，各讽诵之。

译文 我从小就受到你们祖父的悉心教导。刚刚会说话，他就教我学一些重要文字。等我到了九岁，他教我读《诗经》《尚书》等儒家经典。然而我并没有得到同乡人的称誉，也没有清高特异的名声。我现在的官职和地位，是皇帝错爱我，把特别的恩惠赐给我的结果，并不是凭自己的才干能得到的。我远不如你们的祖父，你们又不如我。考虑国家大事的时候有预见性，恐怕你们兄弟都没有这个能力。有别人无法超越的才能，我看你们也没有这样的天分。恭敬是道德的首要条件，谨慎是行事的根本。我希望你们能做到说话诚实可信，行为忠实恭敬，不要空口许愿给别人财物，又无法兑现，不要传播毫无根据的话，不要听信诋毁或奉承人的话。如果听说了别人的过错，你耳朵可以听，但嘴上一定不要再去跟别人讲，做事情一定要先动动脑筋，再决定如何去做。如果你们说话做事不讲诚

---

[1] 谬(miù)：错误的，不合情理的。

[2] 谘度(zī duó)：咨询，商议。

信，势必会受别人的严厉谴责，甚至会落到遭受法律惩罚的地步。到那个时候，你们自己固不足惜，祖宗也要因你们蒙受耻辱。你们一定好好地想想我说的这些话，发自内心地听从我教诲，每个人都要把这些话背诵下来。

嵇康：
不须作小小卑恭，当大谦裕；
不须作小小廉耻，当全大让

——《家诫》

　　嵇康，字叔夜，三国魏文学家、思想家，"竹林七贤"之一。嵇康幼年丧父，赖母兄抚养。娶曹操孙沛穆王曹林之女为妻，官中散大夫，世称嵇中散。他抨击司马氏以维护"名教"为幌子，行阴谋夺权之实，遭钟会陷害，为司马昭所杀。

　　《家诫》是嵇康临刑前在狱中写给儿子的，是一个自知将死的父亲写给前途未卜的儿子的遗书。嵇康一方面告诫儿子立志、守志的重要性，认为如果没有坚定的志向，不可能有实际的成就，更不会有功成名就的那一天。另一方面又要求儿子能圆滑地处理人际关系，比如与自己的上级保持一定的距离、尽量不接受别人的请托、说话一定要谨慎、不轻易接受别人的礼物、不劝人喝酒等，以达到远离灾祸，保全自己的目的。此篇家训是嵇康人生处世的总结，字里行间充满了对年幼儿子的呵护和期望。

　　本文选自《嵇康集》卷十。

人无志，非人也。但君子用心，所欲准行，自当量其善者，必拟议而后动。若志之所之，则口与心誓，守死无二，耻躬不逮，期于必济。若心疲体懈，或牵于外物，或累于内欲，不堪近患，不忍小情，则议于去就；议于去就，则二心交争；二心交争，则向所以见役之情胜矣！

译文 一个人如果没有志向，就不能算是真正的人了。只是君子运用他的心智办事时，所想的是要按照行为准则来做，自然应当衡量事情的善恶，也一定要预先筹划好之后才付诸行动。假如是心意向往的，就要心口一致，坚持到底，哪怕到死也不会改变，唯恐自己做得不够好，期盼的事情一定能成功。如果身心疲惫、情绪懈怠，或者被外在世界诱惑，或者受累于内心的欲望，不能忍受一时出现的灾难，不能克制小的情欲引发的冲动情绪，就容易在何去何从的十字路口徘徊；自己不知道何去何从，内心就会产生矛盾和斗争；内心发生了矛盾、斗争，那么过去被私欲杂念驱使的情感欲望便会占上风。

或有中道而废，或有不成一篑而败之。以之守则不固，以之攻则怯弱，与之誓则多违，与之谋则善泄；临乐则肆情，处逸则极意。故虽荣华熠耀，无结秀之勋；终年之勤，无一旦之功，斯君子所以叹息也。若夫申胥[1]之长吟[2]，夷齐[3]之

[1] 申胥：即申包胥，一作勃苏。春秋时楚国大夫。

[2] 长吟：呻吟，此处指申包胥的号哭。据《左传·定公四年》，楚国被吴国攻破，楚昭王被吴人劫往吴国。申包胥为拯救楚国，入秦乞求救兵，连哭七天七夜，感动了秦王，终于肯发兵救楚，最终使楚昭王平安返回郢都。

[3] 夷齐：殷商末年的著名隐士伯夷与叔齐，他们为孤竹君之子。武王灭商后，伯夷与叔齐耻食周粟，采薇而食，饿死于首阳山。

全洁，展季^[1]之执信，苏武^[2]之守节，可谓固矣。故以无心守之，安而体之，若自然也，乃是守志之盛者可耳。

译文 因而，有人会半途而废，有人还没有正式开始就放弃了。用这种人去坚守某处，一定是不牢固的；让他去进攻，他会胆怯而软弱；与他发誓结盟，他常常违背自己的誓言；和他商量、谋划事情，他会轻易泄漏；遇到快乐的事情，他就会放纵情欲；身处安逸的环境下，他就会极尽己意。所以，这种人虽然外表光彩照人，却是华而不实，很不实在；虽然他看上去每天都忙忙碌碌，从年头忙到年尾，但又没有做出任何成绩，这是君子为什么常常会为之叹息的原因啊。像春秋时期楚国大夫申包胥为救楚国而长时间号哭，殷商末年的伯夷、叔齐为保全贞洁而饿死于首阳山，春秋时期的柳下惠正直而守信，汉代苏武坚守节操，他们都是志向坚定的人。所以用没有杂念之心固守志向，就能安心地体现心志，一切都是水到渠成，自然而然，这才算是固守志向的榜样。

所居长吏，但宜敬之而已矣。不当极亲密，不宜数往，往当有时。其有众人，又不当独在后，又不当宿。所以然者：长吏喜问外事，或时发举，则怨者谓人所说，无以自免也。若行寡言，慎备自守，则怨责之路解矣。

译文 与上级长官相处的时候，只应当尊重他就可以了。不要和他们过于亲密，不应当经常往他们那儿跑，即便是要

---

[1] 展季：指春秋时期鲁国大夫柳下惠，以正直而守信著称。

[2] 苏武：西汉初年人，曾奉汉武帝之命出使匈奴，匈奴单于劝苏武归降，苏武不从，被扣留十九年，虽历尽艰难，但不失汉臣之节。

去，也要在适当的时候去。如果有很多人一起去拜见他，离开的时候不要独自待到最后才走，更不应当在上级家里留宿。之所以要这样做，是因为上级往往喜欢询问外面的一些事情，或许有时不经意地揭发了别人，那些因此被处罚的人就会说一定是有人告发了他，这样你就没有办法为自己开脱了。如果能多做少说，谨慎戒备，自我守护，那么怨恨、责怪的根源就会自然而然地消解了。

其立身当清远。若有烦辱，欲人之尽命，托人之请求，当谦言辞谢："某素不预此辈事。"当相亮[1]耳。若有怨急，心所不忍，可外违拒，密为济之。所以然者，上远宜适之几，中绝常人淫辈之求，下全束脩无玷之称，此又秉志之一隅也。

译文 一个人处世立身应当清廉而远离世俗。如果有人碰到了麻烦事或者受到了欺辱，想让别人尽力为他帮忙，当你受人之托或者别人有求于你的时候，应当婉言谢绝，对他们说："我从来不干预那些人的事。"人家也会谅解你的。如果别人有急事求你，不答应帮忙又确实于心不忍的时候，你可以表面上拒绝他，但可以在暗中帮助他。之所以要这样做，是因为上可以远离那些借机拉拢束缚你的人，中可以断绝俗人与那些贪得无厌之徒的不断请求，下可以保全自己、潜心修养的名声，这又是坚守心志的一个方面。

凡行事先自审其可，不差于宜，宜行此事，而人欲易之，当说宜易之理。若使彼语殊佳者，勿羞折遂非也；若其理不

---

　[1] 亮，同"谅"。

足，而更以情求来守人，虽复云云，当坚执所守，此又秉志之一隅也。

译文 大凡做事，你自己先要仔细评估可做或不可做。如果认为这件事适宜，就应当做这件事，但别人要改变它，那就应当请他讲清要改变的原因。如果他讲的理由非常充分，就不要因为自己感到羞愧而否定他的想法；如果他讲的道理并不充分，而改用感情来打动你，希望你同意改变，虽然他反复劝说，你还是要坚守自己的想法，这又是坚守心志的一个方面。

不须行小小束脩之意气，若见穷乏而有可以赈济者，便见义而作。若人从我，欲有所求，先自思省；若有所损废多，于今日所济之义少，则当权其轻重而拒之。虽复守辱不已，犹当绝之。然大率人之告求，皆彼无我有，故来求我，此为与之多也；自不如此，而为轻竭。不忍面言，强副小情，未为有志也。

译文 不需要拘泥于狭隘的束身修行的感情意气，如果看到穷苦潦倒的人，而自己又有接济他的能力，就要见义而为，尽力去帮助他。如果有追随你的人，他想求你帮忙，那么你先要考虑、权衡。如果因为帮助他，自己损失得太多，但今日帮助所体现的道义又很少，那就应当权衡轻重加以拒绝。即使他低三下四反复求情，你仍然要坚决拒绝。然而大多情况下别人来请你帮忙，都是他无我有，所以才来求帮忙，这是给予他的太多了的原因。倘若不是这样，轻易就为别人竭尽全力帮忙，不忍心当面拒绝，勉强用小恩小惠来满足别人的愿望，这不是有志气的表现。

夫言语，君子之机。机动物应，则是非之形著矣，故不可不慎。若于意不善了，而本意欲言，则当惧有不了之失，且权忍之；后视向不言此事，无他不可，则向言或有不可。然则能不言全得其可矣。且俗人传吉迟，传凶疾，又好议人之过阙，此常人之议也。坐中所言，自非高议，但是动静消息，小小异同，但当高视，不足和答也。非义不言，详静敬道，岂非寡悔之谓？人有相与变争，未知得失所在，慎勿预也。

译文 言辞话语，是君子的心声。话一说出去，便会引起各种各样的反应，于是各种是是非非就会显露出来，所以不能不慎之又慎。如果有些不容易讲清楚的事，虽然本来又想讲，就应当考虑到可能讲不清，暂时忍着不要讲。事后回头看看，之前没有讲这件事并没有别的不可之处，那么说明之前要说的或许有不可说的道理。既然这样能够不说，做得全面一些就很好了。况且世俗之人向来都是传好事的时候迟缓，传坏事的时候迅速，而且还喜欢议论别人的过错缺点，这都是常人的观点。一般人闲坐时谈话的内容，自然不是什么高论，只是外界事情的或动或静，或消或长，大同小异，对这些话，你不必理睬，根本不需要搭理那些谈话的人。不符合道义的话不要讲，安详、肃静、恭谨、守道，这些难道不就是很少懊悔的代名词？当有人在相互争辩，而你又不知道谁是谁非的时候，千万不要掺和进去。

且默以观之，其是非行自可见，或有小是不足是，小非不足非，至竟可不言以待之，就有人问者，犹当辞以不解，近论议亦然。若会酒坐，见人争语，其形势似欲转盛，便当亟舍去之，此将斗之兆也！坐视必见曲直，傥不能不有言，有言必是在一人，其不是者方自谓为直，则谓"曲我者有私于彼"，便怨恶之情生矣；或便获悖辱之言，正坐视之，大见是非，而争不了，则仁而无武，于义无可，当远之也。然都大争讼者小人耳，正复有是非，共济汗漫。虽胜，何足称哉？就不得远，取醉为佳。

译文 你暂且静静地旁观一下，事情是非曲直自然会慢慢表现出来；或者有的方面是正确的但还不足以全部肯定，或者有小的过错又不足以全部否定，面对这种情况，你可以不说任何话，等待事情结束。即使有人来问你怎么看，还应当用自己不了解情况来推辞，当你遇到别人议论的时候，你也可以用这种办法处理。如果你参加酒宴的时候，看有人在争吵，形势还会越来越激烈，你就应当马上离开，因为这是他们要动手打架的前兆了！如果你继续坐在那里看着，就一定会看到事情的是非曲直。在这种情况下，假如你又不能不说话，只要你一开口，就一定会说他们其中一方正确有理，但是那个被认为不正确的人一定会认为自己是正确的，他就会说"那个说我不正确的人，一定是在偏袒对方"，他一定会怨恨、憎恶你。即使听到了荒谬歪曲的议论，你应该坐在原地观察，谁对谁错非常清楚，双方又争执不下，这时只有仁爱之名，无勇武之德，在道义上是不可肯定的，所以要远离争执。然而爱争吵的，大多数都是小人，即便他们又有是非之争，也是漫无边际的，毫无对错的标准可言。即便能争论出个是非曲直，又有什么值得称道的呢？因此，在接近不得、参与不得的情况下，你远远地在一旁，喝得酩酊大醉是最好的。

若意中偶有所讳，而彼必欲知者，若守大不已，或劫以鄙情，不可惮此小辈，而为所挽引，以尽其言。今正坚语，不知不识，方为有志耳。自非知旧邻比，庶几以下，欲请呼者，当辞以他故勿往也。外荣华则少欲，自非至急，终无求欲，上美也。不须作小小卑恭，当大谦裕。不须作小小廉耻，当全大让。若临朝让官，临义让生，若孔文举[1]求代兄死，此忠臣烈士之节。

译文 如果这时你心中偶然有什么需要保密的，不愿意告诉别人的事，但是对方非要知道不可，如果对方纠缠不放，或者用世俗鄙陋之情来逼迫你说出，你一定不要因为害怕这类小人而让他牵着鼻子走，把自己心中的秘密全部说出来。面对这种情况，你应该坚决说自己不知道，守口如瓶，这才称得上是有志。假如不是老朋友、关系好的邻居，或者贤德之士以下的人，邀请你做客，应当找个借口婉拒，千万别去。不追求荣华富贵，私欲自然就少了，假如不是紧迫到了极点，千万不要求人，这是做人的最理想境界。不需要讲究小卑小恭，在大的方面能谦让大度。不需要计较小廉小耻，应当保全大节，就像在官场上能让官，为了正义能把生存的机会让给别人，像孔融要

---

[1] 孔文举：即孔融（153—208），东汉末年鲁国人，"建安七子"之一。曾任北海相，后任少府，因触犯曹操，降为太中大夫，后被杀。据《后汉书·孔融传》记，孔融十六岁时，张俭因触怒宦官被追捕，遂投奔至孔融兄长孔褒处。正好孔褒不在，孔融做主收留了张俭。事发之后，孔融兄弟均被宦官抓捕，他们争相认罪。最后孔褒被处死，孔融因争着代哥哥去死而名声大振。

求替代哥哥去死一样，这才是忠臣烈士的气节。

凡人自有公私，慎勿强知人知。彼知我知之，则有忌于我。今知而不言，则便是不知矣。若见窃语私议，便舍起，勿使忌人也。或时逼迫，强与我共说，若其言邪险，则当正色以道义正之，何者？君子不容伪薄之言故也。一旦事败，便言某甲昔知吾事，以宜备之深也。凡人私语，无所不有，宜预以为意，见之而走者，何哉？或偶知其私事，与同则可，不同则彼恐事泄，思害人以灭迹也。非意所钦者，而来戏调蚩[1]笑友人之阙者，但莫应从小共转至于不共，而勿大冰矜，趋以不言答之，势不得久，行自止也。

译文 人总是有隐私的，切不可硬要人家把他的隐私告诉你。如果我知道了他的隐私，他就会对我有所忌恨。如果现在知道了却不说，那么也就是不知道了。如果看见有人在窃窃私语，你要立即起身离开，不要让他们忌恨你。或为形势所迫，非要跟我一起讨论不可，如果他们的话歪斜凶险，就应当十分严肃地用道义去纠正。为什么要这样做呢？这是君子不能容忍虚伪和鄙薄的话的缘故。这样的人一旦事情败露，他们就会说某人之前也知道我们这件事情。因此对这类人一定要严加防备。别人私聊的时候，谈话的内容无所不有，应当预先留意到这一点，见到别人在私聊就走开。为什么要这样做呢？有时偶尔知道了他们的私事，如果赞同他们的观点还好，如果不赞同，他们就会担心事情泄漏，甚至会想杀人来毁灭痕迹。如果

---

[1] 蚩：通"嗤"，讥笑。

不是心中钦佩尊重的人，而来拿朋友的缺点开玩笑，甚至嘲弄讥笑，你一定不要随声应和；对这种事情的态度，从与其稍有相同转变为完全不同，也不要过于严肃和激烈，只是要赶紧用沉默无言应付他，这种嘲笑朋友缺点的事情就不会持续很久，慢慢就会停下来的。

自非监临，相与无他宜适，有壶榼[1]之意，束脩之好，此人道所通，不须逆也。通此以往，自非通穆。匹帛之馈，车服之赠，当深绝之。何者？人皆薄义而重利，今以自竭者，必有为而作，鬻[2]货徼[3]欢，施而求报，其俗人之所甘愿，而君子之所大恶也。又慎，不须离搂，强劝人酒，不饮自已；若人来劝，己辄当为持之，勿诮勿逆也。见醉熏熏便止，慎不当至困醉，不能自裁也。

译文 如果没有相互监督管辖，相处又没有别的矛盾，朋友之间有交杯共饮的情意，互相赠送点礼品的好关系，这是人情之常，都不需要拒绝。除此之外，如果不是关系非常要好的朋友，他却赠送你整匹的帛、车辆和衣裳，那就应当坚决拒绝，不能接受。这是为什么呢？因为一般人都是轻义重利的，现在他却主动拿出自己的东西送给你，一定是有目的的，他想用财物来换取你的欢心，馈赠礼品而求回报，这是庸俗小人心甘情愿干的事，而君子们是深恶痛绝的。另外，不要昏乱糊涂，不要纠缠不舍、硬劝别人喝酒，别人不喝就不要勉强；如

---

[1] 榼(kē)：古代盛酒的器具。

[2] 鬻(yù)：卖。

[3] 徼(jiǎo)：求。

果有人来劝你喝酒，就应当顾全礼仪，端起酒杯来，一点为难的表情都不要有，不要责备，也不要直接拒绝；看到别人已经喝得醉醺醺了，就应当停止，绝对不要喝得烂醉如泥，以至于不能自理。

嵇康：不须作小小卑恭，当大谦裕；不须作小小廉耻，当全大让

陶渊明：
汝等虽不同生，当思四海皆兄弟之义

——《与子俨等疏》

陶渊明，一名潜，字元亮，世称靖节先生。浔阳柴桑（今江西九江西南）人。东晋诗人。曾任江州祭酒、镇军参军、彭泽令。后去职归隐，终身不复仕。疏是一种用于告诫，类似书信的文体。

陶渊明五十多岁时大病，自感不久于人世，于是在重病中给五个儿子写下此篇带有遗嘱性质的家训。他首先讲述了自己看破生死的达观态度与辞官归隐的人生选择，对因自己归隐而导致家庭贫困，向儿子们表达了愧疚之情。然后，他谆谆告诫五个同父异母的儿子，他们虽然不是同母所生，但也要和睦相处、相互扶植，以先贤为典范，慎重治家。此篇家训用朴素的文字，向儿子们诉说衷肠，期望他们理解、谅解自己，与前人训子书以告诫语气为主有明显不同，这在古代的家训作品中是比较少见的。

本文选自《陶渊明集》卷七《疏祭文四首》。

告俨、俟、份、佚、佟：天地赋命，生必有死；自古圣贤，谁能独免？子夏[1]有言："死生有命，富贵在天。"四友[2]之人，亲受音旨。发斯谈者，将非穷达不可妄求，寿夭永无外请故耶？

译文 俨儿、俟儿、份儿、佚儿、佟儿，你们都听好了：天地赋予了人的生命，人有生必有死。自古以来，圣贤也不能例外。子夏说过："死生有命，富贵在天。"孔子的弟子颜回、子贡、子路、子张，是孔子亲自教育的。子夏说的这句话，难道不是说贫贱富贵不可以妄求，长寿和短命也是永无命定之外求得的缘故吗？

吾年过五十，少而穷苦，每以家弊，东西游走。性刚才拙，与物多忤。自量为己，必贻俗患。僶俛[3]辞世，使汝等幼而饥寒。余尝感孺仲[4]贤妻之言，败絮自拥，何惭儿子？此既一事矣。但恨邻靡二仲[5]，室无莱妇[6]，抱兹苦心，良独内愧。

---

[1] 子夏：即卜商，字子夏，卫国人，为孔子得意门生，小孔子四十四岁，精通文学。

[2] 四友：指孔门弟子颜回、子贡、子路、子张四人。

[3] 僶俛（mǐn miǎn）：努力，勤奋。

[4] 孺仲：王霸，东汉隐士，屡召不仕。曾经，王霸看到友人楚相子伯的儿子衣着华丽，而自己的儿子却蓬发破衣，便心中有愧。他的妻子说，你既立志不仕，躬耕自养，儿子田间劳作，自然会蓬头垢面，你怎么能忘了自己的志向而因为儿子羞愧呢？

[5] 二仲：西汉蒋诩归隐后，拒绝与社会上的人交往，只与邻居求仲和羊仲二人往来，时人称"二仲"。

[6] 莱妇：即老莱子之妻。据《列女传》载，春秋时期楚国的老莱子隐居耕田，楚王请他出仕，其妻谏止之，一起隐居于江南。

译文 我已经五十多岁了，小时候家里很穷，日子过得很苦，因为家境贫穷，我外出做官谋生。我这个人性格刚直，又没有什么才能，更不会逢迎取巧，与世俗格格不入。我自己很清楚，如果按照自己的性子行事，一定会给社会留下祸患。因此，我尽力挣脱，离开了官场，过上了隐居的生活，但结果是使得你们从小就要忍受饥饿与寒冷。我曾经深受王霸贤妻事迹的影响，认为自己穿破旧棉衣，过贫穷生活，为什么要为儿子们过着这样的生活而感到羞愧呢？我自己穷与儿子穷是一回事。只是遗憾我没有像求仲和羊仲那样的好邻居，没有像老莱子之妻那样的好妻子。我内心的确感到惭愧，也很苦。

少学琴书，偶爱闲静，开卷有得，便欣然忘食。见树木交荫，时鸟变声，亦复欢然有喜。尝言五六月中，北窗下卧，遇凉风暂至，自谓是羲皇上人[1]。意浅识罕，谓斯言可保。日月遂往，机巧好疏。缅求在昔，眇然[2]如何？

译文 我小时候学习弹琴读书，有时喜欢悠闲安静地待着。读书只要有心得，就会高兴得连饭都忘记了吃。看到树木长得茂密成荫，听到各个时节的鸟儿发出各种叫声，也会开心得不得了。我曾经说在五六月份，躺在北窗下，忽地吹过一阵凉风，我觉得自己就像是伏羲氏那样的上古时代的帝王了。我这个人思想肤浅，见识稀少，以为这样的生活状态可以维持下去。随着时光的流逝，自己也老了，也没有以前那么机智灵巧了。上古时代的生活只能想象一下，渺茫模糊，到底是什

---

[1] 羲皇上人：羲皇，即传说中的上古帝王伏羲氏。羲皇上人，即上古时代的人。

[2] 眇（miǎo）然：渺茫的样子。

么样子呢？

　　疾患以来，渐就衰损，亲旧不遗，每以药石见救，自恐大分^[1]将有限也。汝辈稚小家贫，每役柴水之劳，何时可免？念之在心，若何可言！然汝等虽不同生^[2]，当思四海皆兄弟^[3]之义。鲍叔、管仲^[4]，分财无猜；归生、伍举^[5]，班荆道旧。遂能以败为成^[6]，因丧立功^[7]。他人尚尔，况同父之人哉！颍川韩元长^[8]，汉末名士，身处卿佐，八十而终。兄弟同居，至于没齿。济北氾稚春^[9]，晋时操行人也，七世同财，家人无怨

陶渊明：汝等虽不同生，当思四海皆兄弟之义

[1] 大分（fèn）：寿命。

[2] 长子陶俨为原配所生，后四子为继室翟氏所生。

[3] 四海皆兄弟：语出《论语·颜渊》："君子敬而无失，与人恭而有礼，四海之内皆兄弟也。君子何患乎无兄弟也？"大意是：君子认真谨慎地做事，不出差错，对人恭敬而有礼貌，天下的人就都是兄弟。君子何必担忧没有兄弟呢？

[4] 鲍叔、管仲：鲍叔，即鲍叔牙，春秋时期齐国大臣。管仲，名夷吾，春秋时齐国政治家。二人关系友善。管仲家贫时曾与鲍叔一起经商，分财时自己多拿一些，鲍叔知道他家里穷，并不认为他本性贪婪。

[5] 归生、伍举：归生，春秋时蔡国人。伍举，春秋时楚国人。二人关系友善。后伍举投奔郑国，在路上遇到归生，二人即在地上铺列荆条，谈论往事。

[6] 以败为成：管仲辅佐齐公子纠，鲍叔辅佐齐桓公；后公子纠失败，管仲被囚，鲍叔荐之于齐桓公，齐桓公任命管仲为宰相。

[7] 因丧立功：据《左传·昭公元年》记，春秋时期伍举辅佐楚公子围出使郑国，未出境，公子围闻王有疾而还，杀死楚王而代之。后伍举对郑即不称"寡大夫围"而称"共王之子围为长"，为维护公子围的地位立功。

[8] 韩元长：名融，汉献帝初平年间任大鸿胪卿。

[9] 氾（fàn）稚春：名毓，西晋人，少有高名，安于贫贱，清净自守。

色。《诗》曰："高山仰止，景行行止。[1]"虽不能尔，至心尚之。汝其慎哉，吾复何言！

译文　这次自从生病以来，我渐渐感觉到自己身体不行了。亲戚朋友们并没有抛下我，常常寻医问药为我治病，我自己担心在世的日子已经不多了。你们年纪小，家里又很穷，劈柴、担水等日常家务劳动的辛苦，不知何时才到头。我心里想到这些，但真的不知道该对你们说什么！你们虽然不是一个母亲所生，却应该想想四海之内皆兄弟的道理。春秋时期齐国的鲍叔和管仲合伙做生意，没在分钱的时候斤斤计较；楚国的归生和伍举，相互帮助，有情有义，在铺满荆草的地上席地而坐，叙说昔日的情谊。所以管仲能将失败转化为成功，伍举能够在离开故乡后立下大功。这些没有血缘关系的朋友尚且能如此，更何况你们还是亲兄弟呢？颍川人韩元长，是汉朝末年的名士，做到了很大的官，活到八十岁，一直到死，他都和自己兄弟住在一起，没有分家。济北人氾稚春，是晋朝有品行的人，他们家七代人不分家，家人在一起生活毫无怨言和不和的脸色。《诗经》说："高山仰止，景行行止。"即使不能做到这样，但也要崇尚他们的做法，向他们学习。你们要谨慎小心啊，我不再说什么了。

---

[1] 高山仰止，景行行止："高山"比喻崇高的道德。"仰"是仰慕。"止"是语气助词，表示确定的语气。"景行"即光明正大的行为。"行"是以此作为行动的准则。此句可以理解为：对古人崇高的道德则敬仰若高山，对古人的高尚行为则效法和遵行。"景仰"一词即由此产生。

颜延之：
欲求子孝必先慈，将责弟悌务为友

颜延之：欲求子孝必先慈，将责弟悌务为友

——《庭诰》（节选）

颜延之（384—456），字延年，琅邪临沂（今山东临沂）人。南朝宋文学家。为颜之推五世祖。少孤贫，好读书。文章冠盖当时，与谢灵运齐名，并称"颜谢"。与陶渊明私交甚好。

《庭诰》是颜延之为教育自家子弟而作。他认为家长应该以身作则，家长具备孝、悌、慈、信是家庭和睦、子弟孝悌的前提。与此同时，教育子弟要慎于交友，对朋友要讲信义，要敬重朋友；要谦逊稳重，不能成为无德无能又想抛头露面的人；不能轻信流言蜚语，受到诽谤时应多反省；等等。他告诫子弟要节制欲望，饮酒要有节度，但他自己却纵酒放诞，也许这是他在残酷现实中的一种解脱或者生存方式。这些文字是他长期生活经验的总结，内容丰富，多为人生格言，对颜氏子弟影响很大，颜之推的《颜氏家训》便吸收了其中的精华。

本文选自《宋书》卷七三《颜延之传》。

道者识之公，情者德之私。公通，可以使神明加向；私塞，不能令妻子移心。是以昔之善为士者，必捐情反道，合公屏私。

译文 道能让人的认识变得公正，情则让人的道德变得自私。公正通达可以使神明响应，私欲堵塞连妻子儿女都影响不了。所以从前那些善于修身的人，都一定要抛弃私欲而回归公道，使自己的言行符合公道而摒弃私欲。

寻[1]尺之身，而以天地为心；数纪[2]之寿，常以金石为量。观夫古先垂戒，长老余论，虽用细制，每以不朽见铭；缮筑末迹，咸以可久承志。况树德立义，收族长家，而不思经远乎。曰身行不足遗之后人。欲求子孝必先慈，将责弟悌务为友。虽孝不待慈，而慈固植孝；悌非期友，而友亦立悌。

译文 人的身高不过几尺，却以天地为本心；人的寿命只有几十年，却常常思考像金石一样长久的问题。看看古圣先贤留下的训诫，前辈们留下来的高论，虽然篇幅都比较短小，可常常都因不朽被铭刻而流传；即使做出一些细小的事情，也每每是因为可以表现他的大志而被记录下来。更何况树立德行、标榜义礼、团结宗族、管理家庭这么大的事情，能不考虑它要经得起时间的考验吗？有人说：自己的道德修养不够，行事不够好，会贻害后人。想让自己的儿子孝顺，做父亲的必须先做到慈爱；想让弟弟恭敬哥哥，做哥哥的必须先对弟弟友爱。虽然孝顺不一定非得以慈爱为前提，但慈爱一定可以培植出孝顺

---

[1] 寻：八尺为一寻。

[2] 纪：十二年为一纪。

之心；虽然弟弟恭敬哥哥不一定非要得以哥哥友爱弟弟为前提，但友爱一定能树立起敬重之心。

夫和之不备，或应以不和；犹信不足焉，必有不信。倘知恩意相生，情理相出，可使家有参、柴[1]，人皆由、损[2]。

译文 自己不和善，别人肯定会以不和善来回应你，这就好比自己缺乏诚信，别人也不会以讲信用来回应你是一样的。如果明白了恩惠与情意相辅相成，情感与义理相互依存的道理，就可以使家家都有可能出现像曾参、高柴那样的忠厚子弟，人人都可能成为子路、闵子骞那样的大孝子。

游道虽广，交义为长。得在可久，失在轻绝。久由相敬，绝由相狎。爱之勿劳，当扶其正性，忠而勿诲，必藏其枉情。辅以艺业，会以文辞，使亲不可亵，疏不可间，每存大德，无挟小怨。率此往也，足以相终。

译文 在结交朋友的时候，无论多宽广，要以道义相交才能长久。如果能以道义相交，友情才能长久，否则很快就会断绝往来。长久的友情在于能够互相敬重，朋友断绝往来一般是由于过分轻慢。敬爱而不过分做作，应当扶持纯正禀性；忠诚却不相互教诲，心中必然隐藏邪念。朋友交往要以学问相辅助，以文辞来聚会，这样才能亲密而不轻慢，疏远而没有隔阂。朋友之间应当存大德大义，不要拘泥于细小的怨恨。遵守这个原则，就足以使友情能维持到底。

古人耻以身为溪壑者，屏欲之谓也。欲者，性之烦浊，

---

[1] 参、柴：即孔子的弟子曾参和高柴，二人均以忠厚著称。

[2] 由、损：即孔子弟子仲由（子路）和闵损（子骞），二人以孝义著称。

气之蒿蒸，故其为害，则熏心智，耗真情，伤人和，犯天性。虽生必有之，而生之德，犹火含烟而烟妨火，桂怀蠹而蠹残桂，然则火胜则烟灭，蠹壮则桂折。

译文 古人以自身陷于难以满足的贪欲之中为耻辱，这说的是要摒弃非分的欲望。贪欲会让人性杂乱污染，气焰蒸腾上升，因此这是极为有害的，会让人的智慧暗昧不明，消耗元气，损伤人心和乐，违反人先天就有的品质、性情。即使人的品性是生来就有的，但是品性好像起火的时候有烟，烟太浓就会影响火势一样；桂树生有蛀虫，蛀虫会让桂树残败。然而，火势大就没有烟，蛀虫强壮，桂树就会被它蛀得折枝。

流言谤议，有道所不免，况在阙薄，难用算防。接应之方，言必出己。或信不素积，嫌间（jiàn）所袭，或性不和物，尤怨所聚，有一于此，何处逃毁。苟能反悔在我，而无责于人，必有达鉴，昭其情远，识迹其事。日省吾躬，月料吾志，宽默以居，沽静以期，神道必在，何恤人言。

译文 遭到流言蜚语、诽谤议论，即使道德修养好的人也难以避免，何况是道德修养差的人，更难事前加以防备。对付流言蜚语、诽谤议论的办法，就是要知道这些问题的根源在自己身上。或是由于平时信义积累不够，被猜疑你的人乘机侵袭、攻击；或是由于性格与众人格格不入，别人对你有太多的不满与怨愤。两者有其一，你就逃不掉人家对你的毁谤。假如能够进行自我反省，而不是去责怪别人，才会有透彻的了解，明白事情产生的根源，追究事情的踪迹。每天反省自己，每月省察自己的志向，以宽厚之心、沉默寡言处事，以高洁、清静为追求，神灵必定随时存在，又何必忧虑别人的流言蜚语呢？

喜怒者有性所不能无，常起于褊[1]量，而止于弘识。然喜过则不重，怒过则不威，能以恬漠为体，宽愉为器者，则为美矣。大喜荡心，微抑则定，甚怒烦性，小忍即歇。故动无愆容，举无失度，则物将自悬，人将自止。

译文 喜怒是人的本性，每个人都有。喜怒之情常常产生于狭小的器量，而终止于深远的见识。然而欢喜过度就会有失庄重，愤怒过度就会有失威严，能够以宁静淡泊为本性，以宽舒和乐为手段，那才是最美好的。过分欢喜就会摇荡心旌，稍微抑制一下就安定了；过分恼怒就会烦乱本性，只要稍微忍耐就能平静下来。所以行动不能有失仪容，举止不能有失分寸，那么人的感情就不会受到外部世界的干扰，其自身也就自然清静了。

习之所变亦大矣，岂唯蒸性染身，乃将移智易虑。故曰："与善人居，如入芷兰之室，久而不知其芬。"与之化矣。"与不善人居，如入鲍鱼之肆，久而不知其臭。"与之变矣。是以古人慎所与处。唯夫金真玉粹者，乃能尽而不污尔。故曰："丹可灭而不能使无赤，石可毁而不可使无坚。"苟无丹石之性，必慎浸染之由。能以怀道为念，必存从理之心。道可怀而理可从，则不议贫，议所乐尔。或云："贫何由乐？"此未求道意。道者，瞻富贵同贫贱，理固得而齐。自我丧之，未为通

---

[1] 褊（biǎn）：狭小，狭隘。

议。苟议不丧，夫何不乐。

译文 习俗对人的改变也是很大的，何止只是蒸熏本性、浸染身体，还会改换人的智慧和思维。所以说："与有道德的人相处，就像进入芷兰香草的屋子，待的时间长了，也就闻不到芬芳之气了。"这是因为人的嗅觉被香气同化了。"与道德差的人相处，就像进入卖鲍鱼的店铺里，待的时间长了，也就闻不到鲍鱼的腥臭味了。"这也是因为人的嗅觉被鲍鱼的腥臭味改变了。因此，古人选择与什么样的人交往是很慎重的。只有那些像真正的金子和纯粹的玉石一样的人，才能真正不受坏的影响罢了。所以说："丹砂可以被粉碎，但不能让它的红色消褪；石头可以被粉碎，但不能让它变得不坚固。"如果没有丹砂、石头那样的赤诚、坚硬，对于受到浸染的原因一定要慎重。如果能心怀道义，必定有遵循事理之心，道义就可以坚持，事理就可以遵从，那么就不会去议论贫贱，只是跟人讨论自己的快乐。有人说："都这么穷，地位这么低微了，怎么还有快乐？"这是没有探求道义的原因。如果心怀道义，就能把富贵与贫贱看成一样，就算是搞清楚本来的道理了。失去了道义，总为自我得失而计较，这不是明智豁达的思想。如果以道义作为行为准则，还有什么不快乐的事呢？

颜之推家训六则

　　颜之推（531—约590以后），字介，祖籍琅邪临沂（今山东临沂）。琅邪颜氏为魏晋南北朝时期的高门士族。颜之推一生仕途坎坷，经历了南梁、北齐、北周、隋四朝。在北齐做官长达20年，官至黄门侍郎，官位也最清显。

　　《颜氏家训》应是颜之推北齐做官时动笔撰写，至隋文帝时成书。全书共七卷，二十篇。颜之推撰写此书的目的在"整齐门内，提撕子孙"，讲述治家之道、立身之法、治学之方等。此家训内容丰富，体系完整，见解独特，是中华传统家训的经典，被誉为"古今家训，以此为祖"，后世尊为"百代家训之祖"。

　　本书所选第一篇《序致》是全书的序言，主要说明了颜之推撰著这本书的目的。第二篇《教子》，用古代圣贤的教子之法，以及因宠爱失教而致败亡的事例，从正反两个方面说明对子弟不能过分宠爱。第三篇《兄弟》，反复论兄弟之爱。第五篇《治家》，讲述治家的诸多要素，比如父慈子孝、兄友弟恭等。第八篇《勉学》，讲学习的重要性和必要性。第十三篇《止足》，讲要以少欲知足、谦逊冲损的方式处事。

业以整齐门内，提撕子孙

——《序致第一》

夫圣贤之书，教人诚孝[1]，慎言检迹，立身扬名，亦已备矣。魏晋已来，所著诸子，理重事复，递相模效，犹屋下架屋，床上施床耳。吾今所以复为此者，非敢轨物范世也，业以整齐门内，提撕子孙。夫同言而信，信其所亲；同命而行，行其所服。禁童子之暴谑[2]，则师友之诚，不如傅婢之指挥；止凡人之斗阋[3]，则尧舜之道，不如寡妻之诲谕。吾望此书为汝曹之所信，犹贤于傅婢寡妻耳。

译文 古代圣贤们的著作，是要教育人们忠诚孝顺，说话要谨慎，行为要检点，提升自我道德修养，能自立于社会，使自己的声名远扬等道理，他们的书都已经讲得很全面了。魏晋以来很多学者写的著作，道理和事情大多是重复的，不断地模仿，就好像是在房屋下面再建房子，床上再放床，多余无用。我现在之所以又写这些文字，并不是要为世人的行为立个规范，只是为了整顿我们颜氏家族的门风、教导后辈儿孙而已。同样一句话之所以有人信服，是因为说话的是他们自己亲近的人；同样一个命令之所以有人会执行，是因为发出命令者是他

---

[1] 诚孝：即忠孝。隋代为避隋文帝杨坚之父杨忠之讳，将"忠"字改为"诚"字。

[2] 谑（xuè）：开玩笑。

[3] 阋（xì）：争吵。

们自己信服的人。要禁止孩子们胡闹、嬉戏，老师和朋友怎么说都不如保姆的指挥；要让兄弟之间停止内讧，给他们讲完舜这些圣贤的道理，还不如他们自家妻子的劝导。我希望我写的这本书能让你们信服，它的作用总比保姆对孩童指挥、妻子对丈夫劝导更大一些吧。

吾家风教，素为整密。昔在龆龀[1]，便蒙诱诲；每从两兄，晓夕温清[2]，规行矩步，安辞定色，锵锵翼翼，若朝严君焉。赐以优言，问所好尚，励短引长，莫不恳笃。年始九岁，便丁荼蓼[3]，家涂离散，百口索然。慈兄鞠养，苦辛备至；有仁无威，导示不切。虽读《礼》《传》，微爱属文，颇为凡人之所陶染，肆欲轻言，不修边幅。年十八九，少知砥砺，习若自然，卒难洗荡。二十已后，大过稀焉；每常心共口敌，性与情竞，夜觉晓非，今悔昨失，自怜无教，以至于斯。追思平昔之指，铭肌镂骨，非徒古书之诫，经目过耳也。故留此二十篇，以为汝曹后车耳。

译文 我们颜氏家族的家教家风，向来都是严整缜密的。我很小的时候，长辈们就开始诱导教诲我；经常跟着两个哥哥（颜之仪、颜之善）早晚侍奉父母，冬天为父母暖被子，夏天给父母扇扇子，行为举止都符合礼仪法度，言语平和，神色安详，拜见父母的时候，走路都小心翼翼，恭恭敬敬，就好像是拜见严厉的君主一样。父母常常鼓励我，询问我的爱好，鼓

---

[1] 龆龀(tiáo chèn)：垂髫换齿之时，指童年。

[2] 清(qìng)：凉。

[3] 荼蓼(tú liǎo)：泛指田野沼泽间荼蓼，荼味苦，蓼味辛，比喻艰难困苦。

励我克服自己的缺点，发扬自己的长处，没有哪一点不是恳切深厚的。可是，我刚满九岁的时候，父亲就去世了，从此生活艰难困苦，家道中落，全家分崩离析，零落离散。慈爱的哥哥抚养我，历尽千辛万苦；哥哥只有仁爱，但没有威严，对我的教育不够严厉。我虽然读了《礼记》《左传》等书，也有点喜欢写文章，但因为和一般平庸的人混在一起，受到他们的影响很大，自己有了放纵私欲、信口开河、不修边幅等毛病。到了十八九岁，我才稍微懂得要磨炼自己的品行了，但习惯成自然，最终还是难以彻底改掉那些毛病。二十岁以后，虽然很少有大的过错了，但是还经常出现心和口不一致，理智和情感相互冲突的情况。夜晚往往能觉察到白天的错误，今天为昨天的过失而后悔，自己常常叹息这都是小时候没有得到好的教育造成的。回想起我过去立的志向，真是铭心刻骨，它不只是把古书上的告诫读一读，听一听就能体会得到的。所以，我写这二十篇《家训》，你们拿来作为后车之鉴吧。

父母威严而有慈，则子女畏慎而生孝矣

——《教子第二》(节选)

上智不教而成，下愚虽教无益，中庸之人，不教不知也。古者，圣王有胎教之法：怀子三月，出居别宫，目不邪视，耳不妄听，音声滋味，以礼节之。书之玉版，藏诸金匮 [1]。生子咳提，师保固明孝仁礼义，导习之矣。凡庶纵不能尔，当及婴稚，识人颜色，知人喜怒，便加教诲，使为则为，使止则止。比及数岁，可省笞罚。父母威严而有慈，则子女畏慎而生孝矣。吾见世间，无教而有爱，每不能然；饮食运为，恣其所欲，宜诫翻奖，应诃反笑，至有识知，谓法当尔。骄慢已习，方复制之，捶挞至死而无威，忿怒日隆而增怨，逮于成长，终为败德。孔子云"少成若天性，习惯如自然"是也。俗谚曰："教妇初来，教儿婴孩。"诚哉斯语！

译文 天生聪明的人不需要接受教育也可以成才，智力平庸的人无论怎么教育都起不到作用，智力平常的人不教育就不会明白事理。在古代，贤明的君主有胎教的方法，即到王后怀孕三个月的时候，就要让她搬到侧室去，不让她看到不该看的东西，不让她听到不该听的东西。她平时听的音乐，她的日常饮食，都要依礼制来安排。这种胎教的方法，都被君王记录在玉版上，珍藏在金柜里。太子还在襁褓中，还是婴儿的时候，君王选定的太师、太保就把孝、仁、礼、义等思想告诉他，以此来教育他。平民百姓纵然做不到这样教育孩子，当孩子稍微长大一点，能够看懂大人的脸色，知道大人什么情况下是高兴、什么情况下是生气的时候，就要开始加以教育了，让他做什么，他就应该去做什么；不让他做什么，他就不应该做什么。这样，等他长大到几岁的时候，就可以不用体罚他了。

---

[1] 匮（guì）：古同"柜"。

当父母平时既有威严又有慈爱，子女才会敬畏谨慎而产生孝心。我看现在社会上，有些父母自己不教育孩子，只是一味溺爱，往往无法达到这样的效果。他们对子女的饮食及行为，总是听之任之，本来应训诫、阻止的，反而去夸奖他们做得好。等到孩子懂事以后，他们还以为之前所做的都是对的。已经养成了骄横傲慢的习惯，父母这时才想到要去管教他们，即使把他们用棍子打死，用鞭子抽死，父母都难再树立起威信了，这让父母越来越愤怒，孩子对父母的怨恨也越来越深。这样的孩子长大成人以后，终究要成为道德败坏的人。孔子所说的"少成若天性，习惯如自然（少年时期养成的习惯就像人的天性一样，很难改变）"非常有道理。俗话又说："教妇初来，教儿婴孩（教导媳妇要在她刚刚嫁过来的时候，教育儿子要在他还是婴儿的时候）。"这话说得很有道理啊！

凡人不能教子女者，亦非欲陷其罪恶；但重于呵怒，伤其颜色，不忍楚、挞惨其肌肤耳。当以疾病为谕，安得不用汤药针艾救之哉？又宜思勤督训者，可愿苛虐于骨肉乎？诚不得已也！

译文 凡是没有用正确的方法教育好孩子的父母，也并不是想让孩子去作恶，甚至去犯罪。他们只是不愿意下狠心责骂、怒斥孩子，担心伤了孩子的脸面；他们只是不忍心体罚孩子，怕伤了他们的皮肉罢了。这就好比医生治病，如果人生病了，怎么能不用汤药、针灸、艾熏等方法治疗呢？还应该想想，那些经常督促、训导孩子的父母，难道他们愿意严酷地对待自己的亲生骨肉吗？他们也是迫不得已啊！

王大司马[1]母魏夫人，性甚严正。王在湓城[2]时，为三千人将，年逾四十，少不如意，犹捶挞之，故能成其勋业。梁元帝时，有一学士，聪敏有才，为父所宠，失于教义。一言之是，遍于行路，终年誉之；一行之非，掩藏文饰，冀其自改。年登婚宦，暴慢日滋，竟以言语不择，为周逖抽肠衅鼓云。

译文 大司马王僧辩的母亲魏老夫人，为人非常严厉、正直。王僧辩在湓城时，是一位统率三千人的将领，已经四十多岁了，但是他做事稍微有点让魏老夫人不满意，魏老夫人就会棍棒打他，非常严厉。因此，王僧辩能建功立业。梁元帝的时候，有一个学生非常聪明而且有才气，他的父亲非常宠爱他，但是并没有注重孩子的品德教育。如果他说了一句很有道理的话，他的父亲就到处宣扬，巴不得陌生人都知道，一年都在称赞他；如果他做错了一件事，他父亲就会想尽办法为他隐瞒，希望他自己能改正。等到这个学生长大成年以后，残暴傲慢的性格一天一天滋长，最终因为讲话放肆触怒了周逖，被周逖打死，剖肚抽肠，用他的血来祭战鼓。

父子之严，不可以狎；骨肉之爱，不可以简。简则慈孝不接，狎则怠慢生焉。由命士以上，父子异宫，此不狎之道也；抑搔痒痛，悬衾箧枕，此不简之教也。或问曰："陈亢喜闻君子之远其子，何谓也？"对曰："有是也。盖君子之不亲教其子也。《诗》有讽刺之辞，《礼》有嫌疑之诫，《书》有悖

---

[1] 王大司马：即王僧辩，字君才，南朝梁人，因军功封大司马等官职。

[2] 湓（pén）城：《旧唐书·地理志》载，江州浔阳县，"炀帝改为湓城，取县界湓水为名"。唐初改为浔阳县。今江西九江。

乱之事,《春秋》有邪僻之讥,《易》有备物之象：皆非父子之可通言,故不亲授耳。"

译文 父亲对孩子要有威严,不能过分亲昵；骨肉之间要相亲相爱,不能过于简慢。过于简慢就做不到父慈子孝,过分亲昵就会产生放肆不敬的行为。在古代,有官职、有地位的士大夫家庭,父子都分开居住,这是防止父子之间过分亲昵的办法；至于为父母按摩挠痒、铺床叠被,收拾卧具,这些是让孩子不简慢、讲究礼节的教育。有人问:"孔子的学生陈亢听到孔子不过分亲昵自己的儿子孔鲤后,感到高兴,这为什么呢？"我的回答是:"这是有道理的。君子是不亲自教导自己孩子的,《诗经》中有讽刺的诗句,《礼记》中有回避嫌疑的告诫,《尚书》记载了悖理作乱的事情,《春秋》中有对淫乱行为的讥讽,《易经》中有备物致用的卦象,这些都是父亲不方便向孩子讲述的话,所以君子不亲自教导自己的孩子。"

齐武成帝[1]子琅邪王[2],太子母弟也,生而聪慧,帝及后并笃爱之,衣服饮食,与东宫[3]相准。帝每面称之曰:"此黠儿也,当有所成。"及太子即位,王居别宫,礼数优僭,不与诸王等。太后犹谓不足,常以为言。年十许岁,骄恣无节,器服玩好,必拟乘舆；尝朝南殿,见典御[4]进新冰,钩盾[5]献

---

[1] 齐武成帝：北齐的第四位皇帝,名高湛。

[2] 琅邪王：高湛第三子,名高俨。

[3] 东宫：太子居住的地方。此处指太子高纬。

[4] 典御：此处指主管帝王饮食的官员。

[5] 钩盾：古代主管皇家园林等事务的官员。

早李，还索不得，遂大怒，詢^[1]曰："至尊已有，我何意无？"
不知分齐，率皆如此。识者多有叔段^[2]、州吁^[3]之讥。后嫌宰
相，遂矫诏斩之，又惧有救，乃勒麾下军士，防守殿门；既无
反心，受劳而罢，后竟坐此幽薨。

译文 北齐武成帝高湛的三儿子琅邪王高俨，是太子高纬
的同母弟弟，天生聪明伶俐，武成帝和皇后都很宠爱他。在饮
食和衣服上，都跟太子高纬是一样的标准。武成帝经常当面
夸赞他说："这可真是个聪明机灵的孩子啊，将来一定会成大
器。"等到太子即位后，琅邪王高俨搬到了别的宫殿去住了，
皇帝给他的待遇非常优厚，远远超过了其他诸王。即使这样，
皇太后还说不够，经常在皇帝面前念叨。等到琅邪王十多岁的
时候，他变得骄横放肆，毫无节制，在器用、衣服和珍奇玩物
等方面，都要和当皇帝的哥哥一样的标准。有一次，他去南殿
朝拜的时候，看见典御官向皇帝进献新制的冰块，钩盾令进献
早熟的李子，回到住所之后，就派人去要这些东西，没有拿到
就大怒，大骂道："皇帝有的东西，我为什么就没有呢？"他
完全不知道分寸，不守本分，在其他事情上也是这样。有识之
士都讥讽他，说他像古代叔段、州吁。后来，琅邪王因为讨厌
宰相和士开，就伪造诏书把他杀了，又担心有人来救宰相和士

---

[1] 詢(gòu)：同"诟"，辱骂。

[2] 叔段：即共叔段，春秋时郑庄公同母弟，为母亲武姜所偏爱，后谋乱而被镇压，逃
亡共地。

[3] 州吁：春秋时卫桓公异母弟，自幼受父亲宠爱，后弑杀卫桓公自立，但是不为国人
所拥戴，最终被大臣石碏等诛杀。

开，竟然命令手下军士把守住宫殿的大门。他虽然没有反叛之心，受安抚后就撤兵了，但后来最终还是因为这件事，被皇帝下令秘密处死了。

人之爱子，罕亦能均；自古及今，此弊多矣。贤俊者自可赏爱，顽鲁者亦当矜怜。有偏宠者，虽欲以厚之，更所以祸之。共叔[1]之死，母实为之；赵王[2]之戮，父实使之。刘表[3]之倾宗覆族，袁绍[4]之地裂兵亡，可为灵龟明鉴也。

译文 父母都爱自己孩子，但很少能做到一视同仁。古往今来，由此引发的弊端实在太多了。贤能俊秀的孩子固然让人夸奖喜爱，顽劣愚笨的孩子也应该得到同情和怜爱。有偏爱之心的家长，虽然想要对贤能俊秀的孩子更好些，结果反倒因此害了他。共叔段的死，实际上是他的母亲造成的；赵隐王如意被杀，实际是他的父亲刘邦造成的。至于刘表的宗族倾覆，袁绍的兵败丢失封地，这些事例都能为后世提供借鉴。

---

[1] 共（gōng）叔：即共叔段。

[2] 赵王：汉高祖刘邦与戚夫人之子赵隐王如意。刘邦曾想立其为太子，后因大臣阻止而作罢。刘邦死后，吕后将戚夫人囚禁，制成"人彘"，并将如意毒死。

[3] 刘表：字景升，山阳高平（今山东微山）人。东汉名士，汉室宗亲。因宠溺后妻蔡氏，致使妻族蔡瑁等得权。刘表死后，蔡瑁等废长立幼，拥刘琮为主，而面对曹操南征大军时，刘琮却举城投降。

[4] 袁绍：字本初，汝南汝阳（今河南商水）人。东汉末年军阀，曾起兵讨伐董卓，后占据冀、青、并、幽四州之地，雄踞河北，但官渡之战大败于曹操，不久病死。

兄弟相顾，当如形之与影，声之与响

——《兄弟第三》（节选）

夫有人民而后有夫妇，有夫妇而后有父子，有父子而后有兄弟。一家之亲，此三而已矣。自兹以往，至于九族[1]，皆本于三亲焉，故于人伦为重者也，不可不笃。兄弟者，分形连气之人也，方其幼也，父母左提右挈，前襟后裾，食则同案，衣则传服，学则连业，游则共方，虽有悖乱之人，不能不相爱也。及其壮也，各妻其妻，各子其子，虽有笃厚之人，不能不少衰也。娣姒[2]之比兄弟，则疏薄矣；今使疏薄之人，而节量亲厚之恩，犹方底而圆盖，必不合矣。惟友悌深至，不为旁人之所移者，免夫！

译文 先有了人类，然后才有夫妇；先有了夫妇，然后才有父子；先有了父子，然后才有兄弟。家庭中的亲人就是这三种关系，即夫妇、父子和兄弟。从这三种关系出发，就产生出九族，其源头都是这三种关系，所以在人伦关系中最重要的是夫妇、父子和兄弟三种关系，绝不可轻慢。兄弟是形体分开但血脉相通的人，当他们年龄小的时候，父母往往左手拉着哥

---

[1]　九族：有不同的说法。一说指自己往上推到父亲、祖父、高祖父、曾祖父四代，往下推到儿子、孙子、曾孙和玄孙四代，连同自己一代，共九族。一说是父族四、母族三、妻族二。

[2]　娣姒（dì sì）：妯娌。

哥，右手牵着弟弟；哥哥扯着父母衣服的前襟，弟弟抓住父母衣服的后摆；兄弟在同一张桌子上吃饭；同一件衣服哥哥穿过，再给弟弟穿；读书的时候，兄弟共用课本；游玩的时候，兄弟在同一个地方。兄弟之中即使有人不守礼法，但兄弟之间也不会不相亲相爱。长大成人以后，兄弟各自娶了妻子，各自有了孩子，即使再忠诚厚道的人，兄弟间的感情也不可能不会渐渐减弱。与兄弟相比，姒娣之间的关系就更加疏远淡薄了。如今让关系本来就疏远淡薄的姒娣来节制、把握亲密的兄弟，就像给方形的底配上一个圆形的盖子，一定是不合适的。只有兄弟之间相亲相爱，感情深厚，才不会受别人影响而变得疏远淡薄。

二亲既殁，兄弟相顾，当如形之与影，声之与响；爱先人之遗体，惜己身之分气，非兄弟何念哉？兄弟之际，异于他人，望深则易怨，地亲则易弭。譬犹居室，一穴则塞之，一隙则涂之，则无颓毁之虑；如雀鼠之不恤，风雨之不防，壁陷楹沦，无可救矣。仆妾之为雀鼠，妻子之为风雨，甚哉！

译文 父母双亲去世以后，兄弟间应当互相照顾，兄弟的关系就要像身体与影子、声音与回声一样地亲密。兄弟要爱护父母给我们的身体，珍惜从父母那儿分得的血气。除了兄弟，谁会这样互相爱怜呢？兄弟之间，与别人不同，彼此期望过高就容易产生怨气，但是如果兄弟关系亲密，这些怨气也容易消除。这就好像居住的房子，墙壁上有洞马上堵上，有缝隙马上封住，房子就不会有坍塌的危险了。如果对麻雀、老鼠破坏房屋不放在心上，对风雨侵蚀房屋不加防备，等到墙壁倒塌、柱子断了的时候，就无法补救了。仆人、婢妾等比起麻雀、老鼠，妻子比起风雨，对兄弟关系的危害更为严重。

兄弟不睦，则子侄不爱；子侄不爱，则群从疏薄；群从疏薄，则僮仆为仇敌矣。如此，则行路皆踏[1]其面而蹈其心，谁救之哉！人或交天下之士，皆有欢爱，而失敬于兄者，何其能多而不能少也！人或将数万之师，得其死力，而失恩于弟者，何其能疏而不能亲也！

译文 如果兄弟不和睦，子侄之间就不会相亲相爱；子侄之间不相亲相爱，家族子弟之间的关系就会淡薄疏远；家族子弟关系疏远淡薄，僮仆之间就会相互仇视。如果这样，一个过路的人都可以任意欺辱他们，又有谁能救助他们呢？有的人能够结交天下的朋友，并且能够能与朋友和乐友爱，但是对自己的哥哥没有恭敬之意，为什么他能亲近那么多人而不能恭敬自己的哥哥呢？有的人能统领几万人的军队，能让部下为他拼死杀敌，但是对弟弟薄情寡恩，为什么能亲近关系疏远的人，而不能亲近自己的兄弟呢？

娣姒者，多争之地也，使骨肉居之，亦不若各归四海，感霜露而相思，伫日月之相望也。况以行路之人，处多争之地，能无间者，鲜矣。所以然者，以其当公务而执私情，处重责而怀薄义也；若能恕己而行，换子而抚，则此患不生矣。

译文 娣姒之间，是非常容易产生矛盾的。即使是同胞姊妹，如果让她们成为娣姒，也难免会产生矛盾，不如让她们嫁

---

[1] 踏（jí）：践踏。

到各地去。这样，她们会因霜露的降临，触景生情而互相思念；她们会看到日月轮转，感叹时光的流逝而盼望相聚。更何况妯娌原本是彼此不认识的陌生人，加上又在容易产生矛盾的地方，能够不产生隔阂的实在太少了。之所以会这样，是因为她们在处理家庭事务的时候总是怀有私心，处理家庭重大事情的时候总是怀有个人恩怨；如果妯娌们都能以像宽恕自己一样宽恕他人的方式行事，把侄子当作自己的孩子来抚育，那么就不要担心妯娌之间会再发生矛盾了。

俭者，省约为礼之谓也；吝者，穷急不恤之谓也

——《治家第五》(节选)

夫风化者，自上而行于下者也，自先而施于后者也。是以父不慈则子不孝，兄不友则弟不恭，夫不义则妇不顺矣。父慈而子逆，兄友而弟傲，夫义而妇陵，则天之凶民，乃刑戮之所摄，非训导之所移也。

译文 教育感化，是从上向下推行的，是前人向后人施加的。因此，如果父亲不慈爱，子女就不会孝顺；如果哥哥不友爱，弟弟就不会恭敬；如果丈夫不讲仁义，妻子就不会顺从。如果父亲慈爱，但是子女忤逆不孝；如果哥哥友爱，但是弟弟傲慢不恭；如果丈夫讲仁义，但是妻子盛气凌人，那么这些人就是天生的凶恶之人，只能靠刑罚杀戮来威慑他们，而不是靠

训诲教导能改变的。

答怒废于家，则竖子之过立见；刑罚不中，则民无所措手足。治家之宽猛，亦犹国焉。孔子曰："奢则不孙[1]，俭则固。与其不孙也，宁固。"又云："如有周公之才之美，使骄且吝，其余不足观也已。"然则可俭而不可吝已。俭者，省约为礼之谓也；吝者，穷急不恤之谓也。今有施则奢，俭则吝；如能施而不奢，俭而不吝，可矣。

<u>译文</u> 如果家教的时候不用鞭打和怒斥这样的方式，那么不懂事的孩子立马就有可能犯错；同样的道理，如果国家的刑罚实施不当，那么老百姓就会手足无措，不知道该怎么行事。治家和治国是同样的，都要宽严适当。孔子说："奢侈豪华就显得骄傲，节俭就显得鄙陋寒酸。与其骄傲，不如鄙陋寒酸。"孔子又说："假如一个人有周公那样的才能和美德，然而既骄傲又吝啬，那么他的其他方面也是不值得一看了。"这也就是说，人应该节俭而不应该吝啬。节俭是指节约适度而且合乎礼制；吝啬是指对实在有困难、急需帮助的人也不救济。现在出现的情况是，愿意施舍的人奢侈浪费无度，节俭的人吝啬小气。如果能做到愿意施舍而自己又不奢侈浪费，能做到节俭自己又不吝啬小气，那就非常好。

生民之本，要当稼穑而食，桑麻以衣。蔬果之畜，园场之所产；鸡豚之善，坶[2]圈之所生。爰及栋宇器械，樵苏脂烛，莫非种殖之物也。至能守其业者，闭门而为生之具以足，

---

[1] 孙：通"逊"，谦逊。

[2] 坶（shí）：鸡窝。

但家无盐井耳。今北土风俗，率能躬俭节用，以赡衣食；江南奢侈，多不逮焉。

译文 老百姓生存的根本，关键在于种植农作物、生产粮食等，种桑纺麻有做衣服的材料。储存的蔬菜水果，是菜园果园里生长出来的。鸡肉、猪肉等美食，是鸡窝猪圈里饲养出来的。再到房屋器具、柴草蜡烛等，没有一样不是靠耕种养殖的东西来制造的。那些善于持家的人，即使关起门来，他的生活必需品都足够用了，家里所缺的只是生产食盐的盐井罢了。如今北方地区的风俗，大部分家庭能够做到勤俭节约，衣食这些生活必需品基本都有保障；而江南地区风俗比较奢侈，在节俭方面远远比不上北方。

梁孝元世，有中书舍人[1]，治家失度，而过严刻。妻妾遂共货刺客，伺醉而杀之。世间名士，但务宽仁，至于饮食饷馈，僮仆减损；施惠然诺，妻子节量，狎侮宾客，侵耗乡党，此亦为家之巨蠹矣。齐吏部侍郎房文烈，未尝嗔怒，经霖雨绝粮，遣婢籴[2]米，因尔逃窜，三四许日，方复擒之。房徐曰："举家无食，汝何处来？"竟无捶挞。尝寄人宅，奴婢彻屋为薪略尽，闻之颦蹙[3]，卒无一言。

译文 南北朝梁元帝时，有一位中书舍人，治家时宽严的尺度没有把握好，过于严厉苛刻。他的妻妾就合谋，买通了刺客，趁他喝醉的时候把他给杀了。如今一些名士，治家的时候

---

[1] 中书舍人：梁朝时，中书舍人专掌诏诰起草，参与机密，权势日重。

[2] 籴(dí)：买进粮食。

[3] 颦蹙(pín cù)：皱眉皱额，比喻忧愁不乐。

一味追求宽厚仁慈，以至于日常饮食和用来馈赠别人的东西，僮仆都敢暗中克扣；已经答应给别人的东西，妻子儿女敢随意减少，甚至发生轻慢侮辱宾客，侵害邻里乡亲的事，这也是家中一大祸害。北齐的吏部侍郎房文烈，从来没有生过气发过怒。有一次，因为连续下了几天雨，家里都断粮了，房文烈叫一个婢女去买米。没想到那个婢女竟然带着买米的钱跑了，过了三四天，才把她抓回来。面对这个婢女，房文烈并没有生气，只是语气和缓地对她说："全家都没饭吃了，你跑哪儿去了？"竟然没有捶打鞭挞她。房文烈曾经把房子借给别人住，那个人的奴婢竟然把房子拆掉，把房屋的木材当柴烧，差不多快拆光了。房文烈听到这件事后，只是皱了皱眉头，最后一句话都没有说。

裴子野有疏亲故属饥寒不能自济者，皆收养之。家素清贫，时逢水旱，二石米为薄粥，仅得遍焉，躬自同之，常无厌色。邺下有一领军，贪积已甚，家僮八百，誓满一千。朝夕每人肴膳，以十五钱为率，遇有客旅，更无以兼。后坐事伏法，籍其家产，麻鞋一屋，弊衣数库，其余财宝，不可胜言。南阳有人，为生奥博，性殊俭吝。冬至后女婿谒之，乃设一铜瓯酒，数脔[1]獐肉，婿恨其单率，一举尽之。主人愕然，俯仰命益，如此者再，退而责其女曰："某郎好酒，故汝常贫。"及其死后，诸子争财，兄遂杀弟。

译文 南北朝时期的裴子野看到有远亲和朋友饥寒交迫、

---

[1] 脔（luán）：切成小块的肉。

无法自救的时候，他都会收养起来。他本来清寒贫穷，当时正逢水旱灾害，他用二石米熬成稀粥，才能让每人都能喝上一点。他自己跟大家一样喝稀粥，丝毫没有厌烦的表情。邺下有一个领军，贪得无厌，家里已经有了八百个仆人，他还发誓要达到一千人。家里每人每天的伙食标准是十五文钱，遇到家里有客人来，他也不会把标准提高一点。后来，他因为犯罪伏法，抄没他的家产时，发现他的麻鞋堆满了一间房子，有几个仓库的烂衣服，其他的财宝不可胜数。南阳有个人，非常会经营，家里积蓄很多，但是他生性特别吝啬。有一年冬至以后，他的女婿去拜见他，他就用一小铜壶酒和几块獐子肉来招待他。女婿看到岳父这么怠慢自己，就很有怨气，他狼吞虎咽，几下就把酒肉一扫而光。看到这种场面，岳父惊呆了，只好勉强应付着让人再加一些酒肉。他的女婿照样把加来的酒肉一扫而光，岳父让人添加了两次。女婿离开以后，岳父责备女儿说："你丈夫贪杯好酒啊，怪不得你们家老是这么穷。"他死了以后，几个儿子争夺家产，哥哥竟然把弟弟杀了。

妇主中馈，惟事酒食衣服之礼耳。国不可使预政，家不可使干蛊。如有聪明才智，识达古今，正当辅佐君子，助其不足，必无牝鸡[1]晨鸣，以致祸也。江东妇女，略无交游。其婚姻之家，或十数年间，未相识者，惟以信命赠遗[2]，致殷勤焉。邺下风俗，专以妇持门户，争讼曲直，造请逢迎，车乘填街衢，绮罗盈府寺，代子求官，为夫诉屈。此乃恒、代之遗风

---

[1] 牝(pìn)鸡：母鸡。

[2] 遗(wèi)：给予、馈赠。

乎？南间贫素，皆事外饰，车乘衣服，必贵整齐；家人妻子，不免饥寒。河北人事，多由内政，绮罗金翠，不可废阙，羸[1]马悴[2]奴，仅充而已；倡和之礼，或尔汝之。

译文 妇女操持家务，只不过是酿酒、做饭、缝制衣服等礼仪方面的事罢了。国家不让女人参与政治，家里也不能让女人负责重要的家事。如果她们真有聪明才智，有通古知今的见识，就应该辅佐自己的丈夫，以弥补其不足，绝不能干母鸡代替公鸡报晓的事，也就是说绝不能由妇女来主持家务事，以免把灾祸带到家里来。江东的妇女，亲戚之间很少往来走动。有的都结婚十几年了，亲家之间都没有见过面，仅仅派遣信使传达消息，赠送礼物，以示问候。北齐都城邺城的风俗是专门让妇女当家，与外人争辩是非曲直、交际应酬都是由妇女出面，她们乘坐的车挤满了整个街道，她们穿着华丽的衣服挤满了官府衙门，有的替儿子求官，有的为丈夫诉讼申冤。这是恒州、代郡遗留下来的风气吗？在南方，即使家里很穷，都会注意修饰外表，乘坐的车和穿的衣服都会整整齐齐。而家中的妻子儿女，难免挨饿受冻。黄河以北地区，人们之间的交际应酬多由妻子负责，因此绫罗绸缎的衣服和金银珠宝饰品，都是她们不可缺少的东西，而家里的瘦弱马匹和憔悴疲乏的奴仆，不过是凑数装装样子罢了。夫唱妇随的礼节，也许被"我""你"这样的称呼所代替了。

妇人之性，率宠子婿而虐儿妇。宠婿，则兄弟之怨生焉；

---

[1] 羸(léi)：瘦弱。

[2] 悴(cuì)：忧伤；衰弱，疲萎。

虐妇，则姊妹之谗行焉。然则女之行留，皆得罪于其家者，母实为之。至有谚曰："落索阿姑餐。"此其相报也。家之常弊，可不诫哉！

译文 女人的天性，大多会宠爱女婿而虐待儿媳妇。因为宠爱女婿，自己的儿子们就会产生不满；因为虐待儿媳妇，自己的女儿们就会进谗言。女儿无论是出嫁，还是待嫁在娘家，都会得罪家里人。究其原因，实在是她的母亲造成的。以至有谚语说："婆婆吃饭好冷清。"这是她遭到的报应。这些家庭中常见的弊端，怎么能不引以为戒呢！

婚姻素对，靖侯成规[1]。近世嫁娶，遂有卖女纳财，买妇输绢，比量父祖，计较锱铢，责多还少，市井无异。或猥婿在门，或傲妇擅室，贪荣求利，反招羞耻，可不慎欤！

译文 男女结婚找对象一定要选择清白人家，这是我们颜氏先祖靖侯立下的规矩。最近有人嫁女儿就像是卖女儿来捞取钱财，有人则用钱买妻子，比较亲家的父亲、祖父的地位权势，斤斤计较彩礼的多寡，讨价还价，这与商人做生意没有差别。正因为这样，有人招来了猥琐鄙贱的女婿，有人娶来了凶悍霸道的儿媳妇。这些家庭贪慕虚荣、谋取私利，反而带来羞耻，怎么能不慎重呢！

---

[1] 靖侯成规："靖侯"指颜之推九世祖颜含，"靖侯"为其谥号。时权臣桓温想与他结为亲家，颜含曾经告诫子侄，"婚姻勿贪势家"，此为靖侯成规。

吾家巫觋[1]祷请，绝于言议；符书章醮[2]，亦无祈焉，并汝曹所见也，勿为妖妄之费。

译文 我们家对于请巫婆、神汉祈祷请求鬼神等事情，是从来不会考虑的。对于道士设坛念经做法事，也是从来不会办的，这些你们都看到了。你们一定不要把钱花在装神弄鬼的虚妄的事情上。

何惜数年勤学，长受一生愧辱哉

——《勉学第八》(节选)

自古明王圣帝犹须勤学，况凡庶乎！此事遍于经史，吾亦不能郑重，聊举近世切要，以启寤[3]汝耳。士大夫子弟，数岁已上，莫不被教，多者或至《礼》《传》，少者不失《诗》《论》。及至冠婚，体性稍定；因此天机，倍须训诱。有志尚者，遂能磨砺，以就素业；无履立者，自兹堕慢，便为凡人。人生在世，会当有业：农民则计量耕稼，商贾则讨论货贿，工巧则致精器用，伎艺则沉思法术，武夫则惯习弓马，文士则讲议经书。多见士大夫耻涉农商，差务工伎，射则不能穿札，笔则才记姓名，饱食醉酒，忽忽无事，以此销日，以此终年。或

---

[1] 巫觋(xí)：古代称女巫为巫，男巫为觋，合称"巫觋"。后亦泛指以装神弄鬼替人祈祷为职业的巫师。

[2] 章醮(jiào)：古代婚娶时用酒祭神的礼，或者指道士设坛念经做法事。

[3] 寤(wù)：通"悟"，理解，明白。

因家世余绪，得一阶半级，便自为足，全忘修学；及有吉凶大事，议论得失，蒙然张口，如坐云雾；公私宴集，谈古赋诗，塞默低头，欠伸而已。有识旁观，代其入地。何惜数年勤学，长受一生愧辱哉！

译文 自古以来，贤明的帝王还需要勤奋学习，更何况我们这样的平常百姓呢！这类事迹记载在经籍、史书中到处可见，我也不能一一开列出来，姑且举几个近代的重要例子来说，以启发开导你们。士大夫家的孩子，几岁以后，没有一个不接受教育的。他们中学得多的，学得快的，已学完了《礼经》《左传》；学得少的，也学完了《诗经》《论语》。到他们二十岁举行冠礼、婚礼，体质、性情也基本定型了，应该利用这个时机，根据他们的天性，加倍进行教育。他们中间有志向、有理想的孩子，就能经得起磨炼，最终能从事清白有操守的职业。而没有操守、毅力的孩子，会慢慢懒散懈怠起来，最终沦为平庸之辈。人生在世，应该有一门正当的职业：农民就要懂得根据时节安排耕作，商贩就要懂得讨价还价的交易规则，工匠就要致力于制作各种精巧的器物，艺人就要潜心钻研各种技艺，武士就要熟习射箭骑马，文人就要会讲论儒家经书典籍。我看到很多士大夫以从事农业和商业方面的工作为耻辱，自己又缺乏手工艺方面的本事，射箭则一层铠甲上的鳞片都射不穿，动笔只会写出自己的名字，整天酒足饭饱，恍恍惚惚，无所事事，消磨时光，虚度自己的一生。有的人则因为受到祖上的荫庇，混到了一官半职，便感到满足了，完全忘记了修身与学习；等有了关系吉凶的大事，跟大家讨论得失的时候，他就会茫然不知所云，好像掉到云雾中一样；在各种公共场合或者私人宴会上，人家谈论古今之事、诗词歌赋，他只能低着头沉默不语，只能伸懒腰、打哈欠。旁边认识他的人，都替他害臊，想替他钻到地底下去躲起来。他们为什么就不愿意花几年的时间勤奋学习，却让自己一辈子都要忍受羞愧和屈辱呢？

梁朝全盛之时，贵游子弟，多无学术，至于谚云："上车不落则著作[1]，体中何如则秘书。"无不熏衣剃面，傅粉施朱，驾长檐车，跟高齿屐[2]，坐棋子方褥，凭斑丝隐囊，列器玩于左右，从容出入，望若神仙。明经求第，则顾人答策；三九公宴，则假手赋诗。当尔之时，亦快士也。及离乱之后，朝市迁革，铨衡选举，非复曩[3]者之亲；当路秉权，不见昔时之党。求诸身而无所得，施之世而无所用。被褐而丧珠，失皮而露质，兀若枯木，泊若穷流，鹿独戎马之间，转死沟壑之际。当尔之时，诚驽材也。有学艺者，触地而安。自荒乱以来，诸见俘虏。虽百世小人，知读《论语》《孝经》者，尚为人师。虽千载冠冕，不晓书记者，莫不耕田养马。以此观之，安可不自勉耶？若能常保数百卷书，千载终不为小人也。

译文 在梁朝全盛的时候，贵族显宦家族的子弟大多不学无术，以至民间有谚语说："只要上车摔跤，就可以当著作郎；只要提笔会写'身体怎么样'之类的问候语，就可以当秘书

---

[1] 著作：即著作郎，官职名。

[2] 高齿屐：木底鞋的一种，鞋底上装有高齿，六朝士人多喜欢穿。

[3] 曩（nǎng）：以往，从前，过去的。

郎。"这些子弟没有一个穿的衣服不是用香料熏过的，没有一个不是修鬓剃面的，没有一个不是涂脂抹粉的。他们外出的时候，乘坐长檐车，穿高齿屐，坐在织有方格图案的丝绸方形坐褥上，背靠着用五彩丝线织成的靠枕，身边摆放着各种文玩器具，进进出出的排场十足，看上去就和神仙一样逍遥快活。到了朝廷用察举设明经科求取功名的时候，他们就花钱请人代自己去写对策；参加三公九卿的宴会时，他们又请别人来帮自己写诗。在这种时候，他们也是一个满面春风的人物。但是等到战乱发生，改朝换代，负责察举、品评官员的人不再是过去和自己有亲近关系的人，在朝中执掌大权的不再是自己圈子中的人。在这种情况下，他们想靠自己，但自己又没有一技之长；想要在社会上做点事，但自己又没有本事。他们只能身穿粗布衣服，卖掉家中的珍宝，就失去光鲜亮丽的外表，露出自己的真实面目，呆若木鸡，就好像是干枯的树木；有气无力，也像一条很快就要干涸的河流。他们在乱军之中颠沛流离，最后抛尸于荒沟野壑之中。到了那时候，贵族子弟们真就成了蠢材。而有学问、有一技之长的人，无论到哪里都可以找到安身立命之所。自从战乱以来，我看到过不少人成俘虏了。有的人虽然世世代代都是普通百姓，但由于他们读过《论语》《孝经》等儒家经典，还可以通过当老师来谋生；有的人虽然出身于世代相传的显贵家族，但由于不会读书写字，没有知识文化，最终也只能沦落为种田、养马的平民百姓。由此看来，怎么能不时刻勉励自己努力学习呢？如果能熟读数百卷书，即使再过一千年也不会沦落为见识短浅的鄙陋之人。

夫明六经之指，涉百家之书，纵不能增益德行，敦厉风俗，犹为一艺，得以自资。父兄不可常依，乡国不可常保，一旦流离，无人庇荫，当自求诸身耳。谚曰："积财千万，不如薄伎在身。"伎之易习而可贵者，无过读书也。世人不问愚智，皆欲识人之多，见事之广，而不肯读书，是犹求饱而懒营馔，欲暖而惰裁衣也。夫读书之人，自羲、农已来，宇宙之下，凡识几人，凡见几事，生民之成败好恶，固不足论，天地所不能藏，鬼神所不能隐也。

译文 通晓六经的要旨，阅读精研百家的著述，即使不能提高道德修养，改变社会风气，至少可以算掌握了一种本领，可以靠它来谋生。不能长期依靠父亲兄长，也不能保证家乡、国家长期平安无事，一旦遭遇灾祸流离失所，没有人庇护，就要靠自己了。俗话说："积财千万，不如薄技在身（积累万贯家产，也不如掌握一门谋生的技艺）。"最容易学习而值得推崇的技艺，没有能比得上读书了。不管是愚蠢的人还是聪明的人，都希望认识的人更多，见识的事情更多，但又不愿意勤奋读书，这就像想要吃饱却又懒于做饭，想要穿得暖和却又懒于裁剪、缝制衣服一样。对于读书人来说，从伏羲、神农以来，在天地之间，认识了多少人，见识了多少事，对平民百姓的成败与好恶，这些固然不值得再说，即便是天地万物之理，鬼神之神秘，也瞒不过他们。

有客难主人曰："吾见强弩长戟，诛罪安民，以取公侯者有矣；文义习吏，匡时富国，以取卿相者有矣；学备古今，才兼文武，身无禄位，妻子饥寒者，不可胜数，安足贵学乎？"

主人对曰："夫命之穷达，犹金玉木石也；修以学艺，犹磨莹雕刻也。金玉之磨莹，自美其矿璞；木石之段块，自丑其雕刻。安可言木石之雕刻，乃胜金玉之矿璞哉？不得以有学之贫贱，比于无学之富贵也。且负甲为兵，咋笔为吏，身死名灭者如牛毛，角立杰出者如芝草；握素披黄，吟道咏德，苦辛无益者如日蚀，逸乐名利者如秋荼，岂得同年而语矣？且又闻之：生而知之者上，学而知之者次。所以学者，欲其多知明达耳。必有天才，拔群出类，为将则暗与孙武[1]、吴起[2]同术，执政则悬得管仲、子产[3]之教，虽未读书，吾亦谓之学矣。今子即不能然，不师古之踪迹，犹蒙被而卧耳。"

译文 有客人曾经质问我："我看见有人拿着强弩、长戟，去诛杀恶人，安抚百姓，他以此获得了公侯的爵位；有些人阐释仪制、法度，研习小吏之道，匡扶时政，富国强民，他以此获得公卿宰相的高位；有的人学贯古今，才能文武兼备，但是他没有俸禄，没有官位，妻子儿女挨饿受冻，这样的人多得不可胜数。如此看来，你怎么能说学习是最值得推崇的呢？"我回答说："一个人是穷困还是显达，就像金玉、木石一样；读书学知识，学习本领，就像打磨金玉、雕刻木石一样。金玉经过打磨，就比没有冶炼的矿石、璞更光亮，更漂亮；一根木

---

[1] 孙武：春秋末年军事家、思想家。所著《孙子兵法》，被誉为"兵学圣典"。

[2] 吴起：战国初期军事家，历仕鲁、魏、楚三国，与孙武并称"孙吴"，著有兵学作品《吴子》。

[3] 子产：春秋时郑国著名政治家，先后辅佐郑简公、郑定公。为政宽猛相济，仁厚重民，卓有建树。

头、一块石头，就比雕刻后的木头、石块更丑陋。但是，怎么可以说经过雕刻的木石就一定比没有打磨的矿石、璞更好呢？所以，不能用有学问的贫贱之士，去跟没有学问富贵之人比。不仅如此，披挂铠甲去当兵的人，手握笔管做小吏的人，他们中间身死名灭的人多如牛毛，能够脱颖而出的人少得如灵芝仙草；勤奋读书、修身养性、含辛茹苦而没有建树的人，就像日食一样少见，而安逸享乐、追名逐利的人像秋天的荼一样繁多，二者怎么能相提并论呢？况且我还听说，生下来就什么都知道的人是天才，通过后天学习才明白事理的人就差一些了。之所以要读书学习，就是想让自己的知识更丰富后，能成为明白通达的人。如果说一定有天才，那肯定是出类拔萃的人，他们当将领，一定天生就懂得了孙武、吴起的兵法；当执政的宰相，他们先天就获得了管仲、子产的治国经验。他们虽然没有读书，我也要说他们是有大学问的人。现在你既然没有这种天分，做不到像他们那样，再不去向古人学习，就好像是蒙着被子睡觉，什么都看不见了。"

人见邻里亲戚有佳快者，使子弟慕而学之，不知使学古人，何其蔽也哉？世人但见跨马被甲，长矟[1]强弓，便云我能为将；不知明乎天道，辨乎地利，比量逆顺，鉴达兴亡之妙也。但知承上接下，积财聚谷，便云我能为相；不知敬鬼事神，移风易俗，调节阴阳，荐举贤圣之至也。但知私财不入，

---

[1] 长矟(shuò)：长矛。

公事夙办，便云我能治民；不知诚己刑物，执辔如组[1]，反风灭火[2]，化鸮为凤[3]之术也。但知抱令守律，早刑晚舍，便云我能平狱；不知同辕观罪[4]，分剑追财[5]，假言而奸露，不问而情得之察也。爰及农商工贾，厮役奴隶，钓鱼屠肉，饭牛牧羊，皆有先达，可为师表，博学求之，无不利于事也。

译文 人们看邻居、亲戚中有很优秀的人，就让自己的孩子崇拜他们，向他们学习，他不知道让自己的孩子向古代的圣贤学习，这是多么无知啊。有人只看见当将军的人骑着骏马，披着铠甲，手持着长矛，身背着强弓，就以为自己也能当将军，却不知道当将军的人要能通晓天时，分辨地理的远近、险易，考虑形势的变化，洞察兴盛与衰亡的奥妙。有人只知道当宰相的人上奉圣旨，下统百官，囤积粮食，就说自己也能当宰相，却不知道当宰相的人要做祭拜鬼神、移风易俗、调节阴阳平衡、举贤荐能等周密细致的工作。有人只知道当地方官的人

[1] 执辔(pèi)如组：原本指用缰绳轻松地驾驭车马，比喻驾驭百姓得心应手，御民有方。辔，驾驭牲口的嚼子和缰绳。

[2] 反风灭火：据《后汉书·儒林列传》记，据说刘昆为江陵令时，火灾多发，他每次向火叩头，就能降雨止风而灭火。"反"同"返"，回。

[3] 化鸮(chī)为凤：据《后汉书·循吏列传》记，仇览感化了顽劣的陈元，令其变成孝子，就像把噬母的恶鸟猫头鹰变成了鸾凤。比喻能以德化民，变恶为善。鸮，即猫头鹰，因其食母而被视为恶鸟。

[4] 同辕观罪：将犯人与其家人系在同一辆车辕上，让他们反省自己的罪行。

[5] 分剑追财：据《风俗通》记，沛郡一富人临死之际，将全部家财交给女儿，并给女儿一把剑，嘱咐她在弟弟十五岁时，将剑还给弟弟。至弟弟十五岁时，姐姐和姐夫不肯还剑。于是，姐弟俩为此打官司，太守何武将家财全部判给弟弟，说父亲是担心女儿害弟弟，所以等弟弟十五岁时，让他索回剑。剑代表决断，还剑代表父亲原本决定把家产给弟弟。

不徇私敛财，尽快办好公事，就说自己也能管理好一方百姓，却不知道当地方官的人需要掌握诚心待人，给老百姓做榜样，驾驭百姓得心应手，改变社会上的不良风气，改恶为善的种种方法。有人只知道管司法的人按照法令行事，判刑尽快，赦免推迟，就说自己也能公正办案，却不知道管司法的官员必须能同辕观罪、分剑追财，用假话诱使奸诈者暴露，不需要仔细反复审问而能弄清案情。至于农民、商人、工匠、杂役、僮仆、奴婢、渔夫、屠户、养牛人、放羊人等，他们之中也有德行通达、可为师表的人，应该广泛地向他们学习，这样对自己成就事业是有百利而无一害的。

夫所以读书学问，本欲开心明目，利于行耳。未知养亲者，欲其观古人之先意承颜，怡声下气，不惮劬[1]劳，以致甘腝[2]，惕然惭惧，起而行之也。未知事君者，欲其观古人之守职无侵，见危授命，不忘诚谏，以利社稷，恻然自念，思欲效之也。素骄奢者，欲其观古人之恭俭节用，卑以自牧，礼为教本，敬者身基，瞿然自失，敛容抑志也；素鄙吝者，欲其观古人之贵义轻财，少私寡欲，忌盈恶满，赒[3]穷恤匮，赧[4]然悔耻，积而能散也；素暴悍者，欲其观古人之小心黜己，齿弊舌存，含垢藏疾，尊贤容众，苶然[5]沮丧，若不胜衣也；素怯懦

---

[1] 劬（qú）：过分劳苦，勤劳。

[2] 腝（ér）：同"胹"，煮熟，熟烂。

[3] 赒（zhōu）：接济、救济。

[4] 赧（nǎn）：因羞惭而脸红。

[5] 苶（nié）然：疲倦的样子。

者，欲其观古人之达生委命，强毅正直，立言必信，求福不回，勃然奋厉，不可恐慑也：历兹以往，百行皆然。纵不能淳，去泰去甚。学之所知，施无不达。世人读书者，但能言之，不能行之，忠孝无闻，仁义不足；加以断一条讼，不必得其理；宰千户县，不必理其民；问其造屋，不必知楣横而棁[1]竖也；问其为田，不必知稷早而黍迟也；吟啸谈谑，讽咏辞赋，事既优闲，材增迂诞，军国经纶，略无施用，故为武人俗吏所共嗤诋，良由是乎！

译文 之所以要读书钻研学问，是为了启发心智，开阔自己的视野，让自己的行为和处事方式更好。那些不知道如何奉养父母的人，想让他们看看古人是怎样领会父母的心意，觉察父母的脸色的；是怎样轻言细语、心平气和地跟父母谈话的；是怎样不怕劳累，为父母弄到美味而熟透的食物的，使不能尽孝的人感到惭愧、感到害怕，然后能开始行动起来奉养父母。那些不知道如何侍奉国君的人，想让他们看看古人是如何坚守职责而不越权犯上的，临危受命而不忘忠心进谏的职责，以达到有利于国家社稷的目的，使他们能暗自进行自我反省，然后想去效法古人。那些向来骄横奢侈的人，想让他们看看古人是怎样恭敬、节俭、节约用度，态度谦卑，并且能自我约束，以礼让作为修身养性之根本，以恭敬作为立身的基础，使他们看了之后惊恐四顾，为自己的过失而感到害怕，进而收起骄横的样子，抑制住浮躁的心志。那些向来浅薄吝啬的人，想让他们

---

[1] 棁（zhuō）：梁上的短柱。

看看古人是怎样看重情义，轻视钱财，克制自己的私欲，做事留有余地，做人留有退路，不骄傲自满，能体恤接济穷人的，使他们看了之后因羞愧而脸红，会生悔恨羞耻之心，从而既能敛集财物，也能慷慨施舍。那些平时残暴凶悍的人，想让他们看看古人是怎样小心恭谨、委屈自我的，懂得牙齿坚硬但容易掉落，舌头柔软反而得以长存的道理，对别人的不足之处能够忍住不说，尊重贤能的人，包容普通的人，使他们能收敛嚣张的气焰，表现出低声下气、谦恭退让的样子来。那些平时胆小怯懦的人，想让他们看看古人是怎样豁达地面对天命，接受命运的安排，强毅正直，说话算数，祈求福运，但是又不违背先人之道，使他们能奋发起来，不再胆怯恐惧。依此类推，各方面的品行、能力都可以通过上面的方式方法来获取，即使做不到跟古人一样纯粹，也可减少甚至去除过分的行为。学到的知识，到哪里都能用得上。但是如今的读书人，只知道夸夸其谈，不能付诸行动，做不到忠孝，仁义也很欠缺，如果他们去审一个案件，未必能了解其中的是非曲直；如果让他们去当一个千户小县的知县，未必能管理好那里的百姓；如果问他们怎样造一间房子，他们不一定知道楣该横着放，梲该竖着放；如果问他们该怎样种田，他们不一定知道稷（谷子）要早下种，而黍（黄米）要晚下种。他们只知道吟啸歌唱，谈笑戏谑，写诗作赋，行为迂腐，做事荒诞不合事理，对国家、军队的大事毫无用处，所以连那些武官和小吏都嘲笑、辱骂他们，确实是有原因的。

夫学者所以求益耳。见人读数十卷书，便自高大，凌忽长者，轻慢同列；人疾之如仇敌，恶之如鸱枭[1]。如此以学自损，不如无学也。

译文 人们之所以去学习，是为了增长知识，提升自己。我看见有人刚刚读了几十卷书，就自高自大，甚至欺凌、轻视前辈，看不起同辈。大家像憎恶仇敌一样憎恶他，就像讨厌猫头鹰等恶鸟一样讨厌他。像这样因为学习给自己带来损害，还不如不学习。

古之学者为己，以补不足也；今之学者为人，但能说之也。古之学者为人，行道以利世也；今之学者为己，修身以求进也。夫学者犹种树也，春玩其华，秋登其实；讲论文章，春华也，修身利行，秋实也。

译文 古人学习是为了充实提升自己，用以弥补自身的不足；现在的人学习是为了在别人面前炫耀，只希望做到能说会道。古人学习是为了别人，实践自己的主张或所学的知识，以达到有利于社会的目的；现在的人学习是为了自身的需要，提高自己的知识水平，是为了做官。学习就像种树一样，春天可以观赏美丽的花朵，秋天可以收获果实。讲习讨论文章，就像春天的花朵，只能观赏；修身养性以利于实践，就像秋天的果实，是有真正收获的。

人生小幼，精神专利，长成已后，思虑散逸，固须早教，勿失机也。吾七岁时，诵《灵光殿赋》，至于今日，十年一理，犹不遗忘；二十之外，所诵经书，一月废置，便至荒芜矣。

---

[1] 鸱枭(chī xiāo)：亦作"鸱鸮"。鸟名，俗称猫头鹰。常用以比喻贪恶之人。

然人有坎壈^[1]，失于盛年，犹当晚学，不可自弃。孔子云：
"五十以学《易》，可以无大过矣。"魏武^[2]、袁遗^[3]，老而弥
笃，此皆少学而至老不倦也。曾子七十乃学，名闻天下；荀
卿^[4]五十，始来游学，犹为硕儒；公孙弘^[5]四十余，方读《春
秋》，以此遂登丞相；朱云^[6]亦四十，始学《易》《论语》；皇
甫谧^[7]二十，始受《孝经》《论语》，皆终成大儒，此并早迷而
晚寤也。世人婚冠未学，便称迟暮，因循面墙，亦为愚耳。幼
而学者，如日出之光，老而学者，如秉烛夜行，犹贤乎瞑目而
无见者也。

译文 人在幼小的时候，精神专注且敏锐。长大以后，精
神容易分散。因此，孩子的教育要趁早进行，不能错失良机。
我七岁的时候，背诵过《灵光殿赋》，每十年温习一次这篇文
章，直到今天都没有忘记。我二十岁以后所背诵的经书，如果
一个月不去温习，就荒疏了，完全不记得了。然而，每个人都
有失意的时候，如果青壮年时期失去了学习的机会，仍然应当

[1] 坎壈(lǎn)：困顿，不得志。壈，不平，比喻不顺利。

[2] 魏武：一般指三国时曹操。

[3] 袁遗：字伯业，三国时袁绍堂兄，有才名，曹操称其"长大而能勤学者，惟吾与袁
伯业耳"。

[4] 荀卿：即荀子，名况，战国末期赵国人，儒家学派代表人物。《史论》称其"年
五十始来游学于齐"。

[5] 公孙弘：字季，汉武帝时丞相，封平津侯。公羊学家。《史记》载其"年四十余，
乃学《春秋》杂说"。

[6] 朱云：字游，西汉成帝时人，少好任侠。《汉书》记载他年四十开始学经，跟着白
子友学《易经》，跟着萧望之学《论语》。

[7] 皇甫谧：三国时西晋儒者，医学家。少时不好学，二十岁以后开始发奋读书，后来
得了风痹症，仍手不释卷，终有所成。著《针灸甲乙经》，被誉为"针灸鼻祖"。

在晚年抓紧时间努力学习，绝不能自暴自弃。孔子说："五十岁开始学习《易经》，就可以不犯大的过错了。"曹操、袁遗到老年时学习得更加专心，他们都是小时候好学，到老了也勤学不倦的典型。曾子七十岁的时候才开始学习，最终名闻天下；荀子五十岁的时候才开始游学，仍然成为儒学大师；公孙弘四十多岁时，才开始读《春秋》，还靠所学的知识当上了丞相；朱云也是四十岁时才开始学《易经》《论语》，皇甫谧二十岁时才开始学习《孝经》《论语》，他们最后都成了著名的儒学大师。这些都是年龄小的时候读书不用功，到了晚年醒悟后发奋读书的典型例子。有人到成年还没有开始学习，就说时间太晚了，来不及了，就变得疏懒，不去学习了，使自己像面壁而立，见识浅薄，这是愚蠢的。从小就学习的人，就像初升的太阳；到老了才开始学习的人，就像拿着蜡烛在晚上走路，但总比闭着眼睛什么都看不见的人好得多了。

古人勤学，有握锥投斧，照雪聚萤，锄则带经，牧则编简，亦为勤笃。梁世彭城[1]刘绮，交州刺史勃之孙，早孤家贫，灯烛难办，常买荻尺寸折之，然明夜读。孝元初出会稽，精选寮寀[2]，绮以才华，为国常侍兼记室，殊蒙礼遇，终于金紫光禄[3]。义阳朱詹，世居江陵，后出扬都，好学，家贫无

---

[1] 彭城：治所彭城县（今江苏徐州）。

[2] 寮寀（liáo cài）：官吏。

[3] 金紫光禄：金紫光禄大夫的省称，梁时官分十八班，班多为贵，金紫光禄大夫是十四班，已属显贵。

资，累日不爨^[1]，乃时吞纸以实腹。寒无毡被，抱犬而卧，犬亦饥虚，起行盗食，呼之不至，哀声动邻，犹不废业，卒成学士，官至镇南录事参军，为孝元所礼。此乃不可为之事，亦是勤学之一人。东莞臧逢世，年二十余，欲读班固《汉书》，苦假借不久，乃就姊夫刘缓乞丐客刺书翰纸末，手写一本，军府服其志尚，卒以《汉书》闻。

译文 古代刻苦学习的人有很多，比如有为防瞌睡以锥刺股的战国的苏秦，有投斧至高树上立志求学的西汉的文党，有映雪苦读的晋朝的孙康，有囊萤夜读的晋朝的车武子，有田间耕作也带着经书的汉代的儿宽、常林等，有放羊时用泽中蒲草书写的路温舒等，这些都是勤奋学习的人。梁朝时彭城的刘绮，是交州刺史刘勃的孙子，幼年丧父，家里很穷，没有钱买灯烛，他就买一些荻草，折成一定的长度，点燃后当作灯夜读。梁元帝萧绎在担任会稽太守的时候，精心选拔幕僚，刘绮凭借他的过人才华当上了萧绎的侍从近臣国常侍兼记室，得到萧绎的器重，最后官至金紫光禄大夫。义阳的朱詹，祖上住在江陵，后来到了建康，非常好学，但是家里非常贫穷，有时竟然连续几天都无米下锅，不能生火煮饭，就经常吞吃废纸来填肚子。天冷了，晚上睡觉没有被子盖，朱詹就抱着狗取暖睡觉。他家里的狗也饿得不得了，就跑到外面去偷东西吃，朱詹大声叫喊，它也不回家。他叫喊狗回家的哀号之声，惊动了邻居们。尽管条件如此艰苦，但是他仍然没有放弃学业，终于成

[1] 爨（cuàn）：烧火做饭。

颜之推家训六则

为了学士，官至镇南将军府录事参军，梁元帝也非常赏识器重他。朱詹的行为是常人做不到的，他也是一个勤学苦读的典型人物。东莞的臧逢世，二十岁的时候，就想读班固的《汉书》，但他为借来的书不能长久阅读而苦恼。为了解决这个问题，他向姐夫刘缓讨要名帖、书信的边角纸，动手抄了一本《汉书》。军府中所有人都佩服他的志气和毅力，后来臧逢世终于以研究《汉书》而闻名于世。

邺平之后，见徙入关。思鲁[1]尝谓吾曰："朝无禄位，家无积财，当肆筋力，以申供养。每被课笃，勤劳经史，未知为子，可得安乎？"吾命之曰："子当以养为心，父当以学为教。使汝弃学徇财，丰吾衣食，食之安得甘？衣之安得暖？若务先王之道，绍家世之业，藜羹缊褐，我自欲之。"

译文 邺城被北周军队占领之后，我们全家被逼迫迁徙到关内。思鲁曾经对我说："我们家在朝廷没人当官，没有俸禄，家里又没有积蓄，作为长子我要努力劳动赚钱，来尽我奉养父母的职责。现在，我却常常被您督促着要专心学习，把心思和精力都用来学习经史知识，可是您不知道的是，我这个做儿子的在这种情况能真正安心学习吗？"我教导他说："做儿子的人当然应该把奉养父母的责任时时放在心上，当父亲的人当然不能把教育子女刻苦学习的职责丢掉。如果让你放弃学业去赚钱养家，即使能够让我这个当父亲的过得丰衣足食，你认为我吃起饭来会觉得香吗？穿起衣来会感到温暖吗？如果你能发奋

---

[1] 思鲁：颜之推长子颜思鲁。

学习，致力于先王之道，继承我们颜氏家族祖业，延续书香门第的风气，即使每天吃粗茶淡饭，穿粗布衣服，我这个做父亲的也心甘情愿。"

天地鬼神之道，皆恶满盈。谦虚冲损，可以免害

——《止足第十三》（节选）

《礼》云："欲不可纵，志不可满。"宇宙可臻其极，情性不知其穷，唯在少欲知足，为立涯限尔。先祖靖侯戒子侄曰："汝家书生门户，世无富贵；自今仕宦不可过二千石[1]，婚姻勿贪势家。"吾终身服膺，以为名言也。

译文 《礼记》说："不能放纵自己的欲望，不能事事都得到满足。"宇宙可到达它的边缘，但是人的私欲、天性是无穷的，唯有克制私欲，知道满足，每个人都需要给自己私欲立个上限。先祖靖侯曾告诫子侄们说："你们出身书香门第，咱家世代都没出过大富大贵的人；从现在起，你们做官不能超过郡守这样的官职，婚姻嫁娶不要攀附有权有势的人家。"这些话，我终身铭记在心，把它当成至理名言。

天地鬼神之道，皆恶满盈。谦虚冲损，可以免害。人生衣趣以覆寒露，食趣以塞饥乏耳。形骸之内，尚不得奢靡，已

---

[1] 二千石：汉制，郡守俸禄为二千石，即月俸百二十斛。世因称郡守为"二千石"。

身之外，而欲穷骄泰邪？周穆王、秦始皇、汉武帝，富有四海，贵为天子，不知纪极，犹自败累，况士庶乎？常以二十口家，奴婢盛多，不可出二十人，良田十顷，堂室才蔽风雨，车马仅代杖策，蓄财数万，以拟吉凶急速，不啻此者，以义散之；不至此者，勿非道求之。

译文 天地之间的自然规律，都厌恶尽善尽美的人和事。只有为人谦虚淡泊，才能免除灾祸。人穿衣服是为了遮蔽身体以达到御寒的目的，吃东西是填饱肚子以免因饥饿乏力罢了。人的身体本身尚且不求奢侈浪费，只是要求穿暖、吃饱，那么身外的东西还要穷奢极欲吗？周穆王、秦始皇、汉武帝等富有天下，贵为天子，却不知道满足，尚且会招致毁败，更何况一般的人呢？我总认为，一个二十口人的家庭，奴婢再多也不可超过二十个，良田不要超过十顷，房屋只要能遮挡风雨就行了，车马只要能代步就够了，存几万钱财，以备有吉凶大事的时候急用。如果家里的财产超过了上面所说的数目，就应该仗义疏财，施舍出去；如果还没有达到上面所说的数目，一定不能用不正当的方法去求取。

姚崇：
位逾高而益惧，恩弥厚而增忧

——《遗令诫子孙文》（节选）

姚崇（650—721），本名元崇，字元之，玄宗时避开元年号，改名崇。唐陕州硖石（今河南三门峡市陕州区东南）人。历任武则天、睿宗、玄宗朝宰相，为其后"开元之治"奠定基础。后荐宋璟自代，史称"姚宋"。

此篇家训为姚崇临终所作。他告诫子孙勿贪恋富贵，要慎贵、慎富，强调"位逾高而益惧，恩弥厚而增忧"，他担心已经习惯富贵生活的子孙们因不检点而贫寒失荫，兄弟反目，辱没祖先。之后，他告诫子孙，人死后一定不要厚葬。列举孔子、杨震、赵咨等圣贤之人俭葬的做法，阐明"死者无知，自同粪土"的观点，进而指出讲求厚葬的人都是极为不明智的，他们名为忠孝，实际是愚蠢至极。通篇文字朴实无华，语重心长，清晰地传达出了三朝为相的姚崇不恋权贵、看透生死的人生观，这是他人生经验和智慧的总结，也是留给姚氏子孙和后世的一份精神遗产。

本文选自《旧唐书》卷九六《姚崇传》。

古人云："富贵者，人之怨也。"贵则神忌其满，人恶其上；富则鬼瞰其室，虏利其财。自开辟以来，书籍所载，德薄任重而能寿考无咎者，未之有也。故范蠡[1]、疏广[2]之辈，知止足之分，前史多之。况吾才不逮古人，而久窃荣宠，位逾高而益惧，恩弥厚而增忧。往在中书，遘[3]疾虚惫，虽终匪懈，而诸务多阙。荐贤自代[4]，屡有诚祈，人欲天从，竟蒙哀允。优游园沼，放浪形骸，人生一代，斯亦足矣。田巴[5]云："百年之期，未有能至。"王逸少[6]云："俯仰之间，已为陈迹。"[7]诚哉此言！

译文 古人说："富贵是招人怨恨的。"显贵了，神灵会因为他过于圆满而生嫉妒，人们会因为他地位高于自己而有厌恶之情；富裕了，鬼怪则会因为他财产多而窥视他的房屋，强盗就觊觎他的财产。自开天辟地以来，书上记载的，道德修养不高却能担重任，能够长寿还没有灾祸的人，是没有的。所以范蠡、疏广之类的人，他们不但知道满足，而且能掌握好分

---

[1] 范蠡：春秋末期越国大夫，曾扶助越王勾践复国、灭吴雪耻，事后即功成身退，化名鸱夷子皮，居于宋国陶丘，经商成为巨富，自号"陶朱公"。

[2] 疏广：字仲翁，自幼好学，精于《春秋》，受汉宣帝赏识，任太子太傅，其侄疏受任太子少傅。二人于荣宠日隆之时辞官归乡，皆以寿终。

[3] 遘(gòu)：相遇。

[4] 荐贤自代：姚崇于开元四年(716)荐宋璟为相。宋璟，邢州南和(今属河北)人，与姚崇齐名，皆为盛唐名相。

[5] 田巴：战国时期齐国人，能言善辩，曾在稷下学宫演讲。

[6] 王逸少：即王羲之，字逸之。琅邪临沂(今属山东)人。东晋书法家，官至右军将军、会稽内史，人称王右军。

[7] 俯仰之间，已为陈迹：语出王羲之的《兰亭集序》。

寸，做到适可而止，之前史书都赞许他们的做法。何况我的才能比不上古人，却长期得到荣耀和皇帝的恩宠，官位越高就越恐惧，皇帝的恩宠越优厚我的忧虑就越沉重。我过去在中书省任职，因为生病身体虚弱疲惫，虽然始终坚持不懈，但是还有工作没有做好。因此我举荐贤能之人代替自己的职位，多次诚恳地请求朝廷让我辞职。上天满足了我的心愿，终于得到皇帝的允许。因此，我现在能在园林池沼悠闲自在地放松身心，自由自在，不受拘束。人这一辈子，能这样已经很满足了。田巴说："活到一百岁，恐怕没有几个人能做到。"王羲之说："转眼之间，现实就成了历史。"确实是这样的啊！

比见诸达官身亡以后，子孙既失覆荫，多至贫寒，斗尺之间[1]，参商[2]是竞。岂惟自玷，乃更辱先，无论曲直，俱受嗤毁。庄田水碾，既众有之，递相推倚，或至荒废。陆贾[3]、石苞[4]，皆古之贤达也，所以预为定分，将以绝其后争，吾静思之，深所叹服。

译文 近来看到众多达官贵人死了以后，子孙就失去了庇佑，多数人家里变得很穷，兄弟之间因为一点点利益发生冲

---

[1] 斗尺之间：汉代民谣云："一尺布，尚可缝；一斗粟，尚可舂。兄弟二人不能相容。"后以此比喻兄弟之间因利害冲突而不相容。

[2] 参商：古时指天上的参星和商星，因其不同时出现，用来比喻人与人之间不和或者分离。

[3] 陆贾：汉初楚人，曾助刘邦定天下，吕后擅权时，陆贾称病辞官，变卖出使南越降服赵佗时所得财宝，平分给五个儿子，后世称为"陆贾分金"。

[4] 石苞：字仲容，西晋开国功臣。生有六子，临终分财物给诸子，独不分给小儿子石崇，妻子问原因，他说石崇虽最小，但是能靠自己挣到这些财富的。果然，石崇最终官运亨通，富极一时。

突，伤了和气。这岂止玷污了自己的名声，更是辱没了先人。无论谁对谁错，都会受到众人的嘲笑和指责。庄田和水碾之类的东西，既然是大家的共有财产，就难免互相推脱，都不承担责任，有时导致田地荒废。陆贾、石苞都是古代的贤达，他们之所以会预先分好家产，就是要杜绝子孙们在他们死后为财产而产生纷争。我常常静下心来想他们的做法，非常佩服他们。

昔孔丘亚圣[1]，母墓毁而不修；梁鸿[2]至贤，父亡席卷而葬。昔杨震[3]、赵咨[4]、卢植[5]、张奂[6]，皆当代英达，通识今古，咸有遗言，属以薄葬。或濯衣时服，或单帛幅巾[7]，知真魂去身，贵于速朽，子孙皆遵成命，迄今以为美谈。凡厚葬之家，例非明哲。或溺于流俗，不察幽明，咸以奢厚为忠孝，以俭薄为悭[8]惜，至令亡者致戮尸[9]暴骸之酷，存者陷不忠不孝之诮，可为痛哉！可为痛哉！死者无知，自同粪土，何烦厚

---

[1] 亚圣：此处"亚"是匹敌，相当。与后世称孟子为"亚圣"不同。

[2] 梁鸿：字伯鸾，东汉义学家。幼年丧父，家贫博学，与妻子孟光隐居霸陵山中，作《五噫歌》，震动当时。

[3] 杨震：字伯起，东汉名臣。少好学，博通经书。后因直言时弊，被诬陷而自杀。死前嘱托儿子埋葬自己时，以杂木为棺，不设祭祠。

[4] 赵咨：字文楚，三国吴臣，东郡燕(今河南延津)人。幼年丧父，有孝行，被荐为博士，累迁敦煌太守。在官清廉俭节。临终，诚子薄葬，时称明达。

[5] 卢植：字子干，涿郡涿县(今河北涿州)人。东汉末年经学家，师事马融，刘备、公孙瓒皆是其学生。因反对董卓废帝另立而被罢官，隐居上谷。临终嘱托儿子土穴简葬自己，不用棺椁，仅留贴身单衣。

[6] 张奂：字然明，东汉大将、儒者，在招抚外族方面卓有建树。临终遗命简葬自己。

[7] 幅巾：古代男子以全幅细绢裹头的布巾。

[8] 悭(qiān)：小气，吝啬。

[9] 戮尸：一种刑罚。陈尸示众，以示羞辱。此处指因厚葬而致盗墓，使尸体受到伤损。

葬，使伤素业。若也有知，神不在枢，复何用违君父之令，破衣食之资。吾身亡后，可殓以常服，四时之衣，各一副而已。吾性甚不爱冠衣，必不得将入棺墓，紫衣[1]玉带，足便于身，念尔等勿复违之。且神道恶奢，冥涂尚质，若违吾处分，使吾受戮于地下，于汝心安乎？念而思之。

译文 过去，圣人孔子母亲的坟墓毁坏了，他也不去修整；梁鸿是最贤达的人，父亲死后，他只用竹席卷了尸体下葬。从前汉代的杨震、赵咨、卢植、张奂，都是英豪贤达，都通晓古今，曾经都留下遗言，嘱咐一定要薄葬。他们之中，有的死后只穿洗干净的平时衣服，有的下葬时只用单层绢来束发。他们知道人死了以后，自己的魂魄已经离开身体，最好让身体迅速腐烂消失。他们的子孙都是遵照他们的遗嘱来做的，直到现在还被人们传为美谈。凡是那些厚葬的人家，无一例外都是不明智的。他们有的被流行的世俗风气左右，不明白人鬼是完全不同的，都以奢侈的厚葬作为忠孝，把节俭的薄葬作为吝啬，结果让死者遭受到盗墓贼破坏尸体、骸骨等酷刑，子孙们被人嘲笑为不忠不孝。这是让人痛心的事！太让人痛心了！死者是没有知觉的，自然如同腐土，为什么要劳神费力地厚葬他们，花费家里长期积累的钱财呢？如果死者真有知觉，灵魂也不在棺材里，又何必违背先人们的遗令，花费原本用来穿衣吃饭的钱财呢。我死了以后，入殓的时候给我穿上平常的衣服，四季的衣服，各准备一套就行了。我天性很不喜欢穿官

---

[1] 紫衣：古代官服。春秋战国时期国君服用紫。南北朝以后，紫衣为贵官公服，故有朱紫、金紫之称。唐代，三品以上官员穿紫服。

员的冠服，一定不要把它放进棺材、坟墓里，紫衣玉带只要穿在身上就可以，希望你们不要违背我的意愿。况且神明是憎恶奢侈的，阴间是崇尚朴素的，如果你们违背我的安排，让我在地下遭受惩罚，你们能够心安吗？希望你们三思。

柳玭：
门地高者，可畏不可恃

——《家训》

　　柳玭，生卒年不详。唐京兆华原（今陕西铜川市耀州区）人。以明经补秘书正字，官至御史中丞。后因事被贬为泸州刺史，卒于官。柳氏出身于名门望族，其祖父柳公绰为名臣，曾亲率部队平定淮西吴元济叛乱，且天性至孝。公绰之弟即大书法家柳公权，官至太子太保，封河东郡公。其父柳仲郢，字谕蒙，少年时勤读经史，手抄经史三十多篇，合辑为《柳氏自备》，所著《尚书二十四司箴》深得韩愈的赏识。

　　柳氏门第显赫，以严于教子著称，被称为"柳氏家法"。首先，柳玭告诫子孙"门地高者，可畏不可恃"，稍有不慎，易为他人所诟病，有坠家声之危，因此讲究家法、实艺修德非常有必要。接着，他用文字描述了自己幼年所受的训导，告诫子孙要严格遵守先人的遗训，这应是"柳氏家法"的主体。最后，他概括了败家的五大过失，要求子孙引以为戒，全面而又深刻。柳玭的《家训》揭示了名门兴衰的规律，影响深远。

　　本文选自《旧唐书》卷一六五《柳玭传》。

　　毗尝著书诚其子弟曰：夫门地高者，可畏不可恃。可畏者，立身行己，一事有坠先训，则罪大于他人。虽生可以苟取名位，死何以见祖先于地下？不可恃者，门高则自骄，族盛则人之所嫉。实艺懿行，人未必信；纤瑕微累，十手争指矣。所以承世胄者，修己不得不恳，为学不得不坚。夫人生世，以无能望他人用，以无善望他人爱，用爱无状，则曰："我不遇时，时不急贤。"亦由农夫卤莽而种，而怨天泽之不润，虽欲弗馁，其可得乎！

　　译文 柳毗曾经著书告诫他的子弟说：出身于高门著姓的人，对于高门著姓只可心怀敬畏，不能倚仗自己的出身而肆意妄为。所谓的心怀敬畏，是指存身自立，行为有度，如果有一事违背了先辈的训诫，有损家风，他的罪过会比其他人大得多。即使活着的时候可以用它苟且获取名声地位，死了以后还有什么脸面去见埋在地下的祖先？所谓的不可倚仗，是指出身于高门著姓，就容易骄横自大，这样随着家族的兴盛，就会招致别人的嫉妒。即使其他的子弟有真才实学和美好的德行，别人也未必会相信；即使只有细微的缺点和过错，别人也会争着在背后指责。所以承袭世族门第的人，修身不能不诚恳认真，学习不能不踏实执着。人生在世，自己没有能力而希望得到别人的任用，自己没有善良仁慈之心而希望得到别人爱戴尊敬，没有任何理由让别人任用和爱戴尊敬的时候，就会说："我是没有遇到好的时候，这个时代不急切需要人才啊！"这就像是农民不按照农时鲁莽播种，却老是埋怨上天降雨太少一样。虽然他只是盼望不饿肚子，这能做得到吗？

予幼闻先训，讲论家法。立身以孝悌为基，以恭默为本，以畏怯为务，以勤俭为法，以交结为末事，以气义为凶人。肥家以忍顺，保交以简敬。百行备，疑身之未周；三缄密，虑言之或失。广记如不及，求名如愧来。去吝与骄，庶几减过。莅官则洁己省事，而后可以言守法，守法而后可以言养人。直不近祸，廉不沽名。廪禄虽微，不可易黎甿之膏血；榎楚[1]虽用，不可恣褊狭[2]之胸襟。忧与福不偕，洁与富不并。比见门家子孙，其先正直当官，耿介特立，不畏强御；及其衰也，唯好犯上，更无他能。如其先逊顺处己，和柔保身，以远悔尤；及其衰也，但有暗劣，莫知所宗。此际几微，非贤不达。

译文 我小时候听过先辈的遗训，听他们讲论家训、家法。他们告诉我们：立身要以孝顺父母、顺从兄长为基础，以谦恭有礼、不随便评论别人长短为根本，以办事兢兢业业、谨慎小心为要务，以勤劳节俭为准则，以拉关系、搞派别、结私党为最没有出息的事，以性情偏狭、器量窄小、爱为琐事与别人争一日之长短为凶恶之人。如果想使家庭富足，就必须忍让和顺；如果想要和亲人们、朋友们保持友好交往，相互之间的关系就应该简单和敬重。尽管自己各方面都力求做到最好，但还是要仔细检查自己是否有做得不好的地方；尽管再三要求自己言语谨慎，但还是要经常考虑自己有没有说错话。尽管自己博闻广记，但还是唯恐知识不够多。要让名声在无意中得来，而不是刻意去求取。一定要去掉吝啬之心和骄奢之气，或

---

[1] 榎楚（jiǎ chǔ）：榎、楚皆木名，古代常用作笞打的刑具。此处泛指刑具。

[2] 褊狭（biǎn xiá）：气量狭小。

许可以减少过失。做官要廉洁、省察公事，这样才谈得上遵纪守法；只有自己做到守法，才能教育别人。为人要正直，不要去接近祸事；为人要廉洁，不要去沽名钓誉。做官的俸禄虽然微薄，但一定不能转而榨取黎民百姓的血汗钱作为补充；虽要用刑具，但一定不要心胸狭窄而随意用刑，以泄私愤。忧患与福祉不会同在，廉洁与财富不会并存。近来看到高门著姓的子孙，他们的先辈正直做官，有独特的人格与操守，不畏惧强权。到了他们的子孙却衰落了，除了喜好以下犯上之外，再没有其他能耐。他们的祖先谦逊、恭顺处事，以和谐温顺保身，从而能远离悔恨和过失；等到他们衰落以后，子孙们只有愚昧顽劣等毛病，丢掉了祖先的教育。此种微妙的变化，不是贤明之人就不能通晓。

夫坏名灾己，辱先丧家，其失尤大者五，宜深志之。其一，自求安逸，靡甘淡泊，苟利于己，不恤人言。其二，不知儒术，不悦古道，懵[1]前经而不耻，论当世而解颐，身既寡知，恶人有学。其三，胜己者厌之，佞[2]己者悦之，唯乐戏谭，莫思古道，闻人之善嫉之，闻人之恶扬之，浸渍颇僻，销刓[3]德义，簪裾徒在，厮养何殊。其四，崇好慢游，耽嗜曲蘖[4]，以衔杯为高致，以勤事为俗流，习之易荒，觉已难悔。其五，急于名宦，昵近权要，一资半级，虽或得之，众怒群

---

[1] 懵（měng）：昏昧无知的样子。

[2] 佞（nìng）：善辩，巧言谄媚。

[3] 刓（wán）：削去棱角。

[4] 曲蘖（qū niè）：酒曲。

猜，鲜有存者。兹五不是，甚于痤疽[1]。痤疽则砭石可瘳[2]，五失则巫医莫及。前贤炯戒，方册具存；近代覆车，闻见相接。

译文 凡是败坏名声损害自己，辱没祖先毁坏家族的人，他们往往有五个大的方面过失，你们应牢牢记住。其一，自己追求安逸，不甘心过淡泊的生活，假如有利于自己，就完全不顾别人怎么议论、指责。其二，不懂得儒学的真正内涵，不喜欢古人传下来的经验，对于儒家经典完全不知道，却不以为耻。一谈到当下的一些事情，却夸夸其谈。自己孤陋寡闻，又忌恨别人有学问、有学识。其三，对于超过自己的人则厌恶至极，对于花言巧语的人则喜笑颜开。只喜欢嬉笑调侃，不去思考古人的道理。听说别人的善行就心生嫉妒，听说别人的恶事就大肆宣扬。就这样慢慢偏离了正道，走到邪门歪道上，道德礼义被损耗消磨掉了。他们表面上还是人模人样，但实际上与地位低微的奴仆没什么两样。其四，喜欢游玩，贪杯嗜酒，把举杯饮酒当作清高风雅，将勤勉做事当作俗人俗事。这样养成了习惯，就会荒废学业，即便以后觉察到了，自己很后悔，也很难真正改变了。其五，急于得到名声和官职，有意亲近逢迎权贵。即使可能得到一官半职，也会引起大家的怒视和猜疑，这样的人能长久的非常少。这五种大的过失，比生了毒疮更严重。毒疮可以用药治好，但是这五种大过失就是再有妙手回春之术的巫师和神医都治不好。前代的贤人谆谆告诫，明明

---

[1] 痤疽（cuó jū）：痈疽，毒疮。

[2] 瘳（chōu）：病愈。

白白地记载在书上；近代很多失败的教训，你们也不断听到和看到。

夫中人已下，修辞力学者，则躁进患失，思展其用；审命知退者，则业荒文芜。一不足采。唯上智则研其虑，博其闻，坚其习，精其业，用之则行，舍之则藏。苟异于斯，岂为君子？

译文 中等资质以下的人，学习遣词造句，努力向学，就急躁冒进又担心失败，总想着能施展抱负；那些清醒、通达认命的人懂得隐退，就会荒废自己的学业和文章。这些人一概都不值得你们去学习、仿效。只有那些拥有上等智慧的人才认真谋划，拓宽自己的见识，坚持不懈地学习，力求把学问做到精深的境界。如果能得到任用，他就会兼济天下；如果得不到任用，他就会独善其身而隐居。如果这都做不到，怎么能说是君子呢？

邵雍：
亲贤如就芝兰，避恶如畏蛇蝎

——《戒子孙》

邵雍（1011—1077），字尧夫，谥康节。其祖先为范阳（治今河北涿州）人，幼年随父迁共城（今河南辉县）。隐居苏门山百源之上，后人称为"百源先生"。屡授官不赴，后居洛阳，与司马光等交往甚密。理学的创始人之一，象数学派的创立者。著作有《皇极经世》《伊川击壤集》等。邵雍中年才得长子伯温，对他寄予厚望，其所作《生男吟》中有"我若寿命七十岁，眼前见汝二十五。我欲愿汝成大贤，未知天意肯从否"的诗句，因此他非常重视家庭教育。

在此篇家训中，邵雍劝诫子孙应为吉人，而不为凶人，并清楚地刻画了吉人与凶人的形象，为子孙提供了判断吉人与凶人的标准。他语重心长地告诫子孙要亲贤远佞，不做违礼之事；应为善务正，从善弃恶而成为吉人，才能保证家族事业安定，生生不息。此篇家训行文流畅，意蕴深远，有比较浓厚的哲理味。

本文选自《邵雍全集·伊川击壤集外诗文》。

上品之人不教而善，中品之人教而后善，下品之人教亦不善。不教而善非圣而何？教而后善非贤而何？教亦不善非愚而何？是知善也者，吉之谓也；不善也者，凶之谓也。吉也者，目不观非礼之色，耳不听非礼之声，口不道非礼之言，足不践非礼之地，人非善不交，物非义不取，亲贤如就芝兰，避恶如畏蛇蝎。或曰不谓之吉人，则吾不信也。凶也者，语言诡谲，动止阴险，好利饰非，贪淫乐祸。疾良善如雠[1]隙，犯刑宪如饮食，小则殒身灭性，大则覆宗绝嗣。或曰不谓之凶人，则吾不信也。《传》有之曰："吉人为善，惟日不足；凶人为不善，亦惟日不足。"汝等欲为吉人乎？欲为凶人乎？

译文 品性良善的人，不用教育自然就能达到善；品性一般的人，要靠教育之后才能达到善；品性比较差的人，即使教育了也无法达到善。不用教育就能达到善的，那不就是圣人吗？教育之后可以达到善的，不就是贤者吗？即使教了也无法达到善，不就是愚人吗？由此可知，知道善就是吉，不善就是凶。所谓吉人，他不看不合乎礼制的外在事物，不听不合乎礼制的声乐，不说不合乎礼制的话，不去不合礼制的地方，不与不善之人结交，不去取用不合乎道义的东西。亲近贤者就像靠近芝兰这一类的香草，回避狠毒之人就像害怕毒蛇、蝎子之类的毒虫。能做到这些，还有人说他不是吉人，那我肯定不信。所谓凶人，他说话怪诞而且变化多端，举止阴险，贪恋财物，想办法掩饰自己的缺点、过错，贪恋荒淫的生活，对别人的事

---

[1] 雠（chóu）：同"仇"，深切的怨恨。

情幸灾乐祸。忌恨善良的人就像对待有仇的人一样，触犯法律像吃喝一样常见。从小的方面来说，会毁掉自己的性命；从大的方面来说，会毁灭自己的家族，直至断子绝孙。犯了这些罪过，还有人说他不是凶人，那我肯定不信。《尚书》说："吉人做善事，总是怕时间不够；凶人做坏事，也总怕时间不够。"你们是想做吉人，还是想做凶人呢？

邵雍：亲贤如就芝兰，避恶如畏蛇蝎

蔡襄：

人之子孝，本于养亲，以顺其志，死生不违于礼

——《福州五戒文》

　　蔡襄（1012—1067），字君谟，兴化仙游（今属福建）人。北宋书法家。在福州、泉州等地为官，官至端明殿学士。

　　本篇家训作于嘉祐二年（1057）。当时福州有"重凶事，奉浮屠"的社会风气。如亲人亡故，大办酒肉斋筵，名为行孝，贫苦之家为此不得已变卖田宅，甚至倾家荡产。为了革除这些陋习，他提出了具体的解决之道，即父母对待子女，不得有厚薄之分；为人子者在父母生前应当尽孝，死后不要奢侈浪费；兄弟之间要友爱，不能听妇人之言而割断兄弟恩情；婚嫁要俭朴，夫妻相爱是关键；为商不能昧天理、为富不仁；人人需恪守本分，和睦相处。蔡襄两度知福州，前后五年时间，在他的努力下，福州的社会风气为之一变，读书向学蔚然成风。

　　本文选自《蔡襄全集》卷二十九。

观今之俗，为父母者视己之子犹有厚薄。迨至娶妇，多令异食。贫者困于日给，其势不得不然，富者亦何为之？盖父母之心不能均于诸子以至此，不可不戒。

译文 观察当今的社会风俗，为人父母的，对待自己的孩子还有厚薄之分。儿子结婚娶妻以后，大多数会分家，另起炉灶。之所以要这样，是因为贫穷家庭每天吃的东西都成问题，让他们不得不分家；而富有家庭为什么也要分家呢？应该是由于父母不能够公正、平等地对待每个儿子才这样做，不能不引以为戒！

人之子孝，本于养亲，以顺其志，死生不违于礼，是孝诚之至也。观今之俗，贫富之家多于父母异财，兄弟分养，乃至纤悉无有不校。及其亡也，破产卖宅，盛为酒肴，以劳亲知，施与浮图，以求冥福。原其为心，不在于亲，将以夸胜于人，是不知为孝之本也。生则尽养，死不妄费，如此，岂不善乎？

译文 儿子的孝敬，根本在于奉养父母，并且顺应父母的想法做事，生前死后都不能与礼节相违背，这才是至孝。但是仔细观察当今的社会风俗，无论是贫穷人家，还是富有之家，大多是与父母各管各的财物，兄弟们分开来奉养父母，甚至在很细小的事情上都会斤斤计较；等父母死了以后，儿子就败坏家业，卖掉房子，得来的钱用来买酒肉，设宴款待亲戚朋友，把钱施舍给僧人，以求父母在阴间得到保佑。仔细探究他们这么做的原因，可以发现他们并不是为了父母，而是想借以炫耀自己的孝顺胜过他人，其实他并不懂得孝敬的根本是什么。父母活着的时候能尽心尽力奉养，父母死了以后不胡乱花钱，这

蔡襄：人之子孝，本于养亲，以顺其志，死生不违于礼

样不是更好吗？

兄弟之爱，出于天性，少小相从，其心欢欣，岂有间哉？迨因娶妇，或至临财，憎恶一开，即成怨隙；至于兴诉讼，冒刑狱，至死而不息者，殊可哀也。盖由听妇言，贪财利，绝同胞之恩、友爱之情，遂及于此。

译文 兄弟之间的手足之情，是出于天性的，小时候在家里弟弟跟着哥哥，他们非常开心，哪里会有什么隔阂呢？或许是兄弟们都娶了妻子以后，涉及钱财的问题时，就因为钱财而有憎恶之情了，由此产生怨言和不和；兄弟之间因为争钱财，有的会去打官司，甘愿冒着判刑坐牢的危险，到死都不愿意和解，这真是悲哀啊。兄弟之间之所以会这样，大概是由于偏听偏信了妻子们的话，贪图钱财利益，以至于断绝了一母同胞的恩惠和兄弟友爱的感情，才闹到这种地步。

娶妇何谓？欲以传嗣，岂为财也。观今之俗，娶其妻不愿（顾）门户，直求资财，随其贫富，未有婚姻之家不为怨怒。原其由，盖婚礼之夕广糜费，已而校奁橐[1]，朝索其一，暮索其二。姑辱其妇，夫虐其妻，求之不已。若不满意，至有割男女之爱，辄相弃背。习俗日久，不以为怪。此生民之大弊，人行最要者也。

译文 娶妻子的目的是什么呢？是为了传宗接代，哪里是为了钱财呢？看看现今的风俗，娶妻子再也不考虑她的出身、门户，只不过是为了获得钱财，无论家里是贫还是富，亲家之

---

[1] 校奁橐（jiào lián tuó）：清算装陪嫁衣物的袋子。

间没有不怨恨愤怒的。探究其中的原因，操办婚礼的时候铺张浪费，之后丈夫清算装陪嫁衣物的箱包袋子，早上索要这一件，晚上索要那一件，总希望能弥补一下操办婚礼的花销。婆婆羞辱新儿媳妇，丈夫虐待新婚妻子，向妻子要嫁妆的行为一直没有停止过。如果不能让婆婆、丈夫的心意得到满足，甚至有的会因此伤了新婚夫妻的感情，最后导致离婚。这种习俗流传已经很久了，人们也并不觉奇怪。这是福州百姓习俗中的最大弊端，也是人的品行中最为恶劣的方面啊。

凡人情莫不欲富，至于农人、商贾、百工之家，莫不昼夜营度，以求其利。然农人兼并，商贾欺谩，太率刻剥贫民，罔昧神理。譬如百虫聚居，强者食啖，曾不暂息。求而得之，广为施与，冀灭罪恶，其愚甚矣。今欲为福，孰若减刻剥之心以宽贫民，去欺谩之行以畏神理？为子孙之计则亦久远，居乡党之间则为良善，其议至明，不可不知。

译文 但凡人之常情，没有不想发财的，农民、商人、各种工匠的家庭，没有一家不是日夜经营的，目的是获利。但是地主相互兼并，商人欺骗买主，大都是剥削穷苦百姓，欺瞒神明天理。这就像各类虫子聚集在一起，强势者吃弱小者，没有一刻的停息。他们一旦得到钱财之后，又广为施舍给别人，希望因此能减少自己的罪恶，这真是太愚昧了。现在想得到福祉，是减少刻薄的剥削之心而宽待穷苦百姓好，还是摒弃自己欺瞒行为而畏惧神明天理更好呢？如果能为子孙后代考虑，也能永久长远；即便居住在乡村，与老百姓生活在一起，也能算是行善积德了。这些看法都是非常明智的，不能不记住啊。

司马光家训二则

为人母者，不患不慈，患于知爱而不知教也

——《温公家范》(节选)

司马光（1019—1086），字君实，号迂叟，陕州夏县（今属山西）涑水人，世称涑水先生。北宋政治家、史学家。在仁宗、英宗、神宗、哲宗四朝为官，死后追封温国公。主持编纂了中国历史上第一部编年体通史《资治通鉴》。他十分重视家教，为后世留下了《温公家范》《居家杂仪》《训俭示康》等家庭教育名著。

《温公家范》是我国历史上家范的第一次集结，它不仅比较系统地总结了宋代以前的家范资料，而且也为此后这类文献的编纂创立了一种新的体例。此家训以修身、治家为纲领，援引《大学》《孝经》《礼记》等儒家经典的治家、修身格言，和史籍中记载的事例，以"家正则天下定，礼为治家之本"为思想核心。全书共10卷19篇，是继颜延之的《庭诰》、颜之推的《颜氏家训》之后的又一部影响深远的中华传统家训。

《大学》[1]曰：古之欲明明德于天下者，先治其国；欲治其国者，先齐其家；欲齐其家者，先修其身；欲修其身者，先正其心；欲正其心者，先诚其意；欲诚其意者，先致其知。致知在格物。物格而后知至，知至而后意诚，意诚而后心正，心正而后身修，身修而后家齐，家齐而后国治，国治而后天下平。

译文 《大学》说：古代想使盛明之德能在天下得到推崇而彰显的人，必定先治理好国家；要想把国家治理好，必先管理和整顿好自己的家；要想管理和整顿好自己的家，必先要提升自己的修养；要想真正提升自己的修养，必先端正自己的心；要端正自己的心，必先做到自己意念是真诚的；要想做到意念真诚，必先获取知识。而获取知识的途径就是穷究万事万物的真理了。万事万物的真理研究透了，知识就无穷尽了；有了无穷尽的知识，意念就自然真诚了；意念真诚了，自己的心就端正了；心端正了，就能修养身心，以提高自己的品德；品德提高了，家就可以管理和整顿好；家管理和整顿好了，国家就可以治理好；国家治理好了，天下也就可以太平了。

自天子以至于庶人，壹是皆以修身为本。其本乱而末治者否矣。其所厚者薄，而其所薄者厚，未之有也。此谓知本，此谓知之至也。所谓治国必先齐其家者，其家不可教而能教人者无之。故君子不出家而成教于国。

译文 上至天子，下至平民百姓，全都要以修身为根本。如果不先修身而乱了根本，要想治理好家庭、国家、天下是不

---

[1] 《大学》：原为《礼记》中一篇，至宋代学者将其抽出，与《中庸》《论语》《孟子》合称"四书"。朱熹将《大学》作为"四书"之首。

可能的；所重视的是细枝末节，所轻视的是根本，本末倒置，从来就没有这样的道理。这就叫作认识了道理的根本，可以说达到了"知"的最高境界。之所以说治理国家一定要先管理好家庭，这是因为自己的家人都教育不好而能教育好别人是根本不可能的事。所以君子不必走出家门，就能受到治理国家方面的教育。

孝者，所以事君也；弟[1]者，所以事长也；慈者，所以使众也。《诗》[2]云："桃之夭夭，其叶蓁蓁。之子于归，宜其家人。"宜其家人，而后可以教国人。《诗》云："宜兄宜弟。"宜兄宜弟，而后可以教国人。《诗》云："其仪不忒[3]，正是四国。"其为父子兄弟足法，而后民法之也。此谓治国在齐其家。

译文 对父母的孝顺同样可以用来侍奉君主；对兄长的恭敬同样可以用来侍奉上级；对子女的慈爱同样可以用来管理百姓。《诗经·周南·桃夭》上说："桃花含苞待放，桃叶长得十分茂盛。美丽的姑娘嫁到婆家，夫妻和睦是一家。"只有与家人和睦相处，然后才能教化普通民众。《诗经·小雅·蓼萧》上说："兄弟和睦友爱。"哥哥弟弟和睦友爱，才能教育普通民众和睦友爱。《诗经·曹风·鸤鸠》上说："自己的仪容举止没有差错和毛病，就可以作为四方之国的法则。"如果自己无论

---

[1] 弟：同"悌"。因"悌"字至东汉时期才出现，为敬爱兄长，引申为顺从长上之义。

[2] 《诗》：即《诗经》。

[3] 忒(tè)：差错。

是作为父亲还是儿子，哥哥还是弟弟，都值得人家学习，才能成为老百姓效法的榜样，这就是要治理国家必须先管理和整顿好家庭的道理。

为人祖者，莫不思利其后世。然果能利之者，鲜矣。何以言之？今之为后世谋者，不过广营生计以遗之：田畴连阡陌，邸肆跨坊曲，粟麦盈囷[1]仓，金帛充箧笥[2]，慊慊[3]然求之犹未足，施施然自以为子子孙孙累世用之莫能尽也。然不知以义方训其子，以礼法齐其家。

译文 作为祖辈，没有谁不想为儿孙留下好处的。但是真正能给儿孙带来好处的却很少。为什么这么说呢？现在那些替儿孙谋取利益的人，只懂得多积钱财留给儿孙。田地多到阡陌相连，房屋店铺横跨街道，粮食堆满了仓库，金银布匹等财物塞满了箱子，但是还觉得不满足，还在苦心地谋求。一旦达到目的，他们会洋洋得意，自以为他们积累的田产、商铺和财产，子子孙孙多少代都用不完。然而，他们却不知道教给子孙做人的道理，不知道用礼仪和法度去管理家庭。

自于数十年中，勤身苦体以聚之，而子孙于时岁之间奢靡游荡以散之，反笑其祖考之愚，不知自娱；又怨其吝啬，无恩于我，而厉虐之也。始则欺绐[4]攘窃以充其欲；不足，则立券举债于人，俟其死而偿之。观其意，惟患其考之寿也。甚

---

[1] 囷（qūn）：古代一种圆形谷仓。

[2] 箧笥（qiè sì）：藏物的竹器。

[3] 慊慊（qiàn）然：心不满足貌，不自满貌。

[4] 绐（dài）：欺骗，欺诈。

者，至于有疾不疗，阴行鸩毒，亦有之矣。然则向之所以利后世者，适足以长子孙之恶，而为身祸也。

译文 祖辈们靠几十年的辛勤劳作才积聚起来的财富，却被儿孙们在短时间内就挥霍一空了，他们反过来还讥笑自己的祖辈愚蠢，不知道自己享受；还会埋怨祖辈吝啬小气，对自己不好，只会用严厉的手段、方法克扣自己。刚开始的时候，儿孙们用欺骗或盗窃的手段，以满足自己的私欲；当通过这些手段无法满足私欲的时候，就通过写借条、立字据等方式借债，盼着祖辈们死了以后再偿还。仔细观察他们，发现他们担心的是自己的祖辈们长寿。更有甚者，祖辈们生病了，他们不但不给治疗，还在暗地里下毒，希望毒死他们，这些也大有人在。然而，那些过去想为儿孙们带来好处的祖辈们，不但助长了儿孙们的恶习，也给自己带来了杀身之祸。

顷尝有士大夫，其先亦国朝名臣也。家甚富而尤吝啬，斗升之粟，尺寸之帛，必自身出纳，锁而封之。昼则佩钥于身，夜则置钥于枕下。病甚，困绝不知人。子孙窃其钥，开藏室，发箧筒，取其财。其人后苏，即扪枕下，求钥不得，愤怒遂卒。其子孙不哭，相与争匿其财，遂致斗讼。其处女亦蒙首执牒，自讦[1]于府庭，以争嫁资，为乡党笑。盖由子孙自幼及长，惟知有利，不知有义故也。夫生生之资，固人所不能无，然勿求多余。多余，希不为累矣。使其子孙果贤耶，岂粗粝[2]布褐不能自营，至死于道路乎？若其不贤耶，虽积金满堂，奚

---

[1] 讦 (jié)：揭发别人的隐私或者攻击别人的短处。

[2] 粝 (lì)：粗糙的米。

益哉！多藏以遗子孙，吾见其愚之甚也。

译文 不久前有一位士大夫，他的祖辈是本朝的名臣，家里很有钱，他却很小气，连一升米、一尺布都要自己经手，把自己的钱财都锁得严严实实，白天把钥匙带在身上，晚上睡觉的时候把钥匙放在枕头底下。后来他得了重病不省人事的时候，他的子孙们偷了他的钥匙，打开了他放钱财的房子和存放银钱的箱子，偷走了金银财宝。他苏醒过来以后，摸枕头底下的钥匙，发现不在了，他被活活地气死了。他的子孙们不但没有悲伤哭泣，反而因相互争夺、藏匿他留下的钱财而大打出手，去衙门打官司。他还没有出嫁的女儿也蒙着面拿着起诉书，在衙门公堂上揭发家人的种种丑事，目的是为自己争夺嫁妆，他们这些行为被同乡人耻笑。之所以这样，大概是因为这些子孙从小到大只知道钱财的重要性，并不知道怎么做人。人要活下去，不能没有钱财，但是也不要贪求有多少剩余。剩余太多了，反而会成为累赘。如果子孙们确实都贤能，难道他们连粗茶淡饭、普通衣服都会买不起吗？难道会冻死、饿死在路边上吗？如果子孙们确实不够贤能，即使给他们留下满屋的金银财宝，又有什么用呢！祖辈为子孙存钱、积累财富，我觉得他们是愚蠢至极。

然则贤圣皆不顾子孙之匮乏邪？曰：何为其然也？昔者圣人遗子孙以德、以礼，贤人遗子孙以廉、以俭。舜自侧微积德，至于为帝，子孙保之，享国百世而不绝。周自后稷、公刘、太王、王季、文王积德累功，至于武王而有天下。其

《诗》曰："诒厥孙谋，以燕翼子。"[1]言丰德厚泽，明礼法，以遗后世，而安固之也。故能子孙承统八百余年，其支庶犹为天下之显侯，棋布于海内。其为利，岂不大哉！

译文 既然这样，那么圣贤们都不会担心他们的子孙太穷了吗？有人问：他们为什么要这么做呢？因为古代圣人是把高尚的品德与严格的礼法留给子孙，贤人是把廉洁的品质和俭朴的家风留给子孙，而不是钱财。上古时期的舜出身卑微，但不断提升自己的道德修养，还当上了帝王。他的子孙们继承了他的做法，他们的王朝传了百代而不灭。周朝从后稷、公刘、太王、王季、文王开始修德积功，到周武王时夺取了天下。《诗经·大雅·文王有声》上说："周文王为子孙留下了好的计谋，使子子孙孙都能安居。"这是说周文王德泽丰厚，申明礼法，将这些传给了后代，使得国家安定、社稷稳固。所以他们子孙能够继承王业八百多年。他们宗族旁出的支派也成了天下的望族，被分封到全国各地。他们祖先留给子孙的利益，难道还不大吗？

为人母者，不患不慈，患于知爱而不知教也。古人有言曰："慈母败子。"爱而不教，使沦于不肖，陷于大恶，入于刑辟，归于乱亡。非他人败之也，母败之也。自古及今，若是者多矣，不可悉数。

译文 做母亲的，不用担心她对孩子倾注的爱不够，要担心的是她只知道溺爱孩子，而不知道教育孩子。古人说："一味溺爱的母亲会毁了孩子。"只是溺爱而不教育，使孩子变

---

[1] 诒厥孙谋，以燕翼子：语出《诗经·大雅·文王有声》。"诒"，通"贻"，遗留；"孙"，通"逊"，顺。

坏，甚至沦落成大恶之人，受到法律制裁，最后引起祸乱，自取灭亡。这并不是别人毁了孩子，恰恰是他的母亲。从古至今，这样的母亲太多了，不能一一列举。

由俭入奢易，由奢入俭难

——《训俭示康》

　　此为司马光写给儿子司马康的一篇家训。司马康（1050—1090），字公休。自幼就聪颖过人，勤奋好学，学识渊博，通晓经史，是司马光修史的助手。他侍奉父母极为孝顺，母亲去世后，悲痛至极，三天三夜都滴水不进，哀痛欲绝。

　　在此篇家训中，司马光从自己的立身原则谈起，旁征博引，以六个古人和本朝的节俭兴家兴国与奢侈败家败国的典型人物，从正反两面进行对比论证，告诫儿子要崇尚节俭，力戒奢侈。司马光并没有从正面对儿子进行严肃的训诫，而是以自己回首往事，谈论古今人物的方式来说理，全篇有理有据，说理透彻，语调亲切。司马康读时，忍不住流下了眼泪。此后，他一生都把这篇家训当作镜子，用以鞭策自己。文中的"由俭入奢易，由奢入俭难""俭则寡欲""侈则多欲""以俭立名，以侈自败"等已成为治家的名言警句。本文选自《司马光集》卷六九《训俭示康》。

吾本寒家，世以清白相承。吾性不喜华靡，自为乳儿，长者加以金银华美之服，辄羞赧[1]弃去之。二十忝科名，闻喜宴[2]独不戴花。同年[3]曰："君赐，不可违也。"乃簪一花。平生衣取蔽寒，食取充腹，亦不敢服垢弊以矫俗干名，但顺吾性而已。众人皆以奢靡为荣，吾心独以俭素为美。人皆嗤吾固陋，吾不以为病。应之曰："孔子称'与其不逊也，宁固'，又曰'以约失之者，鲜矣'，又曰'士志于道，而耻恶衣恶食者，未足与议也'。古人以俭为美德，今人乃以俭相诟病。嘻，异哉！"

译文 我们司马氏原来是清贫的人家，世世代代都继承了纯朴的家风。我生性不喜欢豪华奢侈的生活。当我还是婴儿的时候，当家里的长辈给我穿上有金银饰品的华丽衣服时，我就会害羞脸红而脱掉。我二十岁时有幸考中进士，在参加礼部举办的闻喜宴上，只有我一个人没有按照惯例簪花。有一个同年告诉我："这花是皇上赏赐的，你不能违背皇上的旨意。"我才簪了一枝花。我平时穿的衣服只要能御寒保暖就行了，吃的东西只要能充饥就行了，也不敢故意穿脏破的衣服来表示自己不同于一般人，借此来获得别人的称赞，只是按照我的本性罢

---

[1] 羞赧(nǎn)：害羞得脸红。

[2] 闻喜宴：唐制，进士放榜后，宴乐于曲江亭，称"曲江宴"，亦称"闻喜宴"。唐末，诏命新科进士闻喜之宴，年赐钱四百贯。北宋太平兴国二年(977)，赐新及第进士和诸科举人闻喜宴于开宝寺。因曾设宴于琼林苑，故至明清赐新科进士宴称"琼林宴"。

[3] 同年：古代科举考试同科中式者的互称。唐代同榜进士称同年，明清乡试、会试同榜登科者皆称同年。清代科举先后中式者，其中式之年甲子相同，亦称同年。

了。很多人以奢侈浪费为荣耀，我心里唯独以节俭朴素为美德，别人都嘲笑我固执，我并不认为这是什么缺点，回答他们说："孔子说'与其因奢侈而显得骄傲，还不如因节俭而显得鄙陋寒酸'，又说'因为俭约而犯过失的，那是很少的'，又说'读书人有志于探求真理，而以穿得不好，吃得不好为羞耻，是不值得跟他谈论的'。古人把节俭看作美德，现在的人却因节俭而相讥讽，认为这是缺点。唉，这真奇怪啊！"

近岁风俗尤为侈靡，走卒类士服，农夫蹑丝履。吾记天圣中，先公为群牧判官，客至未尝不置酒，或三行、五行，多不过七行。酒酤于市，果止于梨、栗、枣、柿之类；肴止于脯、醢[1]、菜羹，器用瓷、漆。当时士大夫家皆然，人不相非也。会数而礼勤，物薄而情厚。近日士大夫家，酒非内法，果、肴非远方珍异，食非多品，器皿非满案，不敢会宾友。常数月营聚，然后敢发书。苟或不然，人争非之，以为鄙吝。故不随俗靡者盖鲜矣。嗟乎！风俗颓弊如是，居位者虽不能禁，忍助之乎！

译文 近年来奢侈浪费之风越刮越猛，当差的大多穿士人的衣服，农民穿丝织的鞋子。我记得宋仁宗天圣年间，我父亲（司马池）担任管理国家官方用马匹的群牧司判官，家里有客人来了，都要请他们吃饭喝酒，但有时斟三杯酒，有时斟五杯酒，最多不超过七杯酒。酒是从市场上买的普通酒，水果只是梨子、板栗、枣子、柿子之类，下酒菜也只有干肉、肉酱、菜

---

[1] 醢(hǎi)：肉酱。

汤，餐具只有瓷器、漆器。当时士大夫家里都是这样招待客人的，没有人会觉得这样不好。招待客人的次数虽然很多，但能做到款待殷勤；用来招待的东西虽不多，但是情谊深厚。近年来的士大夫家招待客人则不同，用的酒如果不是按官廷方法酿造的，水果、菜肴如果不是来自远方的珍稀特产，假如吃的东西品种不够多，餐具不能摆满桌子，就不敢邀请宾客好友来聚餐。为了请客吃饭，常常要准备几个月，然后才敢发请帖邀请。如果有人不这样做，人们就会争相指责他，认为他没有见过世面，吝啬小气。这样一来，不跟着奢侈浪费之风跑的人就少了。唉！社会风气败坏到这样的程度，掌权当政的人即使不能制止，难道忍心助长这种恶劣的社会风气吗？

又闻昔李文靖公[1]为相，治居第于封丘门[2]内，厅事前仅容旋马。或言其太隘，公笑曰："居第当传子孙，此为宰相厅事诚隘，为太祝[3]、奉礼厅事已宽矣。"参政鲁公[4]为谏官，真宗遣使急召之，得于酒家，既入，问其所来，以实对。上曰："卿为清望官，奈何饮于酒肆？"对曰："臣家贫，客至无器皿、肴、果，故就酒家觞之。"上以无隐，益重之。张文

---

[1] 李文靖公：即李沆，字太初，洺州肥乡（今河北邯郸肥乡区）人。太平兴国五年（980）登进士第。宋真宗时官至宰相，谥号"文靖"。

[2] 封丘门：北宋汴京（今河南开封）的城门。

[3] 太祝：官名，为太常寺官，主管祭祀。

[4] 参政鲁公：即鲁宗道，字贯之，亳州人。北宋著名谏臣。为人刚正，遇事敢言，不过分拘谨，贵戚用事者都怕他，称他为"鱼头参政"。

节^[1]为相，自奉养如为河阳掌书记时，所亲或规之曰："公今受俸不少，而自奉若此。公虽自信清约，外人颇有公孙布被^[2]之讥。公宜少从众。"公叹曰："吾今日之俸，虽举家锦衣玉食，何患不能？顾人之常情，由俭入奢易，由奢入俭难。吾今日之俸岂能常存？身岂能常存？一旦异于今日，家人习奢已久，不能顿俭，必致失所。岂若吾居位、去位、身存、身亡，常如一日乎？"呜呼！大贤之深谋远虑，岂庸人所及哉！

译文 又听说过去李沆担任宰相时，在封丘门内建的房子，客厅前只能容得下一匹马转身。有人说客厅前也太狭小了，李沆却笑着说："房子是要传给子孙的，这个客厅现在给我当宰相的用，确实狭小了一些，但是子孙们可能要做太祝、奉礼司仪这样的小官，他们用这间客厅就已经很宽大了。"参政鲁宗道担任谏官时，真宗派人去紧急召见他，在一家酒肆里找到了他。入朝以后，真宗问他是从哪里来的，他据实回答，说自己是从酒肆来。真宗问："你是清白而有名望的官员，为什么去酒肆里喝酒？"鲁宗道回答说："臣家里实在太穷了，客人来了，没有餐具、下酒菜和水果招待，只好到酒肆请客人喝酒。"因为鲁宗道没有隐瞒，实话实说，真宗更加敬重他了。张知白担任宰相的时候，过的生活完全和做河阳节度判

---

[1] 张文节：即张知白，字用晦，沧州清池（今河北沧州东南）人。端拱二年（989）进士，官至同中书门下平章事（即宰相），为人清廉自守，谥号"文节"。

[2] 外人颇有公孙布被：西汉公孙弘虽身为丞相却生活俭朴，盖布被，每餐只有一个肉菜，吃粗粮，对宾客和故旧却供给衣食，有人认为他是在欺骗世人，故意做出清廉的样子。

官的时候一样，没有任何的改变。有跟他关系比较密切的人规劝说："您现在领取的俸禄不少了，可是自己还过得这样俭省，虽然您确实是清廉节俭，但是不了解您的人，却说您张文节就像公孙弘盖布被子一样矫情作伪。您也应该略微从众一些，把生活过得好一些。"张知白听了之后叹息说："以我现在的俸禄，即使让全家穿绫罗绸缎，吃山珍海味，还怕不能做到吗？然而人之常情是，由节俭转变为奢侈是很容易的，由奢侈转变为节俭就困难了。像我现在这么高的俸禄，难道能一直都有吗？我难道能够一直活下去吗？如果有一天我被罢官或死了，家里的情况就会与现在完全不同，家里的人习惯过奢侈的生活已经很长时间了，不能够立即过节俭的生活，到那时候一定会造成混乱而无所依靠。哪里比得上无论我做大官还是被罢官、活着还是死去，家里的生活天天都一样好呢？"唉！大贤者的深谋远虑，哪是才能平庸的人能比得上的啊！

御孙[1]曰："俭，德之共也；侈，恶之大也。"共，同也，言有德者皆由俭来也。夫俭则寡欲，君子寡欲则不役于物，可以直道而行；小人寡欲则能谨身节用，远罪丰家。故曰："俭，德之共也。"侈则多欲。君子多欲则贪慕富贵，枉道速祸；小人多欲则多求妄用，败家丧身；是以居官必贿，居乡必盗。故曰："侈，恶之大也。"

译文 春秋时期鲁国大夫御孙说："节俭，是各种善行中的大德；奢侈，是各种邪恶中的大恶。""共"就是同，是说品德

---

[1] 御孙：春秋时鲁国大夫。

好的人都是从节俭做起的，这一点是相同的。因为如果能做到节俭，人的私欲就少。君子少了私欲就不被外物所控制，进而可以行正直之道；小人少了私欲，就能约束自己，节约费用，不仅可以避免犯罪，而且还可以让家富裕起来，所以说："节俭，是各种善行中的大德。"如果奢侈就会多私欲。君子的私欲多了，就会贪恋爱慕富贵，背离正道而招致祸患；小人的私欲多了，就会千方百计去贪求财货，铺张浪费，败坏家庭，丢掉性命。因此，他们如果去做官，一定会贪污受贿；如果做老百姓，必定会去盗窃别人的钱财。所以说："奢侈，是各种邪恶中的大恶。"

昔正考父 [1] 饘 [2] 粥以糊口，孟僖子 [3] 知其后必有达人。季文子 [4] 相三君，妾不衣帛，马不食粟，君子以为忠。管仲镂簋 [5] 朱纮 [6]，山节藻棁 [7]，孔子鄙其小器。公叔文子享卫灵公，史鰌 [8] 知其及祸，及戌，果以富得罪出亡。何曾 [9] 日食万钱，至孙以骄溢倾家。石崇 [10] 以奢靡夸人，卒以此死东市。近

---

[1] 正考父：春秋时期宋国大夫，孔子之远祖。

[2] 饘(zhān)：煮或吃(稠粥)。

[3] 孟僖子：春秋时期鲁国大夫，孟氏，名貜，谥"僖"。

[4] 季文子：春秋时期鲁国大夫季孙行父。

[5] 簋(guǐ)：古代盛食物器具，圆口，双耳。

[6] 纮(hóng)：系于颔下的帽带。

[7] 棁(zhuō)：梁上的短柱。

[8] 史鰌(qiū)：春秋时期卫国大夫。

[9] 何曾：原名何谏，字颖考，陈国阳夏(今河南太康)人，西晋开国元勋，曹魏太仆何夔之子。一生奢侈无度，讲究饮食，有"何曾食万"的典故。

[10] 石崇：字季伦，西晋大臣、富豪。生活奢靡，常与贵戚王恺斗富。司马伦政变后，宠臣孙秀向石崇索要爱妾不成，便进言杀之，石崇全族被诛。

世寇莱公[1]豪侈冠一时，然以功业大，人莫之非；子孙习其家风，今多穷困。其余以俭立名，以侈自败者多矣，不可遍数，聊举数人以训汝。汝非徒身当服行，当以训汝子孙，使知前辈之风俗云。

译文 从前，孔子的远祖宋国大夫正考父每天靠喝粥来维持生活，鲁国大夫孟僖子据此推知他的后代一定会出显达的人。鲁国大夫季孙行父辅佐三位诸侯，他的小妾不穿丝绸衣服，马不喂粮食，君子们认为他是忠臣。管仲使用刻有花纹的器皿，戴朱红的帽子，房屋的斗拱雕刻山水图案，连梁上的短柱雕刻都非常精美。孔子鄙视他，认为他的器量小。公叔文子宴请卫灵公，卫国大夫史鰌推知他必然会惹祸上身，果然到了儿子公叔戌的时候，因家中太富有而获罪，不得不逃亡在外。西晋的何曾每天吃饭要花去一万钱，到了他的孙子这一辈，就因为骄奢淫逸而倾家荡产。西晋的石崇向人夸耀自己的奢侈生活，最终因此在东市（刑场）被处以极刑。近代寇准的豪华奢侈堪称当世第一，但因他的丰功伟绩，没有人说他不好。他的子孙受他的这种家风影响，现在大多都过得穷困潦倒。其他因为节俭得到好名声，因为奢侈而招致败亡的人还很多，不能一一列举给你看。姑且举出几个人作为例子来训诫你。你不但自身要厉行节俭，还要拿这些例子教育好你的子孙，让他们知道我们司马氏家族祖祖辈辈的家风。

---

[1] 寇莱公：即寇凖，字平仲，华州下邽（今陕西渭南）人。宋真宗时，官至宰相，封莱国公。寇凖少时即富贵，生活豪奢，但为官刚直敢谏，功勋卓著。

黄庭坚：
无以小财为争，无以小事为仇

——《家诫》

黄庭坚（1045—1105），字鲁直，号山谷道人、涪翁，洪州分宁（今江西修水）人。北宋英宗治平进士，以校书郎为《神宗实录》检讨官，迁著作佐郎。因修实录不实遭贬谪。与张耒、晁补之、秦观游于苏轼门下，世称"苏门四学士"。长于诗，与苏轼齐名，有"苏黄"之称。有《山谷集》。

《家诫》是黄庭坚五十岁时为年仅十岁的幼子黄相所作。与其他家训多是长辈通过讲家世门风、自己心得等方式来告诫子孙不同，黄庭坚以自己亲眼见到的事例为例，通过一个出身富贵，但沦为贩夫走卒的世族子弟之口，告诉儿子家庭盛衰的道理，即家庭内部和睦齐心则盛，人心不和则败，进而告诫儿子"无以小财为争，无以小事为仇""无以猜忌为心，无以有无为怀"。此篇家训以对话的形式出现，让儿子读起来更亲切，能起到更好的教育作用。

本文选自《黄庭坚全集·补遗》卷十。

　　某自丱角[1]读书，及有知识，迄今四十年。时态历观，谛见润屋封君，巨姓豪右，衣冠世族金珠满堂，不数年间复过之，特见废田不耕，空囷不给。又数年复见之，有缧绁[2]于公庭者，有荷担而倦于行路者。问之曰："君家曩时蕃衍盛大，何贫贱如是之速耶？"

　　译文　我从小时候开始读书，到有学问见识，已经四十年了。我的阅历也丰富了，亲眼看到很多富贵人家、世家大族、豪强地主、士大夫家族等，他们家都是金银珠宝堆了满满厅堂，但是过不了几年，再从这些人家门前经过的时候，只看到无人耕种的荒田，粮仓也空空如也。再过数年，又看到这些家庭的人中有的被捆绑在公堂之上，有的挑着担子在路上为生计而疲于奔走。我问他们："你家从前人丁兴旺、家族强盛，为什么会这么快沦落到贫困、低贱呢？"

　　有应于予曰："嗟呼！吾高祖起自忧勤，噍类[3]数口，兄叔慈惠，弟侄恭顺。为人子者告其母曰：无以小财为争，无以小事为仇，使我兄叔之和也。为人夫者告其妻曰：无以猜忌为心，无以有无为怀，使我弟侄之和也。于是共卮[4]而食，共堂而燕，共库而泉，共廪而粟。寒而衣，其币同也；出而游，其车同也。下奉以义，上谦以仁。众母如一母，众儿如一儿，无

---

[1]　丱（guàn）角：头发束成两角形。旧时多为儿童或少年人的发式。指童年或少年时期。

[2]　缧绁（léi xiè）：捆绑犯人的黑绳索，引申为牢狱。

[3]　噍（jiào）类：能吃东西的动物，特指活着的人。

[4]　卮（zhī）：古代盛酒的器皿。

尔我之辩，无多寡之嫌，无私贪之欲，无横费之财。仓箱共目而敛之，金帛共力而收之。故官私皆治，富贵两崇。逮其子孙蕃息，姒娌众多，内言多忌，人我意殊，礼义消衰，诗书罕闻，人面狼心，星分瓜剖。处私室则包羞自食，遇识者则强曰同宗。父无争子而陷于不义，夫无贤妇而陷于不仁。所志者小，而所失者大。至于危坐孤立，患害不相维持。此其所以速于苦也。"某闻而泣之。家之不齐，遂至如是之甚也，可志此以为吾族之鉴。因为常语以劝焉，吾子其听否？

译文 有人回答我说："唉！我的高祖那一代是因为有忧患意识，并且辛勤劳作，使家业逐渐兴旺起来，当时全家只有几口人在一起生活，兄长、叔叔仁爱慈祥，弟弟、侄儿能顺从恭敬。做儿子的告诉自己的母亲说：不要因为一些小利益跟人家产生争执，不要因为一些小事跟人家结仇。目的是使兄长和叔叔能和睦相处。做丈夫的告诫妻子说：家人之间相处，不要有猜忌之心，不要太计较有无得失。目的是使弟弟、侄儿能和睦相处。这样，全家在同锅吃饭、一起喝酒，在同一间厅堂上摆宴席，把钱财存放在同一个仓库中保管，把粮食放在同一个粮仓里储存。天冷了，全家穿的衣服是同样的料子做的；出门游玩，全家坐同样的车。晚辈侍奉长辈，体现出孝顺、道义；长辈对待晚辈，体现出谦虚、仁爱。全家都像一个母亲生的，全家就像一个人的子女一样，没有你我彼此的争论，没有多了少了的猜疑，没有个人贪多的私心，没有被浪费的钱财。全家共同监督仓库和衣箱的出入，黄金和丝绸等钱财是大家齐心合力赚来的。所以无论是大家族的事，还是自己小家的事，都能处理得好，这样就成了富贵之家了。等到家族繁衍，姒娌多了起来，她们在闺房所说的话引起很多猜忌，每个人的想法都不一样，礼义渐渐不被重视了，读书声也很少听到了，人面兽心，全家就像天上的星斗、像剖开的瓜一样四分五裂了，都在自己的小家开小灶生火做饭，遇到所认识的人就勉强说是同宗。父亲没有能够直言规劝儿子而陷于不义，丈夫没有了贤德的妻子而陷于不宽厚、残暴，计较和关注的都是小事，忽略了真正重要的大事。以至于各自孤立，家族成员之间有了灾害也不能相互支持和帮助，这就是我们的家族快速衰败的原因。"我听了这些话以后，不禁流下眼泪。一个家庭不好好管理，会沦落到这种地步，你们可以记住他们的教训，让我们能引以为鉴。为此常常说起这些事来劝勉你们，孩子们，你们能听得进去吗？

　　昔先猷[1]以子弟喻芝兰玉干生于阶庭者，欲其质之美也。又谓之龙驹鸿鹄者，欲其才之俊也。质既美矣，光耀我族；才既俊矣，荣显我家。岂宜偷取自安而忘家族之庇乎！汉有兄弟焉，将别也，庭木为之枯；将合也，庭木为之荣。则人心之所叶[2]也，神灵之所祐也。晋有叔侄焉，无间者为南阮[3]之富，好异者为北阮之贫。则人意之所和者，阴阳之所赞也。大

---

[1]　先猷(yóu)：先世圣人的大道。

[2]　叶(xié)：和洽。

[3]　南阮：西晋阮籍与其侄儿阮咸同负盛名，共居道南，合称"南阮"；其他阮姓居于道北，被称为"北阮"。

唐之间，义族尤盛。张氏[1]九世同居，至天子访焉，赐帛以为庆。高氏[2]七世不分，朝廷嘉之，以族间为表。李氏[3]子孙百余众，服食器用，童仆无所异。黄巢、禄山大盗，横行天下，残灭人家，独不劫李氏，云"不犯义门"也。此见孝慈之盛，外侮所不能欺。虽然，皆古人陈迹而已，吾子不可谓今世无其人。

译文 在古代，先贤把孩子比作长在庭院前的芝兰玉树，是希望孩子具有芝兰玉树那样优秀的道德品质；又把孩子比作龙驹和鸿鹄，是希望他们像龙驹、鸿鹄那样有出色的才华。道德品质优秀的子弟，能光耀家族。有出色才华的子弟，能显荣自家。哪里还会只图个人安逸，而忘了家族的庇护培养呢？在汉代，有兄弟俩，他们要分家的时候，院子里的树就枯萎了；他们要和好的时候，院子里的树就长得茂盛了。如此说来，兄弟和睦，关系融洽，就能得到神灵的保佑。晋代有叔侄俩，关系亲密的成为南阮的有钱人家，关系不好的成为北阮的贫困人家。如此说来，关系和睦融洽的，能得到天地的赞誉。在唐代，合乎道德规范的家族尤其昌盛。张公艺家族九代聚居，皇帝都去他们家巡视，并且赐给丝帛以示庆贺；高崇文家族也七代人不分家，朝廷嘉奖他们，把他们当作宗族、聚居区的榜

---

[1] 张氏：指张公艺，唐代郓州寿张（今河南台前）人，其家九代聚居，北齐、隋朝和唐朝时，皆曾受皇帝的表彰。

[2] 高氏：即高崇文，唐代名将，其祖先为渤海高氏（河北景县），后迁居幽州（今北京），七世不异居。开元年间，朝廷予以旌表。

[3] 李氏：指隋末唐初李知本，赵州元氏（今河北石家庄赵县）人。

样；李知本家族子孙一百多人，在日常的穿衣、吃饭等方面，儿童、仆人都一样，没有人例外。黄巢、安禄山等人横行天下，残害百姓，毁灭了很多人家，唯独不抢劫李家，他们说："不侵犯道义之家。"由此可见，通过孝悌慈爱兴盛起来的家族，连外部的欺辱也无法奈之何。虽然这都是古人的事，你们不能说当今世上已经没有这样的人家了。

德安王兵部义聚百余年，至五世，诸母新寡，弟侄谋析财而与之，俾营别居。诸母曰："吾之子幼，未有知识，吾所倚赖犹子、伯伯、叔叔也，不愿他业。待吾子得训经意如礼数，足矣。"其后侄子官至兵部侍郎，诸母授金冠章帔，人皆曰："诸母其先知乎，有助耶！"鄂之咸宁有陈子高者，有腴田五千，其兄之田止一千，子高爱其兄之贤，愿合户而同之。人曰："以五千膏腴就贫兄，不亦卑乎？"子高曰："我一身尔，何用五千？人生饱暖之外，骨肉交欢而已。"其后兄子登第，官至太中大夫，举家受荫，人始曰："子高心地吉，乃预知兄子之荣也。"然此亦为人之所易为也，吾子欲知其难为者，愿悉以告。昔邓攸[1]遭危厄之时，负其侄而逃之，度不两全，则托子于人，而宁抱其侄也。李充[2]在贫困之际，昆季[3]无资，其妻求异，遂弃其妻，曰："无伤我同胞之恩。"人之遭

---

[1] 邓攸：字伯道，平阳襄陵（今山西襄汾）人。两晋时期官员，性温平，为官清正，深受百姓爱戴。

[2] 李充：字弘度，江夏郫县（今河南罗山西）人。东晋文学批评家，博学多识，著述颇丰。

[3] 昆季：兄弟。长为"昆"，幼为"季"。

贫遇害，尚能为此，况处富盛乎？

译文 德安的王兵部一家，上百年来一直聚居在一起，传了五代。同宗族的叔母刚成了寡妇，她们的弟弟、侄儿们就商量着分财产给她们，让她们能单独过日子。叔母们说："我的孩子还小，还没有学知识文化，不懂事，我能依赖的是侄儿，以及孩子的叔叔、伯伯，不愿意分开过。只希望你们能以经书教育他，使他知书达理，我就满足了。"后来，王兵部的侄儿官至兵部侍郎，他的母亲也受到了朝廷的嘉奖。人们都说："这位母亲难道预先就知道孩子以后会有出息吗？还是上天的帮助呢？"湖北咸宁有一个叫陈子高的人，他家里有肥沃田产五千亩，他的哥哥只有一千亩，陈子高非常欣赏他哥哥的才干和品德，愿意两家合起来。有人对他说："你用五千亩良田去讨好哥哥，你不感到自己很卑贱吗？"陈子高回答说："我只是家族中的一个成员，要五千良田有什么用呢？一个人能吃饱穿暖之外，最重要的就是能让亲人开心。"后来他哥哥的儿子进士及第，官做到太中大夫，全家都因此受到荫庇。看到这种情况，有人就开始说："陈子高的心眼好，因而能预先知道哥哥的儿子能发达。"但是这些事都还是容易做到的，如果你想知道难以做到的事，我也很愿意都告诉你。从前邓攸遇到危难的时候，带着儿子和侄子一起逃命，他后来意识到不能两个孩子都保住的时候，就把儿子托付给别人照管，自己却抱着侄子跑了。李充在贫困时，他的兄弟没有钱，他的妻子要求跟兄弟分家，李充就休了妻子，对她说："不要伤害我们兄弟之间的感情。"在遭遇到贫困或遇上危难的时候，尚且能这样做，更何况在富贵的时候呢？

然此予闻见之远矣，恐未可以信人。又当告以耳目之尤近者。吾族居此四世矣，未闻公家之追负，私用之不给。泉粟盈储，金朱继荣，大抵礼义之所积，无分异之费也。而后妇言是听，人心不坚，无胜己之交，信小人之党，骨肉不顾，酒载[1]是从。乃至苟营自私，偷取目前之逸，恣纵口体，而忘远大之计。居湖坊者不二世而绝，居东阳者不二世而贫。其或天欤？亦人之不幸欤？

译文 然而，这些还是我听到、见到的一些比较久远的人与事，恐怕还不足以令人信服。那我便告诉你一些亲自听到、看到的人和事。我们黄氏家族已经在这个地方住了四代，从没有听说过被官方追缴赋税的事，或者家里生活物资不足的情况。家族中钱财富足，做官的子孙世代不断，这些都是我们家族的成员遵守礼法道义积累的结果，又没有分家所造成的内耗。但是后来兄弟听信妻子的话，自己的心志不坚定，又没有比自己更有见识的朋友，偏听小人们的话，结果不顾骨肉亲情，跟随人过花天酒地的生活。以至于苟且偷生，自私自利，只图眼前的安逸享乐，恣意放纵自己的生活欲望，把长远重大的计划都完全抛之脑后了。居住在湖坊的，不到二代就断了；居住在东阳的，不到二代就变得贫穷了。这究竟是上天注定呢，还是家人自己造成的不幸呢？

吾子力道闻学，执书册，以见古人之遗训，观时利害，

---

[1] 酒载（zì）：酒与肉。泛指酒肴。

无待老夫之言矣。于古人气概风味，岂特仿佛耶？愿以吾言敷而告之，吾族敦睦当自吾子起。若夫子孙荣昌，世继无穷之美，则吾言非小补哉！志之曰《家诫》。时绍圣元年八月日书。

译文 我的儿子，你要努力学习，勤学好问，通过读书学习古人留下的训诫，注意观察时势的利害变化，这就不要等我再说什么了。对于古人的气概和风格，难道只是随便学一下吗？希望你把我上面说的话传给家族中的其他人，使我们黄氏家族的亲厚和睦之风能从你开始。如果子孙们能做到显荣昌盛，把家风一代一代继承下去，那我的话就不是只有小的益处了！我这些话写下来，命名为《家诫》。绍圣元年（1094）八月某日书。

黄庭坚：无以小财为争，无以小事为仇

叶梦得家训二则

兄弟辑睦，最是门户长久之道

——《石林家训》（节选）

叶梦得（1077—1148），字少蕴，号肖翁、石林居士。绍圣四年（1097）进士及第，任江东安抚制置大使，兼知建康府、行宫留守等。学问博洽，精熟掌故。晚年隐居湖州牟山玲珑山石林，所著诗文多以石林为名，如《石林燕语》《石林词》《石林诗话》《避暑录话》和《石林家训》《石林治生家训要略》等。

《石林家训》是南宋家训中的经典篇目，它为叶氏家族提供了治家典范。此篇家训是叶梦得在儿子们已经长大，学业有成，并且入仕为官之后，取自己平时训子之言、历代圣贤留下的名言和古今事例编纂而成，其内容主要包括修身之道、处世之道、为学之道、慎言谨行四个方面。家训篇幅短小精悍，通俗易懂，见解独到，影响颇大。

　　旦须先读书三五卷，正其用心处，然后可及他事，暮夜见烛亦复然。若遇无事，终日不离几案。苟善于此，一生永不会向下，作下等人。汝见吾事，自知不妄。吾二年来，目力极昏，看小字甚难。然盛夏帐中，亦须读数篇书，至极困，乃就枕。不尔胸次歉然，若有未了事，往往睡亦不美，况昼日乎？若凌晨便治俗事，或兀然间坐，日复一日，与书卷渐远，岂复更思学问？如此不流入庸俗人，则着衣吃饭一骏[1]子弟耳。况复博弈饮酒，追逐玩好，寻求交游，任意所欲。有一如此，近二三年，远五六年，未有不丧身破家者。此不待吾言而知也。

　　译文　早晨起来必须先读三五卷书，这才正是把精力用在该用的地方，然后才去做其他事情，天黑点灯以后也要这样先读书，再做其他事。如果没有其他事情，就应该整天不离书桌，好好读书。如果能这样做，一生都不会走向下流，不会成为下等人。你们看我做的事情，就知道我一定不是在说假话。近两年来，我视力下降，看东西模糊，看小字非常困难。然而在酷热的夏季，我也会在蚊帐中读几篇文章，直到很困了才倒下来睡觉。如果不读书，我总觉得心里少了点什么，好像有什么事没有做完一样，觉也睡不踏实，晚上都是如此，更何况是白天呢？如果清晨起床后就要办一些琐事，或者忙忙碌碌，或者昏昏沉沉地闲坐，一天又一天，与书的距离越来越远，哪里还能想到做学问的事呢？这样一来，即使不会变成庸俗之人，

---

[1] 骏（ái）：愚，无知。

也不过是一个只知道吃饭穿衣的痴呆子弟罢了。更何况如果再去赌博饮酒，追求玩物娱乐，滥交朋友，为所欲为。这些恶习只要沾上一种，少则二三年，多则五六年，没有不身败名裂、倾家荡产的。这些道理不需要我讲了，你们应该都能明白。

《易》曰："乱之所由生也，则言语以为阶。君不密则失臣，臣不密则失身。"《庄子》曰："两喜多溢美之言，两怒多溢恶之言。"大抵人言多不能尽实，非喜则怒。喜而溢美，犹不失近厚；怒而滋恶，则为人之害多矣。《孟子》曰："言人之不善，当如后患何？"夫己轻以恶加人，则人亦轻以恶加己，是自相加也。吾见人言，类不过有四：习于诞妄者，每信口纵谈，不问其人之利害，惟意所欲言；乐于多知者，并缘形似，因以增饰，虽过其实，自不能觉；溺于爱恶者，所爱虽恶，强为之掩覆，所恶虽善，巧为之破毁。轧于利害者，造端设谋，倾之惟恐不力，中之惟恐不深。而人之听言，其类不过二：纯质者不辨是非，一皆信之；疏快者不计利害，一皆传之。此言所以不得不慎也。今汝曹前四弊，吾知其或可免，若后二失，吾不能无忧。盖汝曹涉世未深，未尝经患难，于人情变诈，未能尽察，则安知不有因循陷溺者乎。故将欲慎言，必须省事。择交每务简静，无求与事，会则自然不入是非、毁誉之境。所与游者，皆善人端士，彼亦自己爱防患，则是非、毁誉之言亦不到汝耳。汝不得已而有闻纯质者，每致其思而无轻信；疏快者，每谨其戒而无轻传，则庶乎其免矣。

译文 《易经》上说："祸乱之所以会发生，往往是由言语引发的。国君说话不慎重严密，则会失去大臣的信任；臣子说话不慎重严密，则会招致杀身之祸。"《庄子》上说："两个人交往高兴时说的话多是赞美之词，两个人交恶时说的话多是憎恶之语。"一般来说，人们所说的话多数都不能完全真实，不是高兴时的溢美之言，就是愤怒时的恶言脏语。高兴时说的溢美之言，有失严谨和厚实；愤怒时说的恶言脏语，对人会产生危害。《孟子》上说："说人家的坏话，想到后果会怎么样吗？"如果自己轻易地说别人的坏话，那么别人也同样会说我的坏话，这就等于自己说自己的坏话。我观察人们说话，不外乎有四种类型：第一种类型是习惯于说荒诞虚妄话语的人，每每信口开河，不顾别人的利害，自己想怎么说就怎么说。第二种类型是热衷于表现自己见多识广的人，见到或者听到一些似是而非的事或者话，就添油加醋加以发挥，即使言过其实，自己也丝毫不会觉察。第三种类型是完全沉溺于个人好恶的人，对于自己喜欢的人，即使他有很多缺点，也会千方百计为他遮掩；对于自己厌恶的人，即使他有很多优点，也会想尽一切办法破坏诋毁这个人。第四种类型是排挤跟自己有利害关系的人，制造事端，玩弄阴谋诡计，排挤人家唯恐用力不够，中伤人家唯恐不深。人们听话的方式，也不过有两种类型：第一种类型是淳朴天真的人不能分辨是非，全部相信；第二种类型是粗疏嘴快的人不计较利害关系，把听到的话不加过滤地传播出去。这就是我们说话不能够不谨慎的原因。现在你们对于前面的四种弊病，我知道或许你们可以避免，但是对于后两种过失，我不能不忧虑。你们进入社会不久，社会经验不足，没有经受过忧患苦难，对于人情世故中的变幻欺诈，不能真正看清楚，怎么知道自己没有因循固执而陷入灾祸之中呢？因此，要想使说话谨慎，就一定要学会观察、判断。选择的朋友一定要是简约沉静的人，而且交往的时候不带有功利目的，这样就自然不会进入是非毁誉的境地。如果与你交往的人都是正直之士，他们也会自爱来防止祸患，那么是非毁誉的话也就不会传到你的耳朵了。如果你们不得已结交了淳朴天真的人，把他们当朋友，一定要慎重思考，听到他们的话就不要轻信；与粗疏嘴快之人交朋友，说话要谨慎，不能轻薄，这样就可以免除灾祸了。

司马温公作《迂说》，其一章云："迂叟之事君无他长，能勿欺而已矣。其事亲亦然。"此天下名言也。事君之道，汝曹未易言，且言事亲。吾见世人，未尝能免于欺。受教训，面从而不行，欺也；己有过失，隐蔽使不闻，欺也。有怀于中，避就不敢尽言，欺也；佯为美观之事，未必出于情，欺也。曾子丧其亲，水浆不入口者七日。而于吾亲，无所用其情。吾无所用之情也，曾子之孝则至矣，至于难能不可继之。行欲以孝闻，则未尝尽其情也。然且自以为过。夫死而过于难，犹且不敢，况生而欺之乎？今但能闻教训，一一遵行，不敢失坠，有过失，改悔不敢复为。不求不闻，凡有所怀，必尽告之，秋毫不敢隐。为人子所当为，不为人子所不当为，文饰以掠美，如是亦可以言孝，则勿欺而已。推是心以施之君，安有二道哉？

译文 司马光写了《迂说》一书，其中有一章中说："我这个人在侍奉君主方面没有特别的地方，只是能做到不欺瞒罢了，对待父母也是这样。"这是天下的至理名言。侍奉君主的道理，跟你们不容易讲清楚，暂且跟你们说说侍奉双亲的事。我看世人，往往做不到不能欺瞒父母长辈。父母因为爱儿子而教育训导他，儿子当面点头听从，但实际上并不照做，这就是欺骗；自己有了过失，极力隐瞒遮蔽，不让父母知道，这也是欺骗；心中有想法，避重就轻不敢全部告诉父母，这又是欺骗；假装做些表面好看的事情，其实未必是出于真心实意，同样也是欺骗。孔子弟子曾参的父亲过世，他七天都不吃不喝，这样做对于已经去世的亲人其实并没有任何的用处，但这是出于真情。曾子是天下最孝顺的人，以至于到了难能可贵，后人很难仿效的地步。如果尽孝是为了出名，那就不能完全表现出对父母的真情。父母死后儿子觉得仿效曾参尽孝太难了，尚且不敢去做，更何况父母活着的时候欺骗他们呢？现在只要你们听我的这些训话，并一一去照做，不能有遗漏。如果有过错就要悔改，不能重犯。不能不让父母听到自己的事，如果心中有想法，一定要全部告诉父母，丝毫都不能隐瞒。作为人子应该做的事，绝不做为人子不应该做的事。通过各种方式为自己获得好名声，也就可以说是孝顺，但是不能以欺骗父母长辈为前提。用这种对待父母的方式用来侍奉君王，除此之外还有其他办法吗？

兄弟辑睦，最是门户长久之道。然必须自少积累，使友爱出于至诚，不敢纤毫疑间，乃能愈久愈笃。若才有一毫异心萌于胸中，则必有因而乘之者。初不自觉，忽然至于成隙，则虽欲救不可及也。吾观近世兄弟间失和，事虽不一，然其大端有二：溺妻子之私，以口语相谍；较货财之入，以争夺相倾。此不可不预知而早戒也。

译文 兄弟和睦，是实现家庭、家族长盛不衰的重要途径。然而，要做到这一点，必须从兄弟小时候就开始培养，使他们之间的友爱是发自内心的，不会有丝毫的怀疑，这样才能做到时间越久，感情越坚定。如果兄弟之间心中有一丝毫的异心，那么就必然会有各种私心杂念乘虚而入。虽然刚开始的时候察觉不到，但是一旦兄弟之间有了矛盾，就怎么也无法挽救和改变了。我看到近代以来很多兄弟之间产生矛盾，尽管情况各有不同，但是总的来说，主要原因有两个：一是偏爱自己的妻子和孩子，然后因为言语之间的相互猜忌所导致的；二是兄弟之间太计较金钱、财物，甚至因为争夺这些而产生矛盾。这是不能不预先告知你们的，让你们引以为戒。

俭者，守家第一法也

——《石林治生家训要略》（节选）

此家训全篇共十四条，专门讲经营家业的"治生"。依次阐述了治生的意义、原则和方法。叶梦得认为治生至关重要，如果不管理生计，人就不可能活着。他提出尽管不同职业的人有不同的治生方式，但读书人作为四民之首，应当在治生问题上做出表率。

叶梦得提出了具体的治生方法：要勤，勤劳是发家的基本要素；要俭，俭朴是守家之本；要耐久，凡事不能急功近利，见小利则不能成大事，这是家庭的富裕之道；要和气，遇事要礼让，不可与人锱铢必较，引起不必要的争讼和矛盾。此外，他在婚嫁、田产等方面也提出了自己的观点。叶梦得突破了古代家训重伦理道德的传统，将治生作为重要内容，写成了这一部独具特色的家训著作。

治生不同，出作入息，农之治生也；居肆成事，工之治生也；贸迁有无，商之治生也；膏油继晷[1]，士之治生也。然士为四民之首，尤当砥砺表率，效古人体天地、育万物之志。今一生不能治，何云大丈夫哉！

译文 经营家业不同。日出而作，日落而息，是农民赖以生存的方式；在作坊里生产产品，这是手工业者的谋生方式；把某地所有的事物搬迁到没有的地方去买卖，这是商人的谋生方式；焚膏继晷，夜以继日地苦读，这是读书人的谋生方式。然而读书人作为四民之首，尤其应该勉励自己成为表率，效仿古人体察天地之妙，树立探究万物产生变化的规律的志向。如果现在连一种谋生的本领都没有，还怎么能是大丈夫呢！

治生非必营营逐逐，妄取于人之谓也。若利己妨人，非

---

[1] 继晷(guǐ)：点上油灯，接续日光。形容勤奋地工作或读书。

唯明有物议，幽有鬼神，于心不安，况其祸有不可胜言者矣，此岂善治生欤？盖尝论古之人，诗书礼乐，与凡义理养心之类，得以为圣为贤，实治生之最善者也。

译文 经营家业不一定要忙忙碌碌、竞相追逐，以必须得到什么为目的，不会没有判断地听别人说什么就是什么。如果对自己有利却对他人有害，不但明地里有人会非议指责，暗地里也会有鬼神降罪，于心也会不安，何况会带来说不尽的灾祸，这难道是善于谋生吗？我们仔细观察古代的人，他们通过研读儒家经典，学习礼乐，并且懂得道理，提升自己的道德修养，得以成为圣贤之人，他们实际上是最善于经营家业、谋生计的人。

要勤。每日起早，凡生理所当为者，须及时为之。如机之发、鹰之搏，顷刻不可迟也。若有因循，今日姑待明日，则废事损业，不觉不知，而家道日耗矣。且如芒种不种田，安能望有秋之多获？勤之不得不讲也。

译文 要勤劳。每天要早起，应该及时完成家里的事务，就像机括发箭、苍鹰搏击猎物一样，一刻也不能耽误。如果耽误了，把今天该完成的事推到明天，就会误事，有损家业，不知不觉中家道就会慢慢走向衰败。这就像在芒种不及时播种，怎么能指望秋天会有更多的收获呢？勤劳是不能不讲的。

要俭。夫俭者，守家第一法也。故凡日用奉养，一以节省为本，不可过多，宁使家有赢余，毋使仓有告匮。且奢侈之人，神气必耗，欲念炽而意气自满，贫穷至而廉耻不顾，俭之不可忽也若是夫！

译文 要节俭。节俭是守家的第一法宝。所有家庭日常开支都应以节省为原则，不能过分花钱。宁可通过节俭让家中留点盈余，也不能因为大手大脚地花钱，得使家中粮仓空空。况且奢侈的人，必然会损耗自己的精气神，私欲极强，骄横无比。一旦生活发生变化，他们不能忍受贫穷，会不顾廉耻去干坏事。因此，节俭是不容忽视的！

要耐久。昔东坡曰："人能从容自守，十年之后，何事不成？"今后生汲于谋利者，方务于东，又驰于西。所为欲速则不达，见小利则大事不成。人之以此破家者多矣。故必先定吾规模，规模既定，由是朝夕念此，为此必欲得此，久之而势我集、利我归矣。故曰善始每难，善继有初，自宜有终。

译文 要耐久。过去苏东坡说："一个人能专心致志，不为外界环境所干扰，这样经过十年的磨炼，还有什么事是做不成的？"现在不少年轻人急功近利，他们刚向东跑去，马上又转身向西。这就是古人所说的，想尽快达到目的，反而达不到，只看见小利的人，是完不成大事业的，因此败家的例子不在少数。所以，一个人首先要确定下目标，并进行规划，有了明确目标、规划之后，就要天天想着怎么去实现它，不断加强一定会实现的信心。久而久之，优势会集拢于自身，好处也会归属于自己。因此说，有好的开头虽然难，但一直坚持下去，就应该会有好的结果。

要和气。人与我本同一体，但势不得不分耳。故圣人必使无一夫不获其所，此心始足，而况可与之较锱铢，争毫末，以致于斗讼哉？且人孰无良心。我若能以礼自处，让人一分，则人亦相让矣。故遇拂意处，便须大著心胸，亟思自返，决不可因小以失大，忘身以取祸也。

译文 要和气。别人和我虽然一样是人，但人与人之间也是有不同的。因此，圣人会让人各得其所，也就应该心满意足了。更何况与别人锱铢必较，与人去争一些琐碎之事，以至于会发生争斗、诉讼呢？并且人人都是有善良之心的，我如果能以礼相待，处处让人一分，别人也会让我。因此，遇到不如意的事情，就要胸襟开阔一些，要马上反思自己，决不能因小失大，自高自大而招来灾祸。

陆游：
子孙才分有限，无如之何，然不可不使读书

陆游（1125—1210），字务观，号放翁，越州山阴（今浙江绍兴）人。南宋诗人。尚书右丞陆佃之孙，少年时深受家庭中爱国思想的熏陶。孝宗时赐进士出身，中年进入蜀地王炎幕府，投身军旅，晚年退居家乡。在陆游现存的九千余首诗作中，两百余首与教子有关，他是中国历史上写教子诗最多的诗人。

《放翁家训》撰于乾道四年（1168），陆游首先追述陆氏家族先祖形成的廉洁、正直和孝悌的家风，鼓励子孙将其发扬光大。他还告诫子孙宁可清贫度日，也不能不择手段地追求高官厚禄，不要以官势欺人；不要迫于生计而从事市井小人的职业，应当以农耕为上策。他希望子孙们不要过分展露才能，不要与有权有势、显贵之人过于亲近，这样才能减少过错，害己之人也就少了。此篇家训既是陆游旷达心胸和谦逊品格的反映，又是其长期仕宦生涯的总结。

游生晚，所闻已略，然少于游者，又将不闻，而旧俗方以大坏，厌藜藿[1]，慕膏粱，往往更以上世之事为讳。使不闻，此风放而不还，且有陷于危辱之地，沦于市井、降于皂隶者矣。复思如往时父子兄弟相从，居于鲁墟，葬于九里，安乐耕桑之业，终身无愧悔可得耶？呜呼，仕而至公卿，命也；退而为农，亦命也。若夫挠节以求贵，市道以营利，吾家之所深耻，子孙戒之，尚无坠厥初。

译文 我出生得晚，听到我们陆氏先辈节俭的事情已经很少了，但是比我年龄小的，恐怕就更听不到了。现如今，过去的节俭风气已经败坏了，讨厌粗茶淡饭，羡慕美味佳肴，并且往往以说先辈们节俭的事为忌讳，使后辈们无法知道祖先辈们节俭的事。如果任由这一风气发展下去而不加以改正，就有可能招来危险和羞辱，以至沦为市井小民或降身为衙门贱役的危险。回想从前先辈们父子兄弟一起住在鲁墟，死后安葬在九里，安心于耕田种桑，一辈子都没有感到惭愧和后悔的事，这样能做到吗？唉，做官能做到公卿这样的高位，是命中注定；退隐当个农民，也是命中注定。那种为求得高官而屈节折腰，为求得利益而忘记道义的做法，我们陆氏家族深以为耻。子子孙孙都当引以为戒，希望不要丢失我们陆氏家族先辈们的初心。

吾平生未尝害人，人之害吾者，或出忌嫉，或偶不相知，或以为利，其情多可谅，不必以为怨，谨避之可也。若中吾过

---

[1] 藜藿(lí huò)：指粗劣的饭菜。

者，尤当置之。汝辈但能寡过，勿露所长，勿与贵达亲厚，则人之害己者自少。吾虽悔，已不可追，以吾为戒可也。

译文 我平生从没有害过别人，别人之所以害我，有的是出于嫉妒，有的是因为不熟悉、不了解而无意造成的，有的则是为了钱财，他们这么做大多是可以谅解的，没有必要去怨恨他们，只是要小心提防，尽量避开他们就可以了。假如别人正好指出了我的过错，更应当认真加以考虑，不能有不满。你们只要能少犯错误，不要到处宣扬自己的长处，不和达官显贵过分亲近，那么想加害你的人自然就会少些。我现在虽然后悔，但已经来不及挽回了，没有后悔药可以吃，你们一定要以我为鉴。

祸有不可避者，避之得祸弥甚。既不能隐而仕，小则谴斥，大则死，自是其分。若苟逃谴斥而奉承上官，则奉承之祸不止失官；苟逃死而丧失臣节，则失节之祸不止丧身。人自有懦而不能蹈祸难者，固不可强。惟当躬耕绝仕进，则去祸自远。

译文 有些灾祸是躲不开的，如果躲开反而会招致更大的灾祸。既然不能退隐山林而要入仕为官，那么轻则受到别人的斥责，重则会招致杀身之祸，这是难免的。如果为了避免斥责而苟且逢迎上司，那么奉承上司带来的灾祸就不仅仅是丢官去职了；如果为了避免杀身之祸而苟且失去做大臣的节操，那么失去节操带来的灾祸就不仅仅是自身被杀了。因为人天性中有懦弱的本能，做不到面对灾祸能从容赴死，这完全没有必要强求。只是应当在家种地，不去做官，自然就可以远离灾祸了。

风俗方日坏，可忧者非一事。吾幸老且死矣，若使未遽死，亦决不复出仕，惟顾念子孙，不能无老妪态。吾家本农也，复能为农，策之上也。杜门穷经，不应举，不求仕，策之中也。安于小官，不慕荣达，策之下也。舍此三者，则无策矣。汝辈今日闻吾此言，心当不以为是，他日乃思之耳。暇日时与兄弟一观以自警，不必为他人言也。

译文 世风一日不如一日，让人担忧的事不止一件。所幸我已经是老得快死的人了，即使不会很快就死，也决不会再去做官，只是想到子孙后代，所以不能不像老太婆那样啰嗦几句。我们本来是出身于农家，如果能再去务农为生，是上策。闭门读书，研究学问，不参加科举考试，不去做官，是中策。安心做一个小官，不羡慕荣华富贵，不奢望飞黄腾达，是下策。除此之外，别无他路。你们今天听到我的这些话，内心肯定不以为然，留着以后再慢慢思考吧。闲暇的日子里，你们弟兄们一起看看这些话，来警醒自己，没有必要跟别人去说。

气不能不聚，聚亦不能不散，其散也，或遽或久，莫或致诘。而昧者置欣戚于其间，甚者祈延而避促，亦愚矣。吾年已八十，更寿亦不过数年，便终固不为夭，杜门俟死，尚复何言！且夫为善自是士人常事，今乃规后身福报，若市道然，吾实耻之。使无祸福报应，可为不善耶？

译文 人是由天地之气凝聚而成的，凝聚之后一定会消散。天地之气的消散有快有慢，没有人能穷究其中的奥妙。愚昧的人总是为自己的生死感到欢欣或者忧伤，更有人祈求延长寿命而生怕命太短了，这也是愚蠢。我已经八十岁了，寿命再长也活不了几年了，即使我现在就死了，也不算是夭亡了，关起门来等死，还有什么可说的呢？况且善事是读书人经常应该做的，现在有些人却为了来世的福报来规劝别人做善事，把做善事和福报当作买卖一样，对此我深以为耻。如果没有福祸因果报应，难道就可以不做善事了吗？

人生才固有限，然世人多不能克尽其实，至老必抱遗恨。吾虽不才，然亦一人也。人未四十，未可著书，过四十又精力日衰，忽便衰老。子孙以吾为戒，可也。人与万物，同受一气，生天地间，但有中正偏驳之异尔，理不应相害。圣人所谓"数罟不入污池""弋不射宿"，岂若今人畏因果报应哉！

译文 一个人的才能固然是有限的，但世上的人大多没有能够达到自己的实际所能，到老了留下遗憾。我虽然没有什么才能，但也是这样一个人。四十岁以前，没能著书立说；过了四十岁，精力又一日不如一日，很快就衰老了。子孙们应该吸取我的教训。人与世间的万物，同由一气而构成，生存于天地之间，只不过有中正和偏颇之分，本来不应该相互伤害。圣人说过"不用网眼很密的渔网到池塘去捕鱼""不用带丝线的箭射杀归巢的鸟"之类的话，他们难道是像现在的人一样，害怕因果报应吗！

世之贪夫，溪壑无厌，固不足责。至若常人之情，见他人服玩，不能不动，亦是一病。大抵人情慕其所无，厌其所有。但念此物若我有之，竟亦何用？使人歆艳，于我何补？如是思之，贪求自息。若夫天性淡然，或学问已到者，固无待此也。

译文 世上那些贪婪之徒，他们的欲望就像溪谷的沟壑一样难以填满，固然不值得去责备他们。一般来说，人之常情是，看见别人穿了漂亮衣服，有珍贵的宝贝，自己也会怦然心动，这也是一大毛病。大概人都是这样，会羡慕自己所没有的东西，厌倦已经有的东西。但应该想想，如果这件东西我已经有了，到底能做什么用呢？因为有这件东西让别人羡慕自己，对我又有什么好处？如果能这样去想，贪婪之心也就自然而然会平息。至于那些天性就淡泊，或者学问已经相当高深的人，当然就不会有这种念头了。

诉讼一事，最当谨始。使官司公明可恃，尚不当为，况官行关节，吏取货贿。或官司虽无心，而其人天资暗弱，为吏所使，亦何所不至？有是而后悔之，固无及矣。况邻里间所讼，不过侵占地界，逋欠钱物及凶悖陵犯耳，徐徐谕之，勿遽兴讼也，若能置而不较尤善。

译文 与别人打官司一事，最应当谨慎小心。即使办案的官员公正廉明可以信得过，也不要轻易起诉，更何况要去官员那里去打通关节，衙门的小吏还要索取钱财的贿赂。有的是官员虽然没有徇私舞弊的想法，但他为人昏庸懦弱，被手下小吏所左右，有什么事做不出来呢？出现这种情况以后，后悔就来不及了。况且邻居之间打官司，不过就是侵占对方的地界、拖欠钱财或物品，以及逞凶悖德、恃强凌弱等小事，要慢慢地好言相劝，不要动不动就打起官司。如果发生了这些事，能不去计较，当然就更好了。

子孙才分有限，无如之何，然不可不使读书。贫则教训童稚，以给衣食，但书种不绝，足矣。若能布衣草履，从事农圃，足迹不至城市，弥是佳事。关中村落，有魏郑公庄，诸孙皆为农。张浮休[1]过之，留诗云："儿童不识字，耕稼郑公庄。"仕宦不可常，不仕则农，无可憾也。但切不可迫于衣食，为市井小人事耳。戒之戒之。

译文 子孙的才华和福分都有自己的限度，这是没有办法改变的，然而不能不让他们读书学习。贫困就教孩子从小读书，给他们解决穿衣吃饭问题，只要读书的传统不断绝就足够了。如果能够穿着粗布衣服和草鞋去从事农业生产，永远不踏进城市一步，则更是大好事。陕西关中有个村子叫魏郑公庄，年轻人都从事农业耕作，张舜民参观后，留下了"儿童不识字，耕稼郑公庄"诗句。人不可能一辈子都做官，不做官就去当农民，没有什么遗憾。但千万不能迫于生计，干一些市井无赖之流才会干的勾当，切记，切记！

后生才锐者，最易坏。若有之，父兄当以为忧，不可以为喜也。切须常加简束，令熟读经子，训以宽厚恭谨，勿令与浮薄者游处。如此十许年，志趣自成。不然，其可虑之事，盖非一端。吾此言，后人之药石也，各须谨之，毋贻后悔。

译文 晚辈中才华过人的，往往是最容易变坏的。如果有这样的孩子，做父母、兄长的应该感到忧虑，千万不要沾沾自喜。一定要经常严加管教约束，让他熟读儒家经典和诸子的

陆游：子孙才分有限，无如之何，然不可不使读书

---

[1] 张浮休：即张舜民，字芸叟，号浮休居士。邠州（治今陕西彬州）人。宋英宗治平二年（1065）进士，哲宗时任监察御史，徽宗时任吏部侍郎。因元祐党争而被贬黜。文学家、画家，有《画墁集》传世。

书，并且教育他为人处世要宽容、厚道、恭敬、谨慎，不要让他和轻浮浅薄的人厮混。这样十多年后，他的志向和情趣就自然养成了。否则，让父母忧虑的事就绝不止一件了。我的这些话，对我们陆氏后人来说就是治病的良药和砭石，你们每个人都必须认真对待，不要让自己后悔。

朱熹家书与家训二则

见人嘉言善行，则敬慕而记录之

——《与长子受之》(节选)

朱熹（1130—1200），字元晦，徽州婺源（今属江西）人。南宋教育家、理学集大成者。著有《四书章句集注》《周易本义》等。

乾道九年（1173），朱熹见二十余岁的长子朱塾学问未有长进，认为他在家读书已经没有成才的希望了，于是决定将他送往婺州学派代表人物吕祖谦门下求学。在朱塾出发之前，朱熹专门写下了《与长子受之》，对其在吕祖谦处的尊师、学习、修身、交友等方面都进行了细致的交代。这封家书寓慈于严，既有严厉的指责和教导，又有恳切的期许，语重心长，情真意切，真实地反映了朱熹对长子成才的殷切期望和积极认真的教子态度，是一篇很好的教子范文。

本文选自《晦庵先生朱文公续集》卷八《与长子受之》。

早晚受业请益随众例，不得怠慢。日间思索有疑，用册子随手札记，候见质问，不得放过。所闻诲语，归安下处思省。切要之言，逐日札记，归日要看。见好文字，亦录取归来。

不得自擅出入，与人往还。初到，问先生有合见者见之，不令见则不必往。人来相见亦启禀，然后往报之，此外不得出入一步。

居处须是居敬，不得倨肆惰慢。言语要谛当，不得戏笑喧哗。凡事谦恭，不得尚气凌人，自取耻辱。不得饮酒，荒思废业。亦恐言语差错，失己忤人，尤当深戒。不可言人过恶，及说人家长短是非。有来告者，亦勿酬答（于先生之前尤不可说同学之短）。

译文 每天要和大家一样听老师讲课，向老师请教，不能有丝毫怠慢。白天学习、思考过程中有疑问，要在本子上随手记下，等见到老师时可以请教，不要轻易放过。听到老师的教诲后，回到自己宿舍休息的时候，要再仔细思考。其中最重要的话，要逐日记录下来，等你回家的时候带给我看。看到好的文章，也要摘抄下来带回家。

不得擅自出入学堂与别人交往。刚到学堂时，有人来见你，要问老师，有该见的就去见，不该见的就不去见。别人来相见，要先禀告老师，见完之后再去报告老师。除此之外，不要再出学堂一步。

平时的仪容举止一定要恭敬，不要傲慢放肆、懒惰散漫。说话要恰当，不要嬉笑大声喧哗。做任何事都要谦虚恭敬，不要盛气凌人，自取其辱。不得饮酒，以免荒废思考和学业，同时也怕酒后乱说话，既伤害了自己，也触犯了别人，这一点尤其要注意。不要说别人的过失和缺点，不要议论别人的长短和是非。即使有人主动来告诉你这些，也不要应答（在老师面前，更不要说其他同学的不足或短处）。

交游之间，尤当审择，虽是同学，亦不可无亲疏之辨。此皆当请于先生，听其所教。大凡敦厚忠信、能攻吾过者，益友也。其谄谀轻薄，傲慢亵狎，导人为恶者，损友也。推此求之，亦自合见得五七分，更问以审之，百无所失矣。但恐志趣卑凡，不能克己从善，则益者不期疏而日远，损者不期近而日亲。此须痛加检点而矫革之，不可荏苒[1]渐习，自趋小人之域。如此，则虽有贤师长，亦无救拔自家处矣。

见人嘉言善行，则敬慕而纪录之。见人好文字胜己者，则借来熟看，或传录之而咨问之，思与之齐而后已（不拘长少，惟善是取）。

译文 交结朋友的时候，尤其应当审慎选择。即便是同学，也不能没有谁亲近一些，谁疏远一些的分别。这些都要向老师请教，聆听他的教诲。凡是那些为人诚朴宽厚、忠诚、讲信用，而且能坦率指责我过错的人，都是对自己有益的朋友，即益友；凡是那些习惯阿谀奉承、举止轻薄、粗野傲慢、不庄重，而且还教唆别人作恶的人，都是对自己有害的朋友，即损友。如果用这个标准来衡量，自己也可以看清五分、七分。如

---

[1] 荏苒(rěn rǎn)：形容时间渐渐逝去。

果再加上询问和观察他，就能做到百无一失了。唯恐你自己的志向、情趣浅陋平庸，又不能克制、约束自己而提升道德修养，那么虽然你不会有意疏远益友，但他们会离你越来越远；虽然你不会主动地接近损友，但他们会跟你走得越来越近。因此，你一定要痛下决心去反思检讨，并且坚决矫正改变，不能在不知不觉中沾染上这些坏习惯，使自己落入小人的圈子里。如果这样，即使有贤德的老师和长辈，也没有办法挽救你。

看到他人好的言行，就要内心敬重，并且把它记录下来。看到别人写的文章比自己的好，就要借过来熟读，或抄录下来，并向对方咨询请教，一定要有千方百计达到跟人家一样的水平才罢休的上进心（不要考虑别人比自己的年龄大还是小，只要是好的，就一定要向他学习）。

以上数条，切宜谨守。其所未及，亦可据此推广。大抵只是"勤""谨"二字，循之而上，有无限好事。吾虽未敢言，而窃为汝愿之。反之而下，有无限不好事，吾虽不欲言，而未免为汝忧之也。

译文 以上数条，你一定要认真遵守。上面没有说到的，你也可据此推而广之。说到底，大概也就是"勤""谨"二字，遵循"勤""谨"，努力向上，一定会有很多收获。我虽然不敢说究竟会有多少收获，但内心希望你能照我说的去做。反之，就会有很多不好的事发生。我虽然不想说究竟有多少不好的事会发生，但免不了要为你担忧。

盖汝若好学，在家足可读书作文，讲明义理，不待远离膝下，千里从师。汝既不能如此，即是自不好学，已无可望之理。然今遣汝者，恐汝在家汩于俗务，不得专意。又父子之间不欲昼夜督责，及无朋友闻见，故令汝一行。汝若到彼能奋然勇为，力改故习，一味勤谨，则吾犹有望。不然，则徒劳费，只与在家一般。他日归来，又只是旧时伎俩人物，不知汝将何面目归见父母、亲戚、乡党、故旧耶？念之，念之！"夙兴夜寐，无忝尔所生！"[1]在此一行，千万努力！

译文 其实，如果你能用功学习，即使在家也完全能读书作文，明白事理，根本不用远离父母身边，到千里之外去师从吕祖谦先生。你既然做不到这些，就是自己不好学，我也对你没有什么可指望的道理了。然而，现在之所以要把你送到外面去学习，是怕你在家沉迷于琐碎的事务之中，不能专心致志地读书。加之父子之间，我又不想每时每刻都督促你读书；加之你到外地去学习，以后少了一些朋友。你到了吕祖谦先生那里，如果能发愤读书，坚决改掉过去的不良习惯，一心做到"勤谨"二字，那么我还能看到希望。否则，就是白白地浪费了精力和钱财，和待在家里一个样。等到以后回来，仍然还是没有本领的老样子，不知你有何脸面回来见父母、亲戚和乡邻、旧友？切记！切记！《诗经》上说："早起晚睡，刻苦勤奋，不要辱没了生你养你的父母的名声。"能否做到，全看你这次外出求学，千万要加倍努力啊！

---

[1] "夙兴夜寐"二句：语出《诗经·小雅·小宛》。

勿以善小而不为，勿以恶小而为之

——《朱子家训》

　　此篇家训见于元明以来朱氏宗谱、族谱中。有学者考证，淳熙八年（1181）朱熹家庙告成，而有戒子之训，此家训或亦作于同时。当然，也有学者认为，从内容上来看，《朱子家训》内容杂糅，而且是出自明代族谱，不尽可信。

　　古籍本仅有"家训"两字，后渐冠以"朱子"等尊称而有《朱子家训》之名。此篇家训短小精悍，不仅提出了正确处理个人与家庭、社会、国家的关系，而且体现出理学所倡导的修身、齐家、治国、平天下的家国一体的思想，其中"勿以善小而不为，勿以恶小而为之""勿损人而利己，勿妒贤而嫉能""见不义之财勿取，遇合理之事则从""斯文不可不敬，患难不可不扶"等，对我们现在的为人处世都有指导意义。

　　本文选自《朱熹遗集》卷四《家训》。

父之所贵者，慈也；子之所贵者，孝也；君之所贵者，仁也；臣之所贵者，忠也；兄之所贵者，爱也；弟之所贵者，敬也；夫之所贵者，和也；妇之所贵者，柔也。事师长，贵乎礼也；交朋友，贵乎信也。

译文 做父亲最重要的是"慈"，要疼爱子女；做子女最重要的是"孝"，要孝敬父母；做国君最重要的是"仁"，要爱护人民；做臣子最重要的是"忠"，要忠于国君；做兄长最重要的是"爱"，要爱护弟弟；做弟弟最重要的是"敬"，要恭敬兄长；做丈夫最重要的是"和"，对妻子宽厚平和；做妻子最重要的是"柔"，对丈夫温柔顺从。对待师长要礼貌，交朋友应该诚实守信。

见老者，敬之；见幼者，爱之。有德者，年虽下于我，我必尊之；不肖者，年虽高于我，我必远之。慎勿谈人之短，切勿矜己之长。仇者以义解之，怨者以直报之。人有小过，含容而忍之；人有大过，以理而责之。勿以善小而不为，勿以恶小而为之。人有恶，则掩之；人有善，则扬之。

译文 遇到老人要尊敬，遇到小孩要爱护。对有品德的人，即使年纪比我小，我也要尊敬他。品行不端的人，虽然年纪比我大，我也要疏远他。千万不要随便议论别人的短处，也不要夸耀自己的长处。对待与自己有仇恨的人，尽量用讲明义理的办法来解除仇恨。与那些抱怨自己的人相处，也要用正直公平的态度来对待他。别人有小的过错，应该有包容之心而不苛求严责。别人有大的过错，应该跟他们说理并帮助他们认识和改正。不要因为是细小的好事就不去做，不要因为是细小的坏事就去做。别人做了坏事，应该帮他掩盖；别人做了好事，应该多帮他宣扬。

处公无私仇，治家无私法。勿损人而利己，勿妒贤而嫉能。勿逞忿而报横逆，勿非礼而害物命。见不义之财勿取，遇合义之事则从。《诗》《书》不可不学，礼义不可不知。子孙不可不教，婢仆不可不恤。守我之分者，理也；听我之命者，天也。人能如是，天必相之。此乃日用常行之道，若衣服之于身体，饮食之于口腹，不可一日无也，可不谨哉！

译文 待人处事不能为自己的私利而与人结仇，治家不能为自己的私心而定出不公平、公正的家法。千万不要做损人利己的事情，不要有嫉贤妒能之心。对待蛮不讲理的人不要动怒逞强。不要违反正当事理而随便伤害别人和动物的生命。不要接受不义的财物，遇到合道义的事要努力去做。《诗经》《尚书》这些经典不能不好好学习，为人处世的礼仪规范不能不知道。子孙不能不教育，婢仆不能不同情怜悯。能谨守自己的本分，就是"理"；能乐观地面对自己的命运，就是"天"。如果能做到这些，上天一定会眷顾你。这些是日常生活中必须做到的，就像身体要穿衣服，肚子饿了要吃饭一样，是每天都不能少的，你们怎么能不谨慎对待呢！

袁采家训三十三则

袁采，字君载，南宋信安（今浙江衢州）人。隆兴元年（1163）进士，初授县令，历宰乐清、政和、婺源诸县，皆为政务繁剧之郡县，廉明刚直，颇有政声。官至监登闻鼓院。著有《政和杂志》《县令小录》等。

袁采以"厚人伦而美习俗"的宗旨撰写家训，取名《俗训》。成书之后，有人认为此家训"垂诸后世""兼善天下"，可成"世之范模"，故更名为《袁氏世范》。此家训分《睦亲》《处己》《治家》三卷。《睦亲》一共60则，论及处理父子、兄弟、夫妇、妯娌、子侄等各种家庭成员关系，涵盖了家庭、家族关系的各个方面。《处己》一共55则，主要论述立身、处世、言行、交游之道。《治家》共72则，基本上是持家兴业的经验之谈。

《袁氏世范》不但内容详尽，贴近实际，语言通俗易懂，而且思想开明，具有超前意识，富有哲理性，在许多方面都将古代的家庭教育内容、方法提升到了一个新的高度，它在中华传统家训中有特殊地位，被誉为"《颜氏家训》之亚"。

人不可不孝

人当婴孺之时，爱恋父母至切。父母于其子婴孺之时，爱念尤厚，抚育无所不至。盖由气血初分，相去未远，而婴孺之声音笑貌自能取爱于人，亦造物者设为自然之理，使之生生不穷。虽飞走微物亦然，方其子初脱胎卵之际，乳饮哺啄，必极其爱。有伤其子，则护之不顾其身。然人于既长之后，分稍严而情稍疏。父母方求尽其慈，子方求尽其孝。飞走之属稍长，则母子不相识认，此人之所以异于飞走也。然父母于其子幼之时，爱念抚育，有不可以言尽者。子虽终身承颜致养，极尽孝道，终不能报其少小爱念抚育之恩，况孝道有不尽者。凡人之不能尽孝道者，请观人之抚育婴孺，其情爱如何，终当自悟。亦犹天地生育之道，所以及人者至广至大，而人之回报天地者何在？有对虚空焚香跪拜，或召羽流斋醮上帝，则以为能报天地，果足以报其万分之一乎？况又有怨咨乎天地者，皆不能反思之罪也。

译文 人在婴幼儿时期，对父母的爱恋是非常深切的。父母对于处于婴幼时期的儿女，爱护关怀之情也是非常深厚的，照顾抚养十分周全。大概是由于父母与孩子气血刚刚分开，距离还不算远，而婴幼儿的声音笑貌自然招人疼爱，这也是造物主安排好的自然而然的道理，使人类能一代又一代生育，繁衍不息。即使飞禽走兽、昆虫等微小动物也是如此。在它们的后代刚生出来的时候，喂奶水和咀嚼、叼啄食物也是一定关爱至极。如果有伤害降临到后代身上时，它们就会奋不顾身地保护。但是，当人慢慢长大以后，父子之间讲究名分，每个人有自己的角色定位，感情也就会慢慢疏远起来，父母仍想着尽自己最大的努力做到慈爱，子女也想着尽到自己的孝顺之心。飞禽走兽稍微长大后，则母子不相认识了。这就是人跟飞禽走兽不相同的地方。但是，父母在其孩子小的时候的爱护养育，简直无法用言语表达。子女哪怕终身尽心侍奉父母，竭尽孝道，也无法报答父母从小爱护养育的恩情，何况有些人还根本不能尽孝道。凡是不能尽孝道的人，请看一下别人是怎样抚育婴儿孩子的，那种情爱是多么真挚深切，自己最终应该会醒悟。正如天地孕育万物的道理，施行到人身上又是那样广大，而人能够回报天地的又有什么呢？有人对着天空焚香跪拜，有人请道士设斋坛祭拜天帝，认为就能报答天地至爱，难道这样就真的能报答天地万分之一养育之恩吗？更何况还有些人怨恨嗟叹天地，这都是因为不进行自我反思的罪过啊。

孝行贵诚笃

人之孝行，根于诚笃，虽繁文末节不至，亦可以动天地、感鬼神。尝见世人有事亲不务诚笃，乃以声音笑貌缪[1]为恭敬

---

[1] 缪（miù）：错误。

者，其不为天地鬼神所诛则幸矣，况望其世世笃孝而门户昌隆者乎！苟能知此，则自此而往，<u>应与物接</u>，皆不可不诚，有识君子，试以诚与不诚者，较其久远，效验孰多？

译文 人的孝顺行为，只要是发自诚实、忠实的内心，即使烦琐的仪式和细小的礼节没有做到，也可以感动天地和鬼神。我曾经看到有些人侍奉父母并不诚实、忠实，只是在表面上假装非常恭敬孝顺，这样的人不被天地、鬼神所诛杀就已经算幸运了，更别期望世世代代的子孙都能做到孝顺，并且使家族昌盛兴隆呢！如果能知道这些，那么从此以后，待人接物，都不能不抱有诚心。有见识的君子可以试着将真诚的行为与不真诚的行为相比较，从长远来看，哪种行为的效果更好呢？

顺适老人意

年高之人，作事有如婴孺，喜得钱财微利，喜受饮食、果实小惠，喜与孩童玩狎。为子弟者能知此，而顺适其意，则尽其欢矣。

译文 年纪大的人，做事就像小孩子一样，他们喜欢占点小便宜，喜欢得到饮食、水果之类小礼物，喜欢跟小孩子一块儿玩耍。做晚辈的如果能懂得这一点，就应该顺着老人的意思，那么他们就会非常开心。

父母不可妄憎爱

人之有子，多于婴孺之时，爱忘其丑，恣其所求，恣其所为，无故叫号，不知禁止，而以罪保母。陵轹[1]同辈，不知戒约，而以咎他人。或言其不然，则曰小未可责。日渐月渍，养成其恶，此父母曲爱之过也。及其年齿渐长，爱心渐疏，微有疵失，遂成憎怒，摭[2]其小疵以为大恶。如遇亲故，装饰巧辞，历历陈数，断然以大不孝之名加之。而其子实无他罪，此父母妄憎之过也。爱憎之私，多先于母氏，其父若不知此理，则徇其母氏之说，牢不可解。为父者须详察此。子幼必待以严，子壮无薄其爱。

译文 人有了孩子之后，大多在孩子还在婴幼儿的时候，因为爱他们而忘记了他们身上的毛病，任凭他们提出的各种要求都会同意，放纵孩子的胡作非为。孩子无缘无故叫喊时，做父母的不知道加以制止，却因此怪罪保姆。孩子欺压了小伙伴，父母不去训诫约束自己的孩子，却指责被他欺侮的小伙伴。如果有人说父母不应该这样对待被欺压的小伙伴时，父母就会说："孩子太小了，不懂事，不能责备他。"日积月累，孩子的恶习就慢慢养成，这是父母溺爱孩子的过错。等到孩子渐

---

[1] 陵轹(lì)：同"凌轹"，欺压、欺蔑。

[2] 摭(zhí)：拾取、摘取。

渐长大，父母对孩子的溺爱之心渐渐少了，这时孩子稍有过失，父母就会憎恨而大发雷霆，揪住他们的小过错，认为是严重的错误。如果遇到亲戚、朋友、熟人等，父母会添油加醋，夸大其词，一一说出来，并断然把大不孝的罪名加在孩子头上。其实，他的孩子并没别的罪过，而是父母妄加憎恨的过错。溺爱与妄憎的情感大多首先来自母亲，做父亲的如果不懂得这个道理，听信孩子母亲的话去对待孩子，这是万万不可的。做父亲的必须详细了解并觉察到这一点，当孩子小的时候一定要严格地要求他，孩子长大了以后，也不要减少对他们的爱。

教子当在幼

人有数子，饮食、衣服之爱不可不均一；长幼尊卑之分，不可不严谨；贤否是非之迹，不可不分别。幼而示之以均一，则长无争财之患；幼而教之以严谨，则长无悖慢之患；幼而有所分别，则长无为恶之患。今人之于子，喜者其爱厚，而恶者其爱薄，初不均平，何以保其他日无争！少或犯长，而长或陵少，初不训责，何以保其他日不悖！贤者或见恶，而不肖者或见爱，初不允当，何以保其他日不为恶？

译文 如果家里有好几个孩子，父母在他们的吃穿等生活方面的供给上，不能不一视同仁；年龄大小、辈分尊卑一定要严格区分；好坏、是非的行为、事迹，不能不分辨清楚。孩子小的时候让他看到吃穿要一视同仁，等他们长大后就不会有相互争夺财产的后患；孩子小的时候教他们严格区分长幼尊卑，等他们长大之后就没有违背怠慢长辈的后患；孩子小的时候教他们如何分辨是非好坏，等他们长大之后就没有为非作歹的后患。现在很多父母对待孩子的态度是，自己喜欢的孩子，就特别疼爱他；不喜欢的孩子，就很少关心他。从小就不是一视同仁，怎么能保证他们长大后不相互争夺财产呢！遇到年龄小的冒犯年龄大的，年龄大的欺负年龄小的，从小就不加以训斥，怎么能保证他们长大后不会违背怠慢长辈呢！品行好的孩子被厌弃，品行差的孩子却受到宠爱，孩子小的时候就这么被不公平对待，怎么能保证他们长大后不为非作歹呢？

子弟须使有业

人之有子，须使有业。贫贱而有业，则不至于饥寒；富贵而有业，则不至于为非。凡富贵之子弟，耽酒色，好博弈，异衣服，饰舆马，与群小为伍，以至破家者，非其本心之不肖，由无业以度日，遂起为非之心。小人赞其为非，则有餔[1]啜钱财之利，常乘间而翼成之。子弟痛宜省悟。

译文 父母抚养教育孩子成人以后，必须让孩子从事一种谋生的职业。家里贫穷、地位低贱，只要孩子有了一份职业，他们也就不至于挨饿受冻了；家里富裕、地位高贵，只要孩子

---

[1] 餔(bū)：吃。

有一份职业，他们就不至于胡作非为。富贵人家的孩子，往往会沉溺于酒色，喜欢赌博游乐，喜欢穿奇装异服，喜欢装饰自己的车马，并且总是和一些道德低下的人厮混，甚至让家业破败，这并不是由于他们的本性顽劣，而是由于他们没有一份职业来过日子，便会起为非作歹之心。心术不正的小人则怂恿他们去为非作歹，以便从中获得吃喝的东西和钱财等方面的好处，这些小人常常钻空子，促使这些富贵人家的孩子干坏事。孩子们应该在痛定思痛后醒悟过来。

子弟不可废学

大抵富贵之家，教子弟读书，固欲其取科第，及深究圣贤言行之精微。然命有穷达，性有昏明，不可责其必到，尤不可因其不到而使之废学。盖子弟知书，自有所谓无用之用者存焉。史传载故事，文集妙词章，与夫阴阳、卜筮、方技、小说，亦有可喜之谈，篇卷浩博，非岁月可竟。子弟朝夕于其间，自有资益，不暇他务。又必有朋旧业儒者，相与往还谈论，何至饱食终日，无所用心，而与小人为非也？

译文 大概富贵人家教子弟读书，当然是希望他们博取科举功名，并且能进一步深入探究圣贤言论行为的精妙深刻的含义。但是，人的命运是注定了的，有人得志、通达，有人不得志、不通达；人的性格也不同，有人愚昧，有人明智。不能强求人人都能达到家长所期望的目标，尤其不能因为他们没有达到所期望的目标而让他们放弃学业。一般来说，子弟读书有了知识，自然就会有所谓没有用处的用处。史传中所记载的故事，文集中收集的奇妙辞章，与阴阳五行、占卜问卦、方术技艺、小说之类的书籍，也有许多让人喜爱的好内容。篇章书卷汗牛充栋，并非一年半载或几个月就能读完的。子弟们早晚埋头读这些书，自然会有所收获，也没有空闲的时间和精力去干其他事，而且一定会和研习儒学的新老朋友讨论学问。这样，子弟们怎么会整天吃饱了饭，无所事事，以致与小人一起为非作歹呢？

家业兴替系子弟

同居父兄子弟，善恶、贤否[1]相半，若顽狠、刻薄不惜家业之人先死，则其家兴盛未易量也；若慈善、长厚、勤谨之人先死，则其家不可救矣。谚云："莫言家未成，成家子未生；莫言家未破，破家子未大。"亦此意也。

译文 一家中的父子、兄弟，总是善良的与凶恶的、贤良的与品行不好的各占一半。如果那些愚顽、狠毒、刻薄、不爱惜家业的人早早死去，那么他的家庭能否兴盛就不容易估量了；但如果那些慈祥、善良、忠厚、勤俭、谨慎的人先去世，那么这个家庭就不可救药了。俗话说："不要说家庭还没有兴

---

[1] 否(pǐ)：不好，坏，恶。

旺发达，能够使家庭兴旺发达的好儿子还没有出生；不要说家庭不会破败，败家的儿子还没有长大。"也就是这个意思。

和兄弟教子善

人有数子，无所不爱，而于兄弟则相视如仇雠，往往其子因父之意，遂不礼于伯父、叔父者。殊不知己之兄弟即父之诸子，己之诸子即他日之兄弟。我于兄弟不和，则己之诸子更相视效，能禁其不乖戾否？子不礼于伯叔父，则不孝于父，亦其渐也。故欲吾之诸子和同，须以吾之处兄弟者示之。欲吾子之孝于己，须以其善事伯叔父者先之。

译文 一个人有几个儿子，他没有不疼爱的，但他往往把自己的兄弟看作仇人。他的儿子们看到父亲的态度，对伯父、叔父也没有了基本的尊重。殊不知自己的兄弟就是自己父亲的几个儿子，自己的几个儿子也是兄弟。自己和兄弟不和，那么他的几个儿子就会仿效，怎么能禁止他们彼此不和呢？儿子们对伯父、叔父不加以尊重，那么他们日后也会慢慢地不孝敬父亲。所以，想要使自己的几个儿子和睦团结，必须做出自己和兄弟和睦团结的榜样给他们看。如果想要使自己儿子们将来能孝敬自己，就必须首先让他们善待叔父、伯父们。

性不可以强合

人之至亲，莫过于父子兄弟。而父子兄弟有不和者，父子或因于责善，兄弟或因于争财。有不因责善、争财而不和者，世人见其不和，或就其中分别是非，而莫名其由。盖人之性，或宽缓，或褊[1]急，或刚暴，或柔懦，或严重，或轻薄，或持检，或放纵，或喜闲静，或喜纷拏[2]，或所见者小，或所见者大，所禀自是不同。父必欲子之性合于己，子之性未必然；兄必欲弟之性合于己，弟之性未必然。其性不可得而合，则其言行亦不可得而合。此父子兄弟不和之根源也。况凡临事之际，一以为是，一以为非，一以为当先，一以为当后，一以为宜急，一以为宜缓，其不齐如此。若互欲同于己，必致于争论，争论不胜，至于再三，至于十数，则不和之情自兹而启，或至于终身失欢。若悉悟此理，为父兄者通情于子弟，而不责子弟之同于己；为子弟者，仰承于父兄，而不望父兄惟己之听，则处事之际，必相和协，无乖争之患。孔子曰："事父母，幾谏，见志不从，又敬不违，劳而不怨。"此圣人教人和家之要术也，宜孰思之。

译文 每个人最亲密的关系，莫过于父亲与儿子、哥哥与

---

[1] 褊（biǎn）：狭小，狭隘。

[2] 拏（ná）：同"拿"。

弟弟。然而，父亲与儿子、哥哥与弟弟之间却有不和睦的，之所以如此，是由于父亲劝勉儿子从善，兄弟之间争夺家产财物。有的父子并不是因为劝勉从善不和，兄弟之间也不是因为争夺财产而不和，别人看到他们不和，有人试图在他们之中判断谁对谁错，然而最终没有办法找到理由。每个人的性情有不同，有的宽容缓和，有的偏颇急躁，有的刚戾粗暴，有的温柔懦弱，有的严肃庄重，有的轻浮浅薄，有的持重检点，有的放肆纵情，有的喜欢娴雅恬静，有的喜欢纷纷扰扰，有的人见识短浅，有的人知识广博，每个人的禀性、气质各不相同。父亲一定要让儿子的性格跟自己相一致，儿子的性格未必是那样；哥哥一定要让弟弟的性格跟自己相一致，弟弟的性格也未必是那样。他们的性格无法做到一致，那么他们的言语与行动也不可能一致。这就是父亲与儿子、哥哥与弟弟不和睦的最根本原因。况且每当处理具体事情的时候，一个认为是正确的，一个认为是错误的；一个认为应当先做，一个认为应当后做；一个认为应该急办，一个认为应该缓办，观点不同竟然到如此地步。如果彼此都想要对方和自己一致，必然会导致争吵与论辩，争吵、论辩不分胜负，然后再三争吵、辩论，至于十多次，于是不和睦的情绪就会由此产生，有的竟然到了一辈子都不会再和好的地步。如果大家都能领悟到这个道理，做父亲和哥哥的理解儿子和弟弟，不去要求儿子和弟弟与自己一致；做儿子和弟弟的，能够尊重父亲和哥哥，而不奢望父亲、哥哥一味地听自己的意见，那么在处理事情的时候，父子、兄弟之间的关系就会和谐，不会起争执。孔子说："侍奉父母的时候，看到他们有不对的地方，应该委婉地劝谏。如果看到自己的意见不被父母采纳，仍然要对他们恭恭敬敬，不能违抗，替他们操劳而不怨恨。"这就是孔子教给人们和睦家庭的最重要的方法，应当反复认真思考。

人必贵于反思

人之父子，或不思各尽其道，而互相责备者，尤启不和之渐也。若各能反思，则无事矣。为父者曰："吾今日为人之父，盖前日尝为人之子矣。凡吾前日事亲之道，每事尽善，则为子者得于见闻，不待教诏而知效。倘吾前日事亲之道有所未善，将以责其子，得不有愧于心！"为子者曰："吾今日为人之子，则他日亦当为人之父。今吾父之抚育我者如此，畀[1]付我者如此，亦云厚矣。他日吾之待其子，不异于吾之父，则可以俯仰无愧。若或不及，非惟有负于其子，亦何颜以见其父？"然世之善为人子者，常善为人父，不能孝其亲者，常欲虐其子。此无他，贤者能自反，则无往而不善；不贤者不能自反，为人子则多怨，为人父则多暴。然则自反之说，惟贤者可以语此。

译文 做父亲和儿子的，如果不想着怎么去当好父亲，怎么去做好儿子，而是互相求全责备，这尤其能导致父子之间逐

---

[1] 畀（bì）：给予。

渐不和。如果父亲和儿子都能反思一下自己，那么这种不和的事情就不会发生。做父亲的应该这样说："我今天做儿子的父亲，但是以前曾经是我父亲的儿子。如果我以前侍奉父母的时候，什么事情都能做到足够好，那么现在我的儿子就会看到和听到，不需要等我去教导他们，他们也会懂得怎么做了。如果我以前侍奉父母的时候，没有做到最好，还有很多不妥之处，现在却要求儿子怎么做，难道内心不会感到惭愧吗？"做儿子的应该这样说："我今天是父亲的儿子，有朝一日也会成为儿子的父亲。今天父亲这样抚养培育我，给予我这么多，可以说是很丰厚了。以后我对待自己儿子，只有做到与我父亲对待我一样，就可以问心无愧了。如果对待我的儿子不如父亲对待我，那么我不仅对不起我的儿子，又有什么脸面去见父亲呢？"如今社会上那些被认为是好儿子的，以后一般也会做好父亲，不能够孝敬父母的，也经常想虐待自己的儿子。其中没有别的道理，贤明的人能够反省自己，那么做事就会少出差错。不贤明的人不能够反省自己，做儿子的时候就会经常有怨恨，做父亲的时候就会常常暴躁。然而自我反省的道理，只有贤明的人才能跟他可以谈论。

父子贵慈孝

　　慈父固多败子，子孝而父或不察。盖中人之性，遇强则避，遇弱则肆。父严而子知所畏，则不敢为非；父宽则子玩易，而恣其所行矣。子之不肖，父多优容；子之愿愨[1]，父或责备之无已。惟贤智之人即无此患。至于兄友而弟或不恭，弟恭而兄或不友；夫正而妇或不顺，妇顺而夫或不正，亦由此强即彼弱，此弱即彼强，积渐而致之。为人父者，能以他人之不肖子喻己子；为人子者，能以他人之不贤父喻己父，则父慈而子愈孝，子孝而父益慈，无偏胜之患矣。至于兄弟、夫妇，亦各能以他人之不及者喻之，则何患不友、恭、正、顺者哉。

译文 慈爱的父亲培养出的多是败家子，有时儿子孝顺而父亲并没有觉察到。一般人的性情，大概是碰到强硬的人就会躲避，遇到软弱的人就会放肆。父亲要求严格，儿子就懂得该畏惧什么，就不敢胡作非为；父亲要求不严格，儿子就会放纵自己的行为。对于不肖的儿子，父亲却多会宽容对待；对于谨慎诚实的儿子，父亲有时反而会不停地责备。只有贤明而充满智慧的人才没有这种种祸患。至于那些兄长友爱，弟弟却不恭敬兄长的；弟弟恭敬兄长，兄长却并不友爱弟弟的；丈夫正派，妻子却不顺从的；妻子顺从，丈夫却不正派的，这些都是由于一方强势了，另一方就软弱了，或者一方软弱了，另一方就强势了。这是逐渐积累而导致的局面。做父亲的，如果能通过把自己的儿子和别人家的不肖子进行比较来开导自己；做儿子的，如果能通过把自己的父亲和别人家的不贤明的父亲进行比较来开导自己，这样就会父亲慈爱而儿子更孝顺，儿子孝顺而父亲更慈爱，就会避免一方超越另一方而失去平衡的隐患。

---

[1] 愿愨(què)：谨慎诚笃。

至于兄弟、夫妇之间，如果也都能以他人的缺点与自己亲人的缺点进行比较来开导自己，哪里还会担心做哥哥的不友善，做弟弟的不恭敬，做丈夫的不正派，做妻子的不顺从呢？

处家贵宽容

自古人伦，贤否相杂。或父子不能皆贤，或兄弟不能皆令，或夫流荡，或妻悍暴，少有一家之中无此患者，虽圣贤亦无如之何。譬如身有疮痍[1]疣赘[2]，虽甚可恶，不可决去，惟当宽怀处之。能知此理，则胸中泰然矣。古人所以谓父子、兄弟、夫妇之间，人所难言者如此。

译文 自古以来的人伦关系中，都是好人和坏人混杂在一起。或者是父亲与儿子不能都做到贤明，或者是哥哥与弟弟不能都做到完美，或者是丈夫风流放荡，或者是妻子强横凶狠，很少有一家中没有这些问题的，即使是圣贤之人也没有办法解决。这就好像是身上长满了痈疽疮毒，虽然非常讨厌它，但又不能马上去掉它，只能放宽心来看待了。如果能懂得这个道理，那么对待家里出现的问题会泰然自若。古人所谓父子、兄弟、夫妇之间，难以说清楚的就是指这些。

---

[1] 疮痍（yí）：同"创痍"，创伤，此处比喻遭受劫难之后的景象。

[2] 疣（yóu）赘：泛指痈疽疮毒。

人贵能处忍

人言居家久和者，本于能忍。然知忍而不知处忍之道，其失尤多。盖忍或有藏蓄之意。人之犯我，藏蓄而不发，不过一再而已。积之既多，其发也，如洪流之决，不可遏矣。不若随而解之，不置胸次，曰："此其不思尔。"曰："此其无知尔。"曰："此其失误尔。"曰："此其所见者小尔。"曰："此其利害宁几何。"不使之入于吾心，虽日犯我者十数，亦不至形于言而见于色，然后见忍之功效为甚大，此所谓善处忍者。

译文 人们常说居家过日子能够长久和睦相处的原因，根本就在于能够忍耐。但是只知道忍耐而不懂得如何忍耐，其中的失误就会更多。大概忍耐中有的具有隐藏蓄积的意思在内。别人冒犯了我，我把怒气隐藏和蓄积起来而不发作，这样做不过只能用一两次罢了。隐藏、蓄积得越多，一旦发作，就会像滔滔洪水决了口，不可阻挡。不如随时把心中的愤怒化解掉，不把它藏在胸中为好。不妨说："这是他们没有深思熟虑罢了。"或者说："这是他们愚昧无知罢了。"或者说："这是他们失误所导致的。"或者说："这是他们目光短浅罢了。"或者说："这样做对我又有多大的影响呢？"之所以会这样说，是因为不把别人冒犯我的事放在心上，这样即使他一天冒犯我十多次，我也不会使用愤怒的语言，不会在脸上表现出气愤的表情，这样才能看出忍耐的功效有多大，这就是善于忍耐的人。

处富贵不宜骄傲

富贵乃命分偶然，岂宜以此骄傲乡曲？若本自贫窭[1]，身致富厚；本自寒素，身致通显，此虽人之所谓贤，亦不可以此取尤于乡曲。若因父祖之遗资而坐享肥浓，因父祖之保任而驯致通显，此何以异于常人？其间有欲以此骄傲乡曲，不亦羞而可怜哉？

译文 富贵与否是人生命运中极偶然的事，怎能因为富贵了就在乡里骄傲自大呢？如果本来就出自贫穷人家，后来通过自己的努力发财致富了；如果本来就出自清贫的人家，后来通过自己的努力成为高官显宦了，他们虽然被人称道赞扬，但也不能因此张狂招摇而招致乡里百姓的指责。如果是继承祖先的遗产而过上富足的生活，依靠父祖辈的荫庇而获得高官显宦，这种人又与普通人有什么区别？如果有人想拿这种富贵、显贵在乡邻面前炫耀，不觉得羞耻和可怜吗？

人不可怀慢伪妒疑之心

处己接物，而常怀慢心、伪心、妒心、疑心者，皆自取

---

[1] 贫窭(jù)：贫穷。此处指贫穷人家。

轻辱于人，盛德君子所不为也。慢心之人，自不如人，而好轻薄人。见敌己以下之人，及有求于我者，面前既不加礼，背后又窃讥笑。若能回省其身，则愧汗浃背矣。伪心之人，言语委曲，若甚相厚，而中心乃大不然。一时之间人所信慕，用之再三，则踪迹露见，为人所唾去矣。妒心之人，常欲我之高出于人，故闻有称道人之美者，则忿然不平，以为不然。闻人有不如人者，则欣然笑快，此何加损于人，只厚怨耳。疑心之人，人之出言，未尝有心，而反复思绎曰："此讥我何事？此笑我何事？"则与人缔怨，常萌于此。贤者闻人讥笑，若不闻焉，此岂不省事？

译文 无论是修身，还是待人接物，如果常常怀着轻慢之心、虚伪之心、妒忌之心、猜疑之心等，都是自取轻视、侮辱，品德高尚的君子是不会这样做的。有轻慢之心的人，自己不如别人，却喜欢轻视别人。见到不如自己的人，以及有求于自己的人，不仅当面不以礼相待，而且还在背后暗地里讥笑人家。这种人如果能回过头来反省自己，就会因为惭愧出汗湿遍脊背。怀有虚伪之心的人，他们的言语十分委婉而周到，好像对别人很好，其实他内心完全不是那么想的。这种人可能一时之间会被人信任和爱慕，可是跟他交往过几次以后，他的真面目就暴露出来了，最终被人唾弃。怀有嫉妒之心的人，常常想着自己比别人强，所以听到有赞美别人好的时候，就会愤愤不平，完全不以为然。听到别人有什么地方不如人，就感到欣慰，从心底发笑。这种行为对别人又有什么损害呢，只不过加深了别人对你的怨恨而已。怀有猜疑之心的人，别人无心说的话，他却反反复复地想："这到底在讥讽我什么事？这又到底在嘲笑我什么事？"他与人家的结怨，往往就是从此开头的。贤明的人听到别人的讥讽嘲笑，就像没听见一样，这不是省了很多烦心事吗？

人贵忠信笃敬

"言忠信，行笃敬"，乃圣人教人取重于乡曲之术。盖财物交加，不损人而益己，患难之际，不妨人而利己，所谓忠也；有所许诺，纤毫必偿，有所期约，时刻不易，所谓信也；处事近厚，处心诚实，所谓笃也；礼貌卑下，言辞谦恭，所谓敬也。若能行此，非惟取重于乡曲，则亦无入而不自得。然敬之一事，于己无损，世人颇能行之，而矫饰假伪，其中心则轻薄，是能敬而不能笃者，君子指为谀佞，乡人久亦不归重也。

译文 "言语忠诚信实，行事笃实恭敬"，这是孔子教人如何获得父老乡亲敬重的方法。在钱财面前，不干损人利己的事；在患难面前，不干妨碍别人而方便自己的事，这就是所谓的"忠"。一旦做出了承诺，就是一丝一毫的小事，也一定要兑现；一旦有约定，就是一时一刻也不耽误，这就是所谓的"信"。待人接物亲近厚道，内心真诚实在，这就是所谓的"笃"。对下礼貌，言辞谦逊，这就是所谓的"敬"。如果能做到"言忠信，行笃敬"，不仅能得到父老乡亲的敬重，就是做任何事情都会感到得意舒适。然而恭敬待人一事，因为对自已没有损害，世人还往往能做到。但是如果造作夸饰、掩盖真相，内心却轻视鄙薄，这就成了能"敬"而不能"笃"了，君子就会指责他是谄媚奉承的人，久而久之，父老乡亲也不会再敬重他了。

厚于责己而薄于责人

忠信笃敬，先存其在己者，然后望其在人者。如在己者未尽而以责人，人亦以此责我矣。今世之人，能自省其忠信笃敬者盖寡，能责人以忠信笃敬者皆然也。虽然，在我者既尽，在人者亦不必深责。今有人能尽其在我者固善矣，乃欲责人之似己，一或不满吾意，则疾之已甚，亦非有容德者，只益贻怨于人耳。

译文 忠诚、有信、厚道、恭敬，这些品德应该先要求自己具备，然后才好希望别人也具有。如果自己还没有达到这些要求，却去苛求别人，别人会反过来指责你自己。如今，能自我反省是否做到了忠诚、有信、厚道、恭敬的人是很少的，而要求别人做到忠诚、有信、厚道、恭敬的人却比比皆是。其实，即使自己做到了这些，也没有必要要求别人一定也做到。现在有的人能够做到忠诚、有信、厚道、恭敬当然非常好，可是他想要求别人也都跟他一样做到，一有不让他满意的地方，他就恨之入骨，这种人也不是有宽容品德的人，只会越来越加深与别人的仇恨。

处事当无愧心

今人有为不善之事，幸其人之不见不闻，安然自得，无所畏忌。殊不知人之耳目可掩，神之聪明不可掩。凡吾之处事，心以为可，心以为是，人虽不知，神已知之矣。吾之处事，心以为不可，心以为非，人虽不知，神已知之矣。吾心即神，神即祸福，心不可欺，神亦不可欺。《诗》曰："神之格思，不可度思，矧可射思。"^[1] 释者以谓"吾心以为神之至也"，尚不可得而窥测，况不信其神之在左右，而以厌射之心处之，则亦何所不至哉？

译文 如今有人做了坏事，如果庆幸别人没看到、没听到，他便心安理得，无所顾忌。殊不知别人的耳目可以被蒙骗，但是神明的耳朵和眼睛是不能被遮盖的。但凡我做的事，心里认为可以做，心里认为正确的，别人虽然不知道，但神明已经知道了。我做的事，心里认为不可以做，心里认为错的，别人虽然不知道，但神明也已经知道了。我的心就是神明，神明就是灾祸和福分，心是不能被欺骗的，神明也是不能被欺骗的。《诗经》上说："神明的到来，无法揣度，怎么能够懈怠不敬呢？"佛教徒说："我的心能感觉到神明的到来。"尚且不能

---

[1] "神之格思……矧（shěn）可射思"：语出《诗经·大雅·抑》。矧，况且；射，这里是懈怠厌倦的意思；思，语气助词。

窥探神灵，何况那些不相信神明就在自己身边的人，如果用厌恶懈怠的心去对待它，这样还有什么坏事做不出来呢？

人能忍事则无争心

人能忍事，易以习熟，终至于人以非理相加，不可忍者，亦处之如常。不能忍事，亦易以习熟，终至于睚眦[1]之怨深，不足较者，亦至交詈[2]争讼，期于取胜而后已，不知其所失甚多。人能有定见，不为客气所使，则身心岂不大安宁！

译文 人如果能够忍耐，并且久而久之成了习惯，即使到了别人对他非礼到不可忍耐的程度，他也能像平常没事一样。人如果不能够忍耐，时间长了也成为习惯，即使别人对他有非常小的怨恨与非礼，本来根本不值得去计较，他也会跟人互相责骂，甚至去打官司，不到战胜对方绝不罢休，但他不知道自己失去太多的东西。人如果有自己明确的见解和主张，不被外界因素的干扰所驱使，那么身心岂不是会非常安逸宁静！

---

[1] 睚眦(yá zì)：瞪眼看人。借指微小的仇恨。

[2] 交詈(lì)：指一齐唾骂。

173

小人当敬远

人之平居，欲近君子而远小人者。君子之言，多长厚端谨，此言先入于吾心，及吾之临事，自然出于长厚端谨矣；小人之言，多刻薄浮华，此言先入于吾心，及吾之临事，自然出于刻薄浮华矣。且如朝夕闻人尚气好凌人之言，吾亦将尚气好凌人而不觉矣；朝夕闻人游荡不事绳检之言，吾亦将游荡不事绳检而不觉矣。如此非一端，非大有定力，必不免渐染之患也。

译文 在平常的生活中，人们都想要结交君子而疏远小人。君子所说的话大多是有远见、厚道、庄重、严谨的。这些话都记在我的心中，等到我遇到事情的时候，我自然而然会按照君子说的话处理事情；小人所说的话大多是刻薄、浮华的，如果这些话都记在我心中，等到我遇到事情的时候，我自然而然会按照他的话去处理。如果从早到晚听到的都是气势夸张、喜欢说大话的人所说的话，我也会变得用这样的语气说话，而且自己还觉察不到；如果从早到晚听到的都是那些游手好闲、不务正业，甚至是目无法纪的人所说的话，我也会变得用这样的语气说话，而且自己还毫无察觉。像这样的情况出现得多了，如果不是自己有很强的定力，必然会慢慢染上这些毛病。

与人言语贵和颜

亲戚故旧，因言语而失欢者，未必其言语之伤人，多是颜色辞气暴厉，能激人之怒。且如谏人之短，语虽切直，而能温颜下气，纵不见听，亦未必怒；若平常言语，无伤人处，而词色俱厉，纵不见怒，亦须怀疑。古人谓"怒于室者色于市"，方其有怒，与他人言，必不卑逊。他人不知所自，安得不怪？故盛怒之际，与人言话，尤当自警。前辈有言："诫酒后语，忌食时嗔，忍难耐事，顺自强人。"常能持此，最得便宜。

译文 亲朋好友、故交旧识之间，因为说话不当而伤了和气的，并不一定是说的话有多么伤人，而多半是说话时的脸色严厉、语气粗暴，激怒了对方。并且如果要指出别人的短处，哪怕说话恳切率直，也只能面容温和、语气低平，哪怕别人听不进去，也不一定会发怒；就像我们平时说话，并没有伤人的地方，但是如果语言和神态都很严厉，别人即使不会发怒，也一定会有疑心。古人说的"在家里生完气，带着怒气，在外面对别人也没有好脸色"，带着怒气跟别人说话，一定不会有卑逊谦让的态度和表情。别人并不知道他的怒气产生的原因，怎么能不觉得奇怪？所以在大怒的时候，跟人说话尤其要自我警醒。前辈曾经说："酒后说话要警惕，吃饭时不要发怒，难以忍受的事要忍得住，遇到自以为是的人不要跟他争论。"经常能坚持这样做，对自己一定有好处。

子弟当谨交游

　　世人有虑子弟血气未定，而酒色博弈之事，得以昏乱其心，寻至于失德破家，则拘之于家，严其出入，绝其交游，致其无所见闻，朴野蠢鄙，不近人情，殊不知此非良策。禁防一弛，情窦顿开，如火燎原，不可扑灭。况拘之于家，无所用心，却密为不肖之事，与出外何异？不若时其出入，谨其交游。虽不肖之事，习闻既熟，自能识破，必知愧而不为。纵试为之，亦不至于朴野蠢鄙，全为小人之所摇荡也。

　　译文 现在有的人担心孩子身心还不成熟，酒色、赌博、游戏之类的事，会扰乱他们的心智，不久以后会丧失品德，败坏家业，因此他们主张把孩子限制在家里，严格控制他们的出入，断绝他们结交朋友，其结果必然导致这些孩子对外界一无所知，这样做粗野愚昧，不近人情，根本就不是什么好办法。等到对他们的禁止防备放松下来，这孩子的性情欲望就会爆发出来，如同烈火燎原，根本不可能扑灭。况且，把他们限制在家里，什么事都不用操心，就会偷偷地做些不好的事，这与让他们到外面去有什么区别呢？不如让他们按时出入，告诉他们谨慎交朋友。即使那些不好的事，他们看多了，听多了，也就知道到底怎么回事了，自然就有了鉴别能力，必定会因为感到羞愧而不去做了。哪怕冒险去试试，也不至于粗野愚蠢，完全被小人所牵制。

家成于忧惧破于怠忽

起家之人，生财富庶，乃日夜忧惧，虑不免于饥寒。破家之子，生事日消，乃轩昂自恣，谓"不复可虑"。所谓"吉人凶其吉，凶人吉其凶"，此其效验，常见于已壮未老，已老未死之前，识者当自默喻。

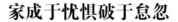译文 兴家立业的人，家里有了钱，积累了财富之后，就会每天忧虑恐惧，总是担心将来仍然会落到饥寒交迫的境地。使家道败落的人，生活水平一天一天下降，但还是自高自大恣意胡为，并且大言不惭地说："将来没有什么可忧虑的。"这就是所说的"吉庆的人把吉利的事情看作不吉利的事情，而倒霉的人把不吉利的事情看作吉利事情"。这句话的应验，常常在一个人已经是壮年但还没有老，或已经是老年但还没死之前，有见识的人应当自己默默琢磨透这个道理。

兴废有定理

起家之人，见所作事无不如意，以为智术巧妙如此，不知其命分偶然，志气洋洋，贪多图得。又自以为独能久远，不可破坏，岂不为造物者所窃笑？盖其破坏之人，或已生于其家，曰子曰孙，朝夕环立于其侧者，皆他日为父祖破坏生事之人，恨其父祖目不及见耳。前辈有建第宅，宴工匠于东庑曰："此造宅之人。"宴子弟于西庑曰："此卖宅之人。"后果如其言。近世士大夫有言："目所可见者，谩尔经营；目所不及见者，不须置之谋虑。"此有识君子知非人力所及，其胸中宽泰，与蔽迷之人如何。

译文 兴家立业的人看到自己所做的事全都称心如意，就以为这是自己的智慧与手段有多么高超巧妙，他们并不知道这是命运中偶然的事，因此就志得意满，洋洋得意，贪婪索取，希望得到更多的财富。他们还自以为唯独他的家业能够长久不衰下去，不会败坏，难道他们不知道这种想法被上天暗中耻笑吗？那破败家业的人或许已经降生在他们的家里了，叫作"子"或"孙"，从早到晚围在他的四周，都是有朝一日会败坏父辈、祖辈所创立家业的人，遗憾的是他们的父辈、祖辈看不到倾家荡产的那一天了。前辈有人建造住宅，在东庑设宴招待工匠的时候说："这是建造我们家房子的人。"在西庑设宴招待孩子们的时候说："这些是将来卖掉这座房子的人。"这话后来果然应验了。近代有位士大夫说："活着能够看见的，再努力去经营谋划也只能是徒然；死了以后看不见的，就不用去谋划考虑了。"这是有见识的君子知道有些事情不是人力所能办到的。所以，他胸怀宽广，与那些被遮蔽迷惑的人比就不一样了。

用度宜量入为出

起家之人，易于增进成立者，盖服食器用及吉凶百费，规模浅狭，尚循其旧，故日入之数，多于已出，此所以常有余。富家之子，易于倾覆破荡者，盖服食器用及吉凶百费，规模广大，尚循其旧，又分其财产，立数门户，则费用增倍于前日。子弟有能省悟，远谋损节，犹虑不及，况有不之悟者，何以支梧。古人谓"由俭入奢易，由奢入俭难"，盖谓此尔。大贵人之家，尤难于保成。方其致位通显，虽在闲冷，其俸给亦厚，其馈遗亦多，其使令之人满前，皆州郡廪给，其服食器用虽极于华侈，而其费不出于家财。逮其身后，无前日之俸给、馈遗使令之人，其日用百费非出家财不可。况又析一家为数家，而用度仍旧，岂不至于破荡？此亦势使之然，为子弟者各宜量节。

译文 兴家立业的人，之所以能够不断增加收入而成功，是因为他们在穿衣、吃饭、用具以及操办红白喜事等日常花销上都很有节制，还按照他们发家之前的样子去做，每天收入的钱总要多于支出的，这样他们就会常有盈余。富家子弟之所以容易导致家境破败，就是因为他们在穿衣、吃饭、用具以及操办红白喜事等方面花钱太多，总要按照过去的样子进行。并且由于家里的兄弟又把财产分开，各立门户，这样日常开销就比之前增加了好几倍。子弟中有的人为了能节省费用，从长远计

179

议谋求减少花销的措施，恐怕都来不及，更何况还有没觉悟的人，又凭借什么能把家业支撑下去呢？古人说"由节俭转变为奢侈是很容易的，由奢侈转变为节俭就困难了"，大概说的就是这种情况。权贵之家更难保住已经创立的家业。正当他们达到高位的时候，虽然只是在并不重要的部门任职，俸禄供给也很丰厚，别人赠送的礼物钱财也很多。他们身边那么多差役仆从的费用，都是由州郡的官方供给。他们穿的、吃的、用具虽然都极其豪华奢侈，但费用并不是由自己支付的。等到他不在官位以后，就没有了俸禄、官方的供给，也没有了别人赠送的钱财礼物和差役仆从薪水费用，日常生活所需的各种费用都非从自家财产中支出不可。况且，后世子孙又把一家分成很多家，而各种开销还和过去一样，怎么能不倾家荡产呢？这是形势所趋，无法避免的，做子弟的应当酌量控制自己的开销。

起家守成宜为悠久计

人之居世，有不思父祖起家艰难，思与之延其祭祀；又不思子孙无所凭借，则无以脱于饥寒。多生男女，视如路人，耽于酒色，博弈游荡，破坏家产，以取一时之快。此皆家门不幸。如此，冒于刑宪，彼亦不恤。岂教诲、劝谕、责骂之所能回？置之无可奈何而已。

译文 有的人因为没有考虑过祖辈、父辈们起家创业的艰难，所以从来没有考虑过怎么把家业继承下去，给祖辈、父辈们延长供奉先人的活动；因为没有考虑，如果将来家道败落，子孙后代就会失去依靠，就很难摆脱饥寒交迫的命运。他们生很多儿女，又不管不顾，儿女形同陌路人，沉溺于酒色之中，赌博下棋，不务正业，败坏了家产，以获得一时的享乐。这些人都是家门不幸。像这样，他们连犯法都不害怕，又怎么能用教诲、劝导、责骂使他们回心转意呢？只能是无可奈何罢了。

荒怠淫逸之患

凡人生而无业，及有业而喜于安逸，不肯尽力者，家富则习为下流，家贫则必为乞丐。凡人生而饮酒无算，食肉无度，好淫滥，习博弈者，家富则致于破荡，家贫则必为盗窃。

译文 凡是没有一份正当职业的人，或者虽然有职业但喜欢安逸、散漫，不肯尽力做事的人，如果他家里有钱，他就会变成品格低下的人；如果他家里穷，他就会变成乞丐。凡生活上饮酒、吃肉不加节制，放荡荒淫，沾染赌博、游乐等恶习的人，如果家庭有钱，他也会把家产败光；如果家境贫穷，他就会去做盗贼。

不可轻受人恩

居乡及在旅，不可轻受人之恩。方吾未达之时，受人之恩，常在吾怀，每见其人，常怀敬畏。而其人亦以有恩在我，常有德色。及我荣达之后，遍报则有所不及，不报则为亏义。故虽一饭一缣^[1]，亦不可轻受。前辈见人仕宦，而广求知己，戒之曰："受恩多，则难以立朝。"宜详味此。

译文 无论是在乡里居住，还是寄居在外地，都不能够轻易接受别人的恩惠。在我还没有获得显贵地位的时候，接受了别人的恩惠，要常常记在心里，每次见到给我恩惠的人时，常常心怀敬畏、感激。而给我恩惠的人也因为有恩于我，也常常会表现出有恩于我的神色来。等到我荣耀显贵了，恐怕很难做到逐一报答所有有恩于自己的人，不报答又觉得自己在道义上有亏欠。因此，在平时，即使是一顿饭、一块绢，都不能轻易接受人家的馈赠。前辈看到有人做官，总想着到处拉关系，就告诫说："接受别人恩惠太多了，以后就难以在朝堂上立身。"应当仔细体会这句话。

---

[1] 缣（jiān）：丝织品，绢。

报怨以直乃公心

圣人言"以直报怨"，最是中道，可以通行。大抵以怨报怨，固不足道；而士大夫欲邀长厚之名者，或因宿仇纵奸邪而不治，皆矫饰不近人情。圣人之所谓"直"者，其人贤，不以仇而废之；其人不肖，不以仇而庇之。是非去取，各当其实。以此报怨，必不至递相酬复，无已时也。

译文 孔子说："对待对我们怀有仇怨的人，须以正直之道来对待。"这是不偏不倚的中庸之道，可以通行天下。一般来说，以怨报怨的说法本来不足一说，而有的士大夫为了博取恭谨宽厚的名声，或许会积蓄仇怨而不揭发，纵容奸邪之人而不惩治，这都是过分伪装、不近人情的做法。圣人所说的直，如果那个人是贤明的，就不能因为仇怨而不用他；如果那个人道德有问题，也不能因为仇怨而包庇他。是与非、抛弃与任用应该根据实际情况来定。用这种态度来对待仇怨，必然就不会出现无休无止的相互报复。

富家置产当存仁心

贫富无定势，田宅无定主。有钱则买，无钱则卖。买产之家当知此理，不可苦害卖产之人。盖人之卖产，或以缺食，或以负债，或以疾病、死亡、婚嫁、争讼。已有百千之费则鬻百千之产。若买产之家即还其直，虽转手无留，且可以了其出产、欲用之一事。而为富不仁之人，知其欲用之急，则阳距而阴钩之，以重扼其价。既成契，则姑还其直之什一二，约以数日而尽偿。至数日而问焉，则辞以未办。又屡问之，或以数缗[1]授之，或以米谷及他物，高估而补偿之。出产之家必大窘乏，所得零微随即耗散。向之所拟以办某事者，不复办矣。而往还取索，夫力之费又居其中。彼富家方自窃喜，以为善谋。不知天道好还，有及其身而获报者，有不在其身而在其子孙者。富家多不之悟，岂不迷哉？

译文 贫穷与富贵没有一成不变的，田地房产也没有一成不变的主人。有钱就可以买，没钱就卖掉。买家应当懂得这个道理，不可以趁机陷害出卖家产的人。一般来说，人如果出卖家产，或是因为没有吃的东西，或是因为借了别人的债，或是因为生病、家里死了人、娶妻子嫁女儿、打官司等，他需要大笔费用，就卖掉自己成千上万的家产。如果买家能够按财产的实际价值付钱，那么卖家即使一转手就没有任何存留，但还能解决变卖家产以筹得所急需的费用。可是有些为富不仁的买家知道卖家急用钱，就表面上拒绝收买，暗地里又在勾引对方卖财产，以便能把价格压得很低。等到订立了买卖契约之后，还只付给人家全部款项的十分之一二的钱，约定过几天之后如数

---

[1] 缗（mín）：古代的计量单位，用于成串的铜钱，每串一千文。

付清。等过几天再去问他，又推托说现在还没有来得及办。以后多次去催他，要么只给几串铜钱来搪塞，要么就用米谷和其他东西，折成高价来补偿他。卖家必然会陷入非常窘迫的境地，所得到的那一点钱很快就要用光了，先前打算要办的事也办不成了，如果再去向买家讨要，还要付出一些往返索取的费用。那个买家正暗暗地高兴，以为这是自己善于谋划的结果，但是他不知道恶有恶报，有的就报在他本人身上，有的不报在本人身上，而报在他的儿孙身上。可惜那些有钱的人大多没有明白这一道理，这难道不是执迷不悟吗？

税赋宜预办

凡有家产，必有税赋，须是先截留输纳之资，却将赢余分给日用，岁入或薄，只得省用，不可侵支输纳之资。临时为官中所迫，则举债认息，或托揽户兑纳而高价算还，是皆可以耗家。大抵曰贫曰俭，自是贤德，又是美称，切不可以此为愧。若能知此，则无破家之患矣。

译文 凡是有家产的，就必须要缴纳赋税，因此必须事先把该交赋税的钱预留出来，再把剩下的钱用于日常开销。如果每年的收入很少，就只能省着用，一定不能把交赋税的钱拿去用。否则，如果到了要交赋税的时候，被官府所逼迫，只好借高利贷，或者托专门承揽缴纳租税的人代为交纳，然后再高价偿还，这些都是足以使家庭破产的事。一般说来，家贫、节俭是一种美德，也是一种美誉，你千万不能因此而感到羞愧。如果能懂得这一点，那么就不会有家破人亡的忧患了。

造桥修路宜助财力

乡人有纠率钱物，以造桥、修路及打造渡船者，宜随力助之，不可谓舍财不见获福而不为。且如造路既成，吾之晨出暮归，仆马无疏虞，及乘舆马、过渡桥，而不至惴惴[1]者，皆所获之福也。

译文 遇到乡里有人号召大家募集钱物造桥、修路和打造渡船的时候，就应该根据自己的财力进行捐助，不能说自己捐了钱财，却又看不到立即有福报，就不捐钱财了。更何况如果将来道路修成了，我早出晚归，仆人、马匹都没有祸患。乘坐车马过桥和渡口也不要担惊受怕，这都是得到的福报啊。

---

[1] 惴惴：忧惧戒慎的样子。

方孝孺家训十五则

　　方孝孺（1357—1402），字希直，又字希古，号逊志，明浙江宁海人。因方孝孺的故里旧属缑（gōu）城里，故称缑城先生。惠帝时，任侍讲学士，《太祖实录》总裁。燕王朱棣率军入南京后，方孝孺不肯为其起草登基诏书，慷慨就义，被诛九族及其弟子共十族，时年四十六岁。姚广孝曾说："杀孝孺，天下读书种子绝矣。"

　　此家训是方孝孺为更好地治理家庭，规范家人道德行为规范而撰写的一部家训，着重阐述修身齐家之道，最终达到治国、平天下的目标。全书包括正伦、重祀、谨礼、务学、笃行、自省、绝私、崇畏、惩忿、戒惰、审听、谨习、择术、虑远、慎言共十五条。"心有所畏"是《家人箴》的核心内容，而心存敬畏是守身保家的法宝。

　　本文选自《逊志斋集》卷一《杂著》。

论治者常大天下而小一家。然政行乎天下者，世未尝乏，而教治乎家人者，自昔以为难。岂小者固难，而大者反易哉？盖骨肉之间，恩胜而礼不行，势近而法莫举。自非有德而躬化，发言制行有以信服乎人，则其难诚有甚于治民者。是以圣人之道，必察乎物理，诚其念虑，以正其心，然后推之修身。身既修矣，然后推之齐家；家既可齐，而不优于为国与天下者，无有也。故家人者，君子之所尽心，而治天下之准也，安可忽哉？余病乎德，无以刑乎家，然念古之人，自修有箴戒之义，因为箴以攻己缺，且与有志者共勉焉。

译文 谈论治理国家的人常常认为治理天下才是大事，而治理家庭是小事。但是政令行行于天下的，每个时代都不少见，而通过教化使家人能和睦相处，自古以来就是个难事。难道治理家庭这种小事本来就难，而治理天下的大事反而容易吗？大概是亲人之间非常重感情，反而不能推行礼仪规范，家人之间的亲密关系反而没法用法律来治理。如果自己并不是德行高尚而能躬行道德教化的人，自己说话、办事就不能让别人信服，那么，治理家庭的难度确实超过了治理百姓。因此，圣人修齐治平的方法，是必须要考察事物的规律，使自己思虑精诚，端正自己的心态，然后推行到修身。自身的修养提高了，然后将教化推行到家庭管理中去。如果家庭已经管理好了，那么治理好国家、平治天下的目标，也不是不能实现的。所以对待家人，是君子应该用尽心思关注的，并且治理家庭的方法，也是治理天下的准则，怎么可以忽视呢？我总是担心自己修养不够，不能成为家人的表率，然而想到古人自我修身的时候，往往用箴戒这种形式，因此自己也写了这篇《家人箴》来批判自己的缺点与不足，并且期望与有志者共同努力。

正 伦

人有常伦，而汝不循，斯为匪人。天使之然，而汝舍旃^[1]，斯为悖天。天乎汝弃，人乎汝异，曷不思耶？天以汝为人，而忍自绝，为禽兽之归耶？

译文 人是有作为人的伦常的，如果你不遵循，那就不是人。上天要求你按照伦常行事，而你不遵循这些伦常，就是违背上天的旨意。上天抛弃了你，你又自绝于人道。为什么不好好思考呢？上天让你成为人，你却忍心自绝于人，那岂不是要沦落到成为禽兽的境地了吗？

重 祀

身乌乎生？祖考之遗。汝哺汝歠^[2]，祖考之资。此而可忘，孰不可为？尚严享祀，式敬且时。

译文 你我的身体是从哪里来的呢？是祖宗和父亲遗留下

---

[1] 旃（zhān）：文言助词，相当于"之"或"之焉"。

[2] 歠（chuò）：饮，喝。

来的。你吃的喝的，是祖宗和父亲提供的。如果这个都可以忘记，那还有什么不可做的呢？要严格地遵行祭祀祖先的礼仪制度，要恭敬地并且按时进行祭祀。

谨　礼

纵肆怠忽，人喜其佚。孰知佚者，祸所自出。率礼无愆，人苦其难。孰知难者，所以为安。嗟时之人，惟佚之务。尊卑无节，上下失度。谓礼为伪，谓敬不足行。悖理越伦，卒取祸刑。逊让之性，天实锡汝。汝手汝足，能俯兴拜跽。曷为自贼，恣傲不恭？人或不汝诛，天宁汝容！彼有国与民，无礼犹败。矧予眇微，奚恃弗戒。由道在己，岂诚难耶？敬兹天秩，以保室家。

译文 放纵、恣肆、怠惰、疏忽，人们都喜欢这种放荡无拘束。谁知道这种放荡无拘束是祸患产生的源头。遵循礼法制度而没有过失，人们感到很难做到。可是谁知道只有做好这些难事，才能保持安宁。可叹的是现在的人，太过放荡无拘束了。没有了尊卑的礼法制度，没有了上下之间的规矩。他们说各种礼法制度规定是虚伪的，说敬畏不值得推行。违背常理，不顾伦常，最终得到灾祸和法律的惩处。谦逊辞让的天性和品德，上天确实赐给了你。你的手，你的脚，是能够行跪拜等礼节。为什么自己伤害自己，恣肆骄傲不恭敬呢？你为人处世放荡无拘束，也许没有人会杀你的头，但是上天会容你吗？那些执掌治理国家和百姓大权的统治者，不遵守礼法制度也一样会败亡。况且我们的身份这么卑微，怎么能不时时告诫自己呢？自己按照正道行事，难道真的很难吗？恭敬地按上天安排的秩序，即礼法制度办事，以保全自己的家庭。

务 学

无学之人，谓学为可后。苟为不学，流为禽兽。吾之所受，上帝之衷。学以明之，与天地通。尧舜之仁，颜孟之智。圣贤盛德，学焉则至。夫学可以为圣贤，侔[1]天地，而不学不免与禽兽同归，乌可不择所之乎？噫！

译文 不学无术的人认为学习可以放在后面进行。如果不学习，就会沦为禽兽。我们所学习的，都是上天的要旨，明白了这些道理，才可以与天地相交流。尧舜的仁德，颜子、孟子的智慧，圣贤的美德，我们通过学习可以达到他们的境界。学习可以成为圣贤，可以与天地并立，而不学习就会沦落到禽兽的境地，怎么可以不选择好自己要走的道路呢？唉！

---

[1] 侔（móu）：相等。

笃　行

位不若人，愧耻以求。行不合道，恬不加修。汝德之凉，侥倖高位。秖[1]为贱辱，畴汝之贵？孝弟乎家，义让乎乡，使汝无位，谁不汝臧？古人之学，修己而已。未至圣贤，终身不止。是以其道，硕大光明，化行邦国，万世作程。汝曷弗效，易自满足？无以过人，人宁汝服？及今尚少，不勇于为，迨其将老，虽悔何追？

译文 自己地位不如人家高，认为向他学习、求教是惭愧羞耻的。自己的行为不合于大道，却坦然地不加以改正。你的道德水平很低劣，侥幸登上高位，只会受到卑贱的羞辱，有谁会把你看得很高贵呢？如果在家里能做到孝悌，在乡里能做到仁义和谦让，即使你没有做上高官，又有谁不会称颂你呢？古人学习，只是为了提升自己的道德修养罢了。如果没有达到圣贤的境界，就终身不停止学习。他们信奉的学问是正大光明，它可以广泛地实行于全国各地，成为万世的规则。你为什么不向古人学习，就那么容易自我满足呢？自己没有过人之处，人们怎么能服你？你要趁着现在还年轻，如果不勇敢地去做，等到了老的时候，即使后悔，又有什么办法能补救？

---

[1]　秖(zhǐ)：古同"衹"，仅仅。

自　省

言恒患不能信，行恒患不能善。学恒患不能正，虑恒患不能远。改过患不能勇，临事患不能辨。制义患乎巽懦，御人患乎刚褊。汝之所患岂特此耶？夫焉可以不勉！

说话常最担心的不能做到言而有信，行事常最担心的是不能做到尽善尽美。做学问最担心的是不能遵循正确的学术理路，思考问题常担心的是不能从长远计议。改正过失最担心的是不能勇敢面对，处理事情最担心的是不能明辨是非。写八股文章最担心卑顺懦弱而人云亦云，为官处事最担心的是刚愎自用、心胸狭隘。你所该担心的岂止这些呢？你有什么理由不勉力去做呢？

绝　私

厚己薄人，固为自私。厚人薄己，亦匪其宜。大公之道，物我同视。循道而行，安有彼此。亲而宜恶，爱之为偏。疏而有善，我何恶焉。爱恶无他，一裁以义。加以丝毫，则为人伪。天之恒理，各有当然。孰能无私，忘己顺天。

遇到事情的时候，总是厚待自己而轻视别人，这明

193

显是自私自利。遇到事过于宽容别人而苛刻要求自己，也不合适。真正公平的正道，应该是对物对事、对人对己都同等看待。遵循这个正道行事，哪里还会有彼此之分？和自己亲近的人即使有缺点或做错事，本应厌恶，但是因为亲近使我们偏狭而难辨是非。和自己关系疏远的人做了好事或有优点，我也会厌恶他。喜爱或厌恶一个人的标准没有别的，应该都遵从道义。如果加入一丝一毫个人情感，那就会产生虚假。天的永恒不变的道理，各有理所应当的样子。谁能够没有私心，要做到杜绝私心，就必须忘记个人而顺应天道。

崇　畏

有所畏者其家必齐，无所畏者必怠而暌[1]。严厥父兄，相率以听。小大祇肃[2]，靡敢骄横。于道为顺，顺能致和。始若难能，其美实多。人各自贤，纵私殖利，不一其心，祸败立至。君子崇畏，畏心、畏天，畏己有过，畏人之言。所畏者多，故卒安肆。小人不然，终履忧畏。汝今奚择，以保其身？无谓无伤，陷于小人。

译文　一个有敬畏之心的人，他的家必定能管理得很好；一个没有敬畏之心的人，他的家庭必定懈怠背理。父亲、兄长

---

[1]　暌(kuí)：同"暌"，违背，不合。

　[2]　祇肃(zhī sù)：恭谨而严肃。

严厉而且有威严，家里的人就都听他们的安排。无论年龄大小，都能恭谨而严肃，谁也不敢骄纵蛮横。这样做才算顺了正道，只有顺了正道，才能使家庭和睦。刚开始的时候似乎很难做到，但是一旦做到了，它的好处确实很多。如果每个人都以为自己比别人更贤能，放纵私欲，谋取私利，全家不是一条心，那么家很快就会有灾祸，很快就会衰败。君子尊崇"畏"字，敬畏的是良心，敬畏的是天命，敬畏的是自己有过错，敬畏的是别人的议论。敬畏的东西多，才能最终得到安宁。小人则不同，没有敬畏之心，最终只会走上担忧、恐惧的路。如今你选择怎么做来保全自己的身心？不要说这些不重要，它们会使自己沦为卑鄙的小人。

惩　忿

人言相忤，遽愠以怒。汝之怒人，彼宁不恶？恶能兴祸，怒实招之。当忿之发，宜忍以思。彼言诚当，虽忤为益。忤我何伤？适见其直。言而不当，乃彼之狂。狂而能容，我道之光。君子之怒，审乎义理。不深责人，以厚处己。故无怨恶，身名不隳[1]。轻忿易忤，小人之为。人之所慕，实在君子。考其所由，君子鲜矣。言出乎汝，乌可自为？以道制欲，毋纵汝私。

---

[1] 隳（huī）：毁坏，崩毁。

译文 别人在言语上顶撞了你，你马上就不高兴，以至于雷霆大怒。你对别人发怒，他能不厌恶你、怀恨你吗？厌恶、仇恨能够带来灾祸，其实这是你的怒气招来的。当心中有愤怒时，应当忍耐和思考。如果他的话确实是正确的，虽然顶撞了我，但也是有益的。顶撞我却没有什么伤害，这正好可以分辨出是非曲直。如果他的话不对，那他就是狂。能够容忍别人的狂妄，正是我道德修养的表现。君子发怒应仔细思考是否合于礼义，不应该对别人太苛刻，对自己则宽容。这样才不会有人怨恨、憎恶你，你的声名才不致受到损害。轻易发怒、经常顶撞别人，这是小人的行为。别人所仰慕的，其实都是君子。深究其原因，还是君子太少了 。话从你嘴里说出来，怎么可以自以为是呢？应该用道义来控制欲望，不要放纵自己的私欲。

戒　惰

惟古之人，既为圣贤，犹不敢息。嗟今之人，安于卑陋，自以为德。舒舒其学，肆肆其行。日月迈矣，将何成名。昔有未至，人闵汝少。壮不自强，忽其既耄。於乎汝乎，进乎止乎？天实望汝，云何而忍无闻以没齿乎？

译文 古人虽然已经成为圣贤了，但还是不敢停息。可叹的是现在的人，却自己安于卑下鄙陋，还自以为这是好品德。学习的时候一副安心舒适的样子，做事的时候随随便便、肆意妄为。时间过得很快啊，你靠什么来成名立业呢？从前有做得不够好，别人还会以你年轻而原谅你。如果成年了还不自强，转眼就会变老的。唉，你啊，在这个时候，是要向前呢？还是止步不前呢？上天都在看着你，你为什么能忍心默默无闻一辈子呢？

审　听

听言之法，平心易气。既究其详，当察其意。善也吾从，否也舍之。勿轻于信，勿逆于疑。近习小夫，闺阁嬖女[1]，为谗为佞[2]，类不足取。不幸听之，为患实深。宜力拒绝，杜其邪心。世之昏庸，多惑乎此。人告以善，反谓非是。家国之亡，匪天伊人。尚审尔听，以正厥身。

译文 听别人说话的方法，是要平心静气、态度冷静，既要听清全部话的内容，还应当审察它包含的意义。好的我听从，不好的我就装作没有听见。不要轻易相信人家的话，也不要乱加怀疑。身边亲近的小人和宠爱的妾妇，经常会向你进谗言和在你面前讲奉承话，这些话都是不该听信的。如果不幸听了这些话，就会带来很大的祸患。应该全力加以拒绝，杜绝他们的邪心。世上昏庸的人，经常在这些方面被他们迷惑。当别人告诉良善之言，他反而认为不是。这些人最后亡家亡国，就

---

[1] 嬖（bì）女：受宠爱的姬妾。

[2] 佞（nìng）：善辩，巧言谄媚。

不是天意，而是他咎由自取了。一定要注重审察听到的话，用来端正自己的行为。

谨 习

引卑趋高，岁月劬[1]劳。习乎污下，不日而化。惟重惟默，守身之则。惟诈惟佻，致患之招。嗟嗟小子，以患为美。侧媚倾邪，矫饰诞诡。告以礼义，谓人己欺。安于不善，莫觉其非。彼之不善，为徒孔多。惧其化汝，不慎如何？

译文 从卑下变得高贵，需要长久的辛勤付出。长期言行不端，不要几天就会变坏。唯有持重和沉默，才是守身的准则。而言语狡诈和行为轻佻会招来祸患。唉，那些小子，把祸患当作美事。媚谀狠邪来讨好人，巧言饰非，真假无法分辨。有人用礼义教导他，你却认为别人在欺骗他。安心做不对的事，也就察觉不到自己的过错。他们不学好，跟他们一样的人太多了。害怕你们被他们同化了，不谨慎的结果是什么呢？

择 术

古之为家者，汲汲于礼义。礼义可求而得，守之无不利

---

　[1] 劬（qú）：过分劳苦，勤劳。

也。今之为家者，汲汲于财利。财利求未必得，而有之不足恃也。舍可得而不求，求其不足恃者，而以不得为忧。咄嗟^[1]乎若人，吾于汝也奚尤！

译文 古代管理家庭的人，都非常重视要求人的行为不超越一定界限的礼和义。如果礼义是可求而得的，那么遵守礼义就没有不好的事情发生。如今治理家庭的人，都急切希望得到财富和利益。其实，财富和利益追求也不一定得到，即使得到了也不可以依赖。舍掉可得到的礼义而去追求财富和利益，追求不能依赖的东西，并且为得不到犯愁。可叹啊，这些人，我对你们还苛责什么！

虑 远

无先己私，而后天下之虑；无重外物，而忘天爵之贵；无以耳目之娱，而为腹心之蠹^[2]；无苟一时之安，而招终身之累。难操而易纵者，情也；难完而易毁者，名也。贫贱而不可无者，志节之贞也；富贵而不可有者，意气之盈也。

译文 不要先考虑个人私欲，而后再考虑天下的利益；不要过分看重身外的功名利禄，而忘记自己高尚道德修养的珍贵；不要让声色感官的快感，成为腐蚀心灵的蠹虫；不要苟且

---

[1] 咄嗟（duō jiē）：叹息。

[2] 蠹（dù）：蛀蚀器物的虫子。

于一时的安逸，而招致终身悔恨。难以控制、容易放纵的，是情欲；难以完美、容易毁坏的，是声名。即使再贫贱也不可或缺的，是坚贞的志向和节操；即使富贵也不能有的，是志得意满后的洋洋自得。

慎　言

义所当出，默也为失。非所宜言，言也为愆。愆失奚自？不学所致。二者孰得，宁过于默。圣于乡党，言若不能。作法万年，世守为经。多言违道，适贻身害。不忍须臾，为祸为败。莫大之恶，一语可成。小忿不思，罪如丘陵。造怨兴戎，招尤速咎。孰为之端？鲜不自口。是以吉人，必寡其辞。捷给便佞，鄙夫之为。汝今欲言，先质乎理。于理或乖，慎弗启齿。当言则发，无纵诞诡。匪善曷陈，匪义曷谋。善言取辱，则非汝羞。

译文 按道义应当说话而没有说，保持沉默就是过失。不该说的却说了，说话就是罪过。为什么会出现这些过错呢？是学习不够所导致的。保持沉默和说话两者，哪一点更可取呢？宁可保持沉默。即使孔子这样的圣人在乡邻面前，好像不会说话一样。他们创立的法则，却世世代代被当作经典遵行。话说得太多违背道义，恰恰会给自身带来害处。不能忍耐片刻，就会招来灾祸和失败。一句不慎的话，就可以造成莫大的怨恨。在小的争执上不仔细思考，就会导致如山的罪过和错误，甚至带来怨恨和战争，招来过失和罪过。出现这样的情况，是什么导致的呢？很少不是说话不慎重造成的。所以有道德的人，必定是说话很少的。应对敏捷，伶牙俐齿，花言巧语，阿谀奉承，都是鄙陋浅薄的人干的。你如想要说话，先要从道理上辨别清楚。如果不合道理，就不要轻易说出。该说的一定要说，不要弄得怪诞奇异。不好的话，怎么能说呢？不符合道义的主意，怎么可以和别人商议呢？如果你说的是好话而被别人侮辱，那就不是你的羞耻了。

薛瑄：
人之所以异于禽兽者，
伦理而已

——《戒子书》

薛瑄（1389或1392—1464），明代理学家。字德温，河津（今属山西）人。永乐进士，官至礼部右侍郎。性刚直，因触怒宦官王振下狱，晚年致力于讲学授业。薛瑄出生于教师家庭，从小家教严格，他才智非凡且勤奋好学，立志要成为一代大儒，他的家教思想体现出浓厚的儒家重伦理的色彩。

在此篇家训中，薛瑄指出人与禽兽之间的本质不同，即在伦理。他告诫儿子，一个人如果不懂得伦理，那便与禽兽无异。要尽人道，必须认真学习四书、六经等儒家典籍，并且能用心思索、体察认识其中所包含的道理，内化为修身，进而能处理好父子、君臣、夫妇、长幼、朋友等之间的关系，真正能做到正伦理。最后，薛瑄再次告诫儿子，如果只是追求感官的刺激和物质的享受，那就会让父母蒙羞，自己也无法在社会立足。

本文选自《薛瑄全集·文集》卷十二。

人之所以异于禽兽者，伦理而已。何谓伦？父子、君臣、夫妇、长幼、朋友，五者之伦序是也。何谓理？即父子有亲，君臣有义，夫妇有别，长幼有序，朋友有信，五者之天理是也。于伦理明而且尽，始得称为人之名。苟伦理一失，虽具人之形，其实与禽兽何异哉？

　　译文　人和禽兽的不同之处，在于伦理而已。什么是伦？就是父子、君臣、夫妇、长幼、朋友这五种人伦次序。什么是理？就是父子之间的亲情，君臣之间的忠义，夫妇之间的内外有别，长幼之间的尊卑次序，朋友之间的诚信，这五种行为规范就是天理！能够明白"伦""理"二字的含义，而且完全做到了，才能称之为人。如果一个人不讲伦理，虽然他具有人的形体，事实上和禽兽又有什么不同呢？

　　盖禽兽所知者，不过渴饮饥食，雌雄牝牡[1]之欲而已。其于伦理，则蠢然无知也。故其于饮食雌雄牝牡之欲既足，则飞鸣踯躅[2]，群游旅宿，一无所为。若人，但知饮食、男女之欲，而不能尽父子、君臣、夫妇、长幼、朋友之伦理，即暖衣饱食，终日嬉戏游荡，与禽兽无别矣！

　　译文　一般来说，禽兽所知道的，只是渴了就要喝水，饿了就要吃东西，以及雌雄间的求偶欲望罢了。它们对于伦理，则表现出笨拙迟钝的样子，完全不懂。所以它们在满足了饮食、色欲之后，就飞翔、鸣叫、徘徊，成群结伴夜宿栖息，什么事都不用做。如果是人，只知道饮食、生理的欲望，却不能

---

[1]　牝(pìn)牡：雌雄。

[2]　踯躅(zhí zhú)：徘徊不前的样子。

遵循父子、君臣、夫妇、长幼、朋友之间的人伦关系，在穿暖吃饱之后，就整天玩乐游逛，那和禽兽就没有什么分别了。

圣贤忧人之陷于禽兽也如此，其得位者，则修道立教，使天下后世之人，皆尽此伦理；其不得位者，则著书垂训，亦欲天下后世之人，皆尽此伦理。是则圣贤穷达虽异，而君师万世之心，则一而已。

译文 圣贤们担忧人们会丢掉伦理而沦为禽兽。到了这种程度，如果他们是掌权者，就会推行道德教化，使天下后世都能遵循伦理的要求来做。如果他们没有执掌权力，就会著书立说，留下训诫，同样希望天下后世都能遵循伦理的要求。因此，圣贤们虽然有"得位"和"不得位"的不同，但是他们教化万世万代人们，提升人们的伦理道德境界的努力，都是一样的。

汝曹既得天地之理气，凝合父祖之一气流传，生而为人矣，其可不思所以尽其人道乎？欲尽人道，必当于圣贤修道之教、垂世之典，若小学、若四书、若六经之类，诵读之、讲贯之、思索之、体认之，反求诸日用人伦之间。

译文 你们已经得到天地的理与气，又凝聚了父亲、祖父的精气血脉，生而为人了，怎么能不想想如何学习、践行为人之道呢？想要学习、践行为人之道，就一定要学习圣贤们遵循伦理道德教化天下的思想、流传于后世的典籍，像研究文字学、音韵学、训诂学的小学，像四书、像六经之类的典籍，诵读它、研究和学习它、思索它、体察认识它，并且将它落实到日常生活中，用在与别人和睦相处之中去。

圣贤所谓"父子当亲"，吾则于父子求所以尽其亲；圣贤所谓"君臣当义"，吾则于君臣求所以尽其义；圣贤所谓"夫妇有别"，吾则于夫妇思所以有其别；圣贤所谓"长幼有序"，吾则于长幼思所以有其序；圣贤所谓"朋友有信"，吾则于朋友思所以有其信。于此五者，无一而不致其精微曲折之详，则日用身心自不外乎伦理。庶几称其人之名，得免流于禽兽之域矣！

译文 圣贤们所说父子之间应该讲究亲情，我就在父子之间力求遵循亲情；圣贤所说君臣之间要讲究忠义，我就在君臣之间力求遵循忠义；圣贤所说夫妇在家庭关系上要内外有别，我就在夫妇间尽力遵循内外有别；圣贤所说长幼间应有尊卑次序，我就在长幼间力求遵循尊卑有序；圣贤所说朋友要讲诚信，我就在朋友间的交往上力求遵循以诚信为本。对于这五种关系，没有哪一种是不竭尽心力加以对待并力图能做到细致入微的，那么日常生活、身心内外自然就不会离开伦理。这样或许可称为人，至少能够免于沦落到成为禽兽的境地了。

其或饱暖终日，无所用心，纵其耳目口鼻之欲，肆其四体百骸之安，耽嗜于非礼之声色臭味，沦溺于非礼之私欲宴安。身虽有人之形，行实禽兽之行，仰贻天地凝形赋理之羞，俯为父母流传一气之玷，将何以自立于世哉！汝曹勉之！敬之！竭其心力，以全伦理，乃吾之至望也。

译文 有人每天吃饱穿暖了，却不用心思索，只是寻求感官刺激，吃吃喝喝、放纵自己的欲望，肆意追求肉体的安逸享乐，贪求不合礼义的各种声色美味，陷溺在不合礼义的私欲安乐之中。他们虽然看起来有人的模样，实际上他们做的事与禽兽没有任何区别。这种人，上使天地蒙受羞辱，下使父母蒙受耻辱，他们将靠什么在世上安身立足呢！你们要努力啊！谨慎对待啊！要竭尽心力，用来保全伦理，这是我对你们最大、最殷切的期望。

陈献章：
人家成立则难，倾覆则易

——《诫子弟》

　　陈献章（1428—1500），明代理学家、教育家。字公甫，新会（今广东江门市新会区）白沙里人，世称"白沙先生"。正统举人，曾应召，授翰林院检讨而归。一生唯重心性之学，开明代心学之先声，是广东唯一从祀孔庙的明代大儒。

　　此家训明确提出成家难、倾家易。陈献章告诫子弟，要立业，必须具备取重一世的真本领。而真本领的取得，虽然和父兄的教诲密切相关，但是关键还在于自己的主观努力。他以一个弹琴为业者将技艺教给儿子以后，导致儿子贫困的故事为例，告诉子弟既要有专门的技艺，还要能做到经世致用，不能学大而不当、不切实际的技艺，需要具备能取重一世的才能。最后，告诉子弟因为没有本领而丧失家业，不能把责任推卸给命运，而认为与己无关。

　　本文选自《陈献章全集》卷一《杂著》。

人家成立则难，倾覆则易。孟子曰："君子创业垂统，为可继也。若夫成功，则天也。"[1] 人家子弟才不才，父兄教之可固必耶？虽然，有不可委之命，在人宜自尽。里中有以弹丝为业者。琴瑟，雅乐也。彼以之教人而获利，既可鄙矣，传于其子，托琴而衣食，由是琴益微而家益困。展转岁月，几不能生。里人贱之，耻与为伍，遂亡士夫之名。此岂尝为元恶大慝[2] 而丧其家乎？才不足也。既无高爵厚业以取重于时，其所挟者率时所不售者也，而又自贱焉，奈之何其能立也？大抵能立于一世，必有取重于一世之术。彼之所取者，在我咸无之；及不能立，诿曰："命也。"果不在我乎？人家子弟，不才者多，才者少，此昔人所以叹成立之难也。汝曹勉之。

译文 对于每个人来说，成家立业都是艰难的，但是家业的败亡又是很容易的。孟子说："君子建功立业传给子孙，正是为了能一代一代继承下去。至于能不能成功，还得靠天命。"子弟有没有才能，父亲和兄长的教育是很有必要的吗？虽然父兄有不可推卸的责任，但是他本人更应尽最大的努力。乡里有一位以弹奏弦乐器为职业的人。琴和瑟属于高雅的音乐。为了获利，他却教人雅乐，这已让人轻视他。传到他儿子，完全靠弹琴谋生。由于琴艺变得越来越平庸，因此他的生活也越来越困顿，随着时间的推移，几乎无法生存下去。邻里们都看不起他，以与他交往为耻，于是他就失去了士大夫的名位。这难道是因为他们曾做过罪大恶极的事情而败家的吗？并

---

[1] "君子创业垂统"一句：语出《孟子·梁惠王下》。

[2] 慝（duì）：坏，恶。

不是，只是因为他们才能不够而已。既没有高贵的社会地位和丰厚的家产来为世人推重，他所依靠的又是时代所不需要的东西，同时又自轻自贱，这怎么能在世上立足呢？人之所以能在世上有立足之地，就一定具有一种得到世人重视的才能。别人需要的东西，在我身上恰好都没有，到了不能保持家业的时候，就推诿说："这是命中注定的。"难道果真不怪自己？子弟中没有才能的居多，真正有才能的人却很少，这是之前的人们感叹成家立业艰难的原因。你们要努力成才啊！

徐媛:
能尽我道而听天命，庶不愧于父母妻子

——《训子》

徐媛（1560—1619），字小淑，明长洲（今江苏苏州）人。太仆寺少卿徐泰时之女，副使范允临之妻。在丈夫未中举时，徐媛以织布养家助读。工诗，诗作《络纬吟》十二卷流传甚广。

此为母亲训诫儿子而作。她为快二十岁的儿子仍然懦怯无为和不谙世事感到忧虑，勉励儿子立志当高远，趁大好年华，发奋学习，不能贪图安逸，虚度光阴。为了让儿子树立自信，她以钻木取得的火，飞鸟鼓翼产生的风，来阐明看似微不足道的事物也会有很大用处的道理。她要求儿子专心致志学习，不断探索新知识。最后期望他能尽自己的最大努力，成为真正的男子汉。通篇文采飞扬，情理交融，批评与疼爱互见，情真意切，是训子文中的精品之作。

儿年几弱冠[1]，懦怯无为，于世情毫不谙练，深为尔忧之。男子昂藏六尺于二仪间，不奋发雄飞而挺两翼，日淹岁月，逸居无教，与鸟兽何异？将来奈何为人？慎勿令亲者怜而恶者快！兢兢业业，无怠夙夜。临事须外明于理而内决于心。钻燧之火，可以续朝阳；挥翮[2]之风，可以继屏翳[3]。物固有小而益大，人岂无全用哉？

译文 我的儿啊，你都快二十岁了，但你还是胆小怯弱，无所作为，对于人情世故毫不熟悉，毫无经验，我真的很为你担忧啊。气宇轩昂的六尺男儿立于天地之间，如果不能像雄鹰一样展翅翱翔，一天天地虚度光阴，生活安逸而不接受教育，那么你与鸟兽有什么不同呢？将来又怎样做人呢？千万不要让亲者怜悯而让仇者高兴啊！你应当谨慎戒惧，从早到晚都不能懈怠。遇事必须要弄清事情的来龙去脉和原委，而内心尽快做出决断。钻燧而取来的火，可以在日落后放光；挥动羽毛得到的小风，可以在没有自然风时为人们消暑。有的东西本身很小，但它能补益大的，人难道就没有胜任万事的能力吗？

习业当凝神伫思，戢足纳心，骛精于千仞之颠，游心于八极之表；潜发于巧心，摭藻如春华。应事以精，不畏不成形；造物以神，不患不为器。能尽我道而听天命，庶不愧于父

---

[1] 弱冠：古代男子二十岁行冠礼，因为还没有达到壮年，故称弱冠。后泛指男子二十左右的年纪。

[2] 翮（hé）：鸟的翅膀。

[3] 屏翳（yì）：古代传说中的神名，不同的文献所指并不相同，如云神、雨师、雷师、风师等。此处指风师。

徐媛：能尽我道而听天命，庶不愧于父母妻子

母妻子矣！循此，则终身不堕沦落。尚勉之励之，以我言为箴，勿愦愦于衷，毋朦朦于志。

译文 学习应当聚精会神并深入思考，要足不出户，专心致志，追求攀登高于千仞之山的精神境界，想象驰骋于八方之外更远的地方；深刻的思想来源于善用心思，下笔抒写的华美文字像春天绽放的花朵。处理事情要精神专一，不要怕它不成样子；做一件东西要全神贯注，不要怕它不成器。能做到尽我的力量去办事而听从天命，也许就无愧于父母和妻子儿女了！按照上面的这些告诫去做，你一辈子都不会沉沦、失意。要勉励自己，把我的话作为箴言，不要内心糊涂昏乱，志向模糊不清。

王守仁家书与家训四则

夫学，莫先于立志

—— 《示弟立志说（乙亥）》

王守仁（1472—1529），字伯安，号阳明，世称"阳明先生"。余姚（今属浙江）人，明代理学家、教育家，心学的创立者和集大成者，集立德、立言、立功于一身，故称"真三不朽"。

此封家书是正德十年（1515）为劝三弟王守文立志所写。王阳明提出为学的关键是立志，通过多个比喻来阐明立志的重要性，并引经据典来说明古代圣贤少年时就立志。他又提出立志要专，将立志作为克制私欲的有力武器，要求王守文要有随时随地磨砺的立志功夫。家书反复解析，委婉周致，既能感受到兄弟之间的友谊，又不失严厉。王守仁非常看重这封家书，后来在给侄儿们的书信中，明确要求他们去王守文处抄录此家书，并且反复诵读，牢记于心。

本文选自《王阳明全集》卷七。

予弟守文来学，告之以立志。守文因请次第其语，使得时时观省；且请浅近其辞，则易于通晓也。因书以与之。

译文 我弟弟王守文前来跟我学习，我告诉他做学问要先立志。守文因此请我把关于立志的话写成文字，以便他能经常对照和反省；并且要我说得浅显一些，这样他更容易领会。所以我就写出来给他。

夫学，莫先于立志。志之不立，犹不种其根而徒事培拥灌溉，劳苦无成矣。世之所以因循苟且，随俗习非，而卒归于污下者，凡以志之弗立也。故程子曰："有求为圣人之志，然后可与共学。"人苟诚有求为圣人之志，则必思圣人之所以为圣人者安在？非以其心之纯乎天理而无人欲之私与？圣人之所以为圣人，惟以其心之纯乎天理而无人欲，则我之欲为圣人，亦惟在于此心之纯乎天理而无人欲耳。欲此心之纯乎天理而无人欲，则必去人欲而存天理。务去人欲而存天理，则必求所以去人欲而存天理之方。求所以去人欲而存天理之方，则必正诸先觉，考诸古训，而凡所谓学问之功者，然后可得而讲，而亦有所不容已矣。

译文 求学、做学问，首要的是立志。志向立不起来，就像种一棵没有根的树，哪怕是怎么培土及浇水都是徒劳的，辛辛苦苦不会有任何成果。现在的人之所以因循守旧，得过且过，随波逐流、不辨是非，最后变得平庸下流，这都是没有立起志向来造成的。所以程颐说："只有那种有成为圣贤志向的人，我才愿意与他交往，共同学习。"假如一个人确实有成为圣贤的志向，他必定要考虑圣贤之所以会成为圣贤的关键是什么？难道不是圣贤的心如同天理一样纯粹，而没有个人的私欲吗？圣贤之所以能成为圣贤，只是由于他心中纯粹如同天理一般而没有私欲。那么，如果我们想做圣贤，也唯有心中纯粹如同天理一般而没有私欲。要让自己心中纯粹如同天理一般而没有私欲，那就一定要强制自己克制个人的私欲，使心中存有天理；要克制个人的私欲而心中存有天理，就必须找到克制个人私欲、心存天理的方法。要想找到克制个人私欲、心存天理的方法，就必须求教于先知先觉们，考察研究古人的训诫，而凡是所谓学问的功夫，只有在此之后才能够谈论，而这一过程也有它不能停止的趋势。

夫所谓正诸先觉者，既以其人为先觉而师之矣，则当专心致志，惟先觉之为听。言有不合，不得弃置必从而思之；思之不得，又从而辨之，务求了释，不敢辄生疑惑。故记曰："师严，然后道尊；道尊，然后民知敬学。"苟无尊崇笃信之心，则必有轻忽慢易之意。言之而听之不审，犹不听也；听之而思之不慎，犹不思也；是则虽曰师之，犹不师也。

译文 所谓求教于先觉们，既然把先觉们当老师了，那就要专心致志地听从先觉们的教诲。遇到先觉们说的话与自己有不合意的地方，不能放弃，一定要按照先觉的话进行思考；思考之后也不能认同，就要与之展开辩论，一定要求透彻地理解，一定不能随便产生疑惑。所以《礼记》说："老师受到尊敬，然后真理学问才会受到敬重。真理学问受到尊敬，然后大众才会敬重学问，认真学习。"如果对先觉们没有尊崇笃敬之心，就一定会产生轻率傲慢的态度。对于先觉们的话如果听得不仔细，就等于没有听；听了以后而不加谨慎地思考，就等于没有思考。如果这样的话，虽然表面以先觉们为师，但实际上等于并没有以他们为老师。

夫所谓考诸古训者，圣贤垂训，莫非教人去人欲而存天理之方，若五经、四书是已。吾惟欲去吾之人欲，存吾之天理，而不得其方，是以求之于此，则其展卷之际，真如饥者之于食，求饱而已；病者之于药，求愈而已；暗者之于灯，求照而已；跛者之于杖，求行而已。曾有徒事记诵讲说，以资口耳之弊哉！

译文 所谓考察研究古人的训诫，就是圣贤们传承下来的教导，没有不是教人"去人欲而存天理"的方法，如五经、四书就属于这一类古训。我只是想要去除我的私欲而保存我的天理，但是我找不到具体的方法，所以从五经、四书等古训中去寻找。那么在读这类古训的时候，真的就像饥饿的人对于食物的心情，只求能吃饱；就像生病的人对于良药的态度，只求能治病；就像在黑暗中的人对于灯光的渴望，只求能照亮；就像瘸腿的人对于拄杖的需要，只求能帮助行走。哪里还会有只记诵讲说，以供口谈耳听之用的毛病呢！

夫立志亦不易矣。孔子，圣人也，犹曰："吾十有五而志于学，三十而立。"立者，志立也。虽至于"不逾矩"，亦志之不逾矩也。志岂可易而视哉！夫志，气之帅也，人之命也，木之根也，水之源也。源不浚则流息，根不植则木枯，命不续则人死，志不立则气昏。是以君子之学，无时无处而不以立志为事。正目而视之，无他见也；倾耳而听之，无他闻也。如猫捕鼠，如鸡覆卵，精神心思凝聚融结，而不复知有其他，然后此志常立，神气精明，义理昭著。一有私欲，即便知觉，自然容住不得矣。故凡一毫私欲之萌，只责此志不立，即私欲便退；听一毫客气之动，只责此志不立，即客气便消除。或怠心生，责此志，即不怠；忽心生，责此志，即不忽；懆[1]心生，责此志，即不懆；妒心生，责此志，即不妒；忿心生，责此志，即不忿；贪心生，责此志，即不贪；傲心生，责此志，即不傲；吝心生，责此志，即不吝。盖无一息而非立志责志之时，无一事而非立志责志之地。故责志之功，其于去人欲，有如烈火之燎毛，太阳一出，而魍魉[2]潜消也。

译文 确立志向是不容易的。孔子是圣人，他还说："我十五岁时有志求学，到三十岁时才算真正找到了自己的志向之所在。"这里说的"立"，正是指志向的确立。即使到了他七十岁时，能随心所欲而不违反规矩，也仍然是指他所立的志向是能够不违反规矩了。所以，志向怎么能被看轻呢？一个人的志向，是气的统帅，人的生命，树木的根，水流的源头。如果水源不加疏浚，则水会断流；根不加培护，树木就会枯死；生命不加延续，人就必死无疑；志向不确立，就会血气昏蔽而精神黯淡。所以君子做学问，无时无地不以立志为首要内容。立志就像用眼睛专注事物，就不会再去看别的东西；就像侧耳倾听，就不会去关注别的声音；就像猫捉老鼠时的专注，母鸡孵卵时的用心一样，精神心思全都凝聚、融汇在一件事上，不知

---

[1] 懆（cǎo）：忧愁。

[2] 魍魉（wǎng liǎng）：古代传说中的山川精怪，鬼怪。

道有求做圣人、"去人欲而存天理"、为善去恶以外的事情。如果能做到这样，志向就会确定起来，才能精气神充盈，义理昭然显著。如果心中一有私欲出现，自己能立刻察觉，自然就容不得它的存在。所以如果有一丝一毫的私欲在心中萌生，只要自责志向不坚定，私欲就会退去；如果有一丝一毫的外界诱惑，只要自责志向不坚定，外界的诱惑就会立刻消除。如果有了怠惰之心，只要自责志向不坚定，就不会怠惰了；如果有了轻率之心，只要自责志向不坚定，就不会轻率了；有了忧愁之心，只要自责志向不坚定，就不会忧愁了；如果有了妒忌之心，只要自责志向不坚定，就不会妒忌了；如果有愤恨之心，只要自责志向不坚定，就不会愤恨了；如果有了贪婪之心，只要自责志向不坚定，就不会贪婪了；如果有了骄傲之心，只要自责志向不坚定，就不会骄傲了；如果有了吝啬之心，只要自责志向不坚定，就不会吝啬了。总之，没有一刻不在立志和反思志向不坚定，没有一件事不用来立志和反思志向不坚定。因此对志向不坚定的反思，在于消除个人的私欲，这功效好比是用烈火燎烧毛发，也像太阳一出来，所有的鬼怪都四处逃窜消失不见。

自古圣贤因时立教，虽若不同，其用功大指无或少异。《书》谓"惟精惟一"，《易》谓"敬以直内，义以方外"，孔子谓"格致诚正，博文约礼"，曾子谓"忠恕"，子思谓"尊德性而道问学"，孟子谓"集义养气"，"求其放心"。虽若人自为说，有不可强同者，而求其要领归宿，合若符契。何者？夫道一而已。道同则心同，心同则学同。其卒不同者，皆邪说也。

译文 自古以来，圣贤根据不同时期的具体情况来实施教化，虽然教化的方式方法会不同，但其功用大同小异。《尚书》所说的"惟有精心体察，专心守住"，《易经》所说的"人应以恭敬之心矫正内在的思想，以道德、仁义、责任、诚信来规范自己的行为"，孔子说的"研究事物原理获取知识，不自欺且心思端正；君子广泛地学习古代的文化典籍，又以礼来约束自己"，曾子所说的"尽己动并推己及人"，子思所说的"君子应当尊奉德行，善学好问"，孟子所说的"存天理，养浩然之气"，"把丢失的本心找回来"。虽然每个人都有自己的说法，有不能强行混同之处，但找一找圣贤这些说法的要领和目的，其实又是相契合的。这是为什么呢？因为天下之道只有一个，道相同则心相通，心相通则学问相同。如果最后是不相同的学问，那就是异端邪说。

后世大患，尤在无志。故今以立志为说，中间字字句句，莫非立志。盖终身问学之功，只是立得志而已。若以是说而合精一，则字字句句皆精一之功；以是说而合敬义，则字字句句皆敬义之功。其诸"格致""博约""忠恕"等说，无不吻合。但能实心体之，然后信予言之非妄也。

译文 后世的大弊端，不立志是最为突出的。所以我今天主要说立志，上面说的字字句句，无非是要人立志。一个人终身求学的功夫，就是为了立志。如果把我的说法和"惟精惟一"的说法进行比照，就是字字句句都在说"惟精惟一"的功夫；如果把我的说法和"敬以直内，义以方外"的说法进行比照，就是字字句句都在说"敬义"的功夫。我的说法和"格致""博约""忠恕"等说法无不吻合。只要能切实用心去体会践行，之后你就会相信我这绝对不是信口胡说的。

须以仁礼存心，以孝弟为本，以圣贤自期

——《赣州书示四侄正思等》

此家书写于正德十二年（1517）四月，王守仁平定漳南一带匪寇班师后。他非常关心和重视家族后辈的教育，为侄儿们学业长进而感到由衷高兴，竟然彻夜不眠。此时王守仁虽居高位，但他在信中谦虚地说自己"幼而失学无行"，中年"未有所成"，他的开阔胸襟和谦逊坦率的态度可为侄儿们的表率。他勉励侄儿们以自己为鉴，立志做圣贤，将仁爱礼节存于内心，以孝敬父母、友爱兄弟为根本，以成为圣贤作为自己的努力方向，为前人争光，为后人造福。最后，他再次谈到自己归隐读书的志向，描绘了自己以后与侄儿们一起切磋探讨学问的惬意场景。家书语言平易，感情真挚，让读者如沐春风，像当面聆听一位长者的谆谆教导。

本文选自《王阳明全集》卷二六。

近闻尔曹学业有进，有司考校，获居前列，吾闻之喜而不寐。此是家门好消息，继吾书香者，在尔辈矣。勉之勉之！吾非徒望尔辈但取青紫[1]荣身肥家，如世俗所尚，以夸市井小儿。

译文 最近听说你们的学业有进步，在提学官主持的院试中名列前茅，听到这个好消息后我都兴奋得睡不着觉。这真是我们家的好消息，能够继承王氏家族书香门第之风的，就在你们这辈了。一定要继续努力！再努力！我并不是只期望你们能通过读书应试取得高官显爵，使自身荣耀，家庭富裕，像社会上所推崇的那样，拿子孙升官发财在世人面前显摆。

尔辈须以仁礼存心，以孝弟为本，以圣贤自期，务在光前裕后，斯可矣。吾惟幼而失学无行，无师友之助，迨今中年，未有所成。尔辈当鉴吾既往，及时勉力，毋又自贻他日之悔，如吾今日也。习俗移人，如油渍面，虽贤者不免，况尔曹初学小子能无溺乎？然惟痛惩深创，乃为善变。昔人云："脱去凡近，以游高明。"[2]此言良足以警，小子识之！

译文 你们应该把仁爱、礼节存于内心，把孝顺父母、恭敬兄长作为根本，以圣贤的标准来要求自己，一定为祖先增光，为后代造福，这样才行。我由于小时候没有认真学习，以至于品行不够好，更没有良师益友的帮助，等到了中年，还是一无所成。你们应当以我的过去为教训，及时努力，不要等到将来再后悔，就像我现在后悔一样。习惯和风俗改变人，就像

---

[1] 青紫：本为古时公卿服饰，此处借指高官。

[2] 脱去凡近，以游高明：此为北宋谢良佐之家训语句。谢良佐，字显道，上蔡（今属河南）人，北宋理学家，人称"上蔡先生"或"谢上蔡"。

把面粉浸泡在油里一样，即便是贤明的人也避免不了，更何况你们这些刚刚开始学习的年轻人能够不被习俗所淹没吗？然而只有深刻地反省，彻底改掉身上的不良习气，这才是向好的方面转变。谢良佐曾经说："疏远平庸浅近的人，和高尚贤明的人交朋友。"这句话真正可以作为警诫，年轻人，你们要记住。

吾尝有《立志说》与尔十叔，尔辈可从钞录一通，置之几间，时一省览，亦足以发。方虽传于庸医，药可疗夫真病。尔曹勿谓尔伯父只寻常人尔，其言未必足法；又勿谓其言虽似有理，亦只是一场迂阔之谈，非吾辈急务；苟如是，吾末如之何矣！读书讲学，此最吾所宿好，今虽干戈扰攘中，四方有来学者，吾未尝拒之。所恨牢落尘网，未能脱身而归。今幸盗贼稍平，以塞责求退，归卧林间，携尔尊（曹）朝夕切劘[1]砥砺，吾何乐如之！偶便先示尔等，尔等勉焉，毋虚吾望。正德丁丑四月三十日。

译文 我曾经写过一篇《立志说》给你们的十叔，你们可以去抄录一份，放在你们的桌子上，经常拿来看看，对照着反省自己，应该可以给你们启发。真正能治病的处方即使传给了庸医，但是依据处方抓的药还是可以治疗真病的。你们不要认为你们的伯父只不过是一个普通人，就认为他说的话不值得效法，没有什么价值；也不要认为他说的话虽然看起来好像很有道理，但也只是一种不切实际的、迂腐的空谈，不是我们现在

---

[1] 切劘（mó）：切磋。

急着需要学习的东西。假如你们这样认为，那我就真不知道该怎么办了。读书讲学是我这辈子最喜欢做的事，如今虽然忙于剿匪和各种杂事，但是只要有各地来向我学习的人，我从来没有拒绝过他们。我只是恨自己身在官场，不能脱身而归。如今值得庆幸的是，强盗土匪基本肃清了，我可以卸下重担，请求退休了，隐居山林之间，带着你们整天探讨学问，相互勉励，如果能那样我将是多么快乐啊！因偶尔有空，先写信告诉你们，你们要努力，不要辜负了我的期望。正德十二年（1517）四月三十日。

今教童子，必使其趋向鼓舞，中心喜悦，则其进自不能已

——《训蒙大意示教读刘伯颂等》

正德十三年（1518），王守仁平定南赣匪乱后，班师之前，为晓谕南赣各县父老乡亲，兴办社学而颁布此文告。社学创立于元代，明代沿用，是在各府州县设立教授蒙童的乡村学校，为农村启蒙教育的重要承担机构。"训蒙大意"，即儿童教育的基本原则。"教读"，即社学教师。刘伯颂，生平不详，应为社学教师之一。此篇文告中，王守仁准确地概括"童子之情"的"乐嬉游而惮拘检"的心理特点，否定了在

教育中对儿童使用"鞭挞绳缚，若待拘囚"的体罚手段，提倡采取以歌诗为内容的"诱之""导之""讽之"的启发诱导方法。他为儿童教育设计了歌诗、习礼、读书和考德四类课程，促使儿童在德育、智育、体育和美育等方面都能得到发展，这是他在儿童教育方面的独到见解，对当下的家庭教育和学校教育都有借鉴意义。

本文选自《王阳明全集》卷二。

古之教者，教以人伦。后世记诵词章之习起，而先王之教亡。今教童子，惟当以孝、弟、忠、信、礼、义、廉、耻为专务。其栽培涵养之方，则宜诱之歌诗以发其志意，导之习礼以肃其威仪，讽之读书以开其知觉。今人往往以歌诗、习礼为不切时务，此皆末俗庸鄙之见，乌足以知古人立教之意哉！

译文 古代的教育，以人伦纲常作为教学内容。后来记诵词章的风气兴起，而古代圣贤的教育教化思想消失了。现在教育儿童，应当把孝、悌、忠、信、礼、义、廉、耻作为主要的教学内容。至于具体教育的方法，最好是诱导他们吟咏诗歌，来激发他们的志向和兴趣；引导他们学习礼仪，来整肃他们的仪容；委婉地规劝他们读书，借以开发他们的智力。现在人们常常认为吟咏诗歌和学习礼仪是不合时宜的，这都是庸俗鄙陋的见解，他们哪里懂得古代圣贤推行教育教化的深意呢？

大抵童子之情，乐嬉游而惮拘检，如草木之始萌芽，舒畅之则条达，摧挠之则衰痿。今教童子，必使其趋向鼓舞，中心喜悦，则其进自不能已。譬之时雨春风，沾被卉木，莫不萌动发越，自然日长月化；若冰霜剥落，则生意萧索，日就枯槁矣。

译文 大致说来，儿童的天性是喜欢嬉戏玩耍，而害怕被约束、限制，就好比草木刚刚发芽的时候，如果让它舒畅地生长，就会生机勃勃、枝叶茂盛；如果对它摧残压制，就会衰败和枯萎。如今教育儿童，一定要让他们受到激发，让他们感到快乐，这样他们的进步就不会停止。就好像春天的和风细雨，滋润花卉草木，这些花卉草木没有不会萌动发芽的，自然会日日生长，月月变化。反过来，如果这些花卉草木遭受冰霜的侵袭冷冻，就会生气尽失，变得萧条，逐渐枯萎。

故凡诱之歌诗者，非但发其志意而已，亦以泄其跳号呼啸于咏歌，宣其幽抑结滞于音节也；导之习礼者，非但肃其威仪而已，亦所以周旋揖让而动荡其血脉，拜起屈伸而固束其筋骸也；讽之读书者，非但开其知觉而已，亦所以沉潜反复而存其心，抑扬讽诵以宣其志也。凡此皆所以顺导其志意，调理其性情，潜消其鄙吝，默化其粗顽，日使之渐于礼义而不苦其难，入于中和而不知其故。是盖先王立教之微意也。

译文 所以诱导孩子们吟咏诗歌，不但能激发他们的志向和兴趣，还能使他们在吟咏诗歌的过程中发泄完激动高亢的心情，在抑扬顿挫的音节中宣泄掉郁结压抑的情绪；引导他们学习礼仪，不仅可以肃整他们的仪容，还可以让他们通过躬身作揖来活动血脉，用起跪屈伸来强壮筋骨；委婉地规劝他们读书，不但可以开发他们的智力，还可以使他们在反复的潜心钻研中存养本心，在抑扬顿挫的诵读中明确意志。这一切都是用来引导他们确立志向，呵护和培养他们的天性，在潜移默化中改变他们的鄙陋吝啬和粗俗顽劣，使他们的行动符合礼义的标准，但又不会感到难受，让他们在不知不觉中变成性情中正平和的孩子，但又不知道原因。这就是古代圣贤推行教化的深意之所在。

若近世之训蒙稚者，日惟督以句读课仿，责其检束，而不知导之以礼；求其聪明，而不知养之以善；鞭挞绳缚，若待拘囚。彼视学舍如囹狱而不肯入，视师长如寇仇而不欲见，窥避掩覆以遂其嬉游，设诈饰诡以肆其顽鄙，偷薄庸劣，日趋下流。是盖驱之于恶而求其为善也，何可得乎？凡吾所以教，其意实在于此。恐时俗不察，视以为迂，且吾亦将去，故特叮咛以告。尔诸教读，其务体吾意，永以为训；毋辄因时俗之言，改废其绳墨，庶成"蒙以养正"[1]之功矣。念之念之！

译文 现在那些教育儿童的人，每天只是督促他们的标点断句和学写八股文章，苛求他们约束自己，但不懂得用礼仪来激发、引导他们。只是希望他们越来越聪明伶俐，却不懂得用善良来培养熏陶他们。一旦儿童犯了错误，像对待囚犯一样，用鞭子抽打，用绳子捆绑。儿童们把学校看成监狱而不愿意上学，把老师看作强盗仇人不愿意跟他们见面，于是，他们就借

---

[1] 蒙以养正：语出《周易·蒙卦·彖传》："蒙以养正，圣功也。"意为将蒙昧无知的人培养成具有正确道德的人，这是圣人的功业。

机逃学以便去游戏玩耍、以弄虚作假、掩饰说谎等方式放纵他们的顽皮鄙陋，他们就会变得庸俗轻薄，一天天地变得品行不端。这简直就是在用驱使他们走向邪恶的方式要求他们向善，这怎么能行得通呢？凡是我所提出的教学方法，其用意都在这里。我担心人们不能明白，认为我迂腐，更何况我不久就要离开这里，所以我再三嘱咐你们。希望你们这些教育者一定要理解我的用意，并永远遵守；不要因为世俗的言论而废除了我制定的规矩，也许这样做下去就能收到"蒙以养正"的成效。切记！切记！

勤读书，要孝弟

——《示宪儿》

　　此家训被称为"王阳明家规三字经"，采用朗朗上口的韵文，三字一句，共32句，一韵到底。正德十三年（1518），王守仁叔父王德声即将离赣州回余姚时，王守仁为教育在家中读书的十一岁嗣子王正宪，写了此家训交由叔父带回。他希望王正宪做到"勤读书""要孝弟""学谦恭""循礼义"，一"节"、一"戒"、五"毋"、两"能"，成为"心地好"的"良士"。最后通过"譬树果，心是蒂"的形象比喻，进一步从正反两个方面说明了道德品质的重要性。全文言简意赅，通俗易懂。王氏后人秉承这一家规理念，形成了"三字十二条"为代表的余姚王氏族箴，影响十分深远。本文选自《王阳明全集》卷二十。

幼儿曹，听教诲：勤读书，要孝弟；学谦恭，循礼仪；节饮食，戒游戏；毋说谎，毋贪利；毋任情，毋斗气；毋责人，但自治。能下人，是有志；能容人，是大器。凡做人，在心地；心地好，是良士；心地恶，是凶类。譬树果，心是蒂；蒂若坏，果必坠。吾教汝，全在是。汝谛听，勿轻弃。

译文 我的孩子啊，你听我对你的教导：要勤奋读书，孝敬父母，恭敬兄长；待人谦逊恭敬，学习和遵循礼仪；节制饮食，不要把时间都花在无益的游戏上；不要说谎话，不要贪图私利；不要任性妄为，不要斗殴撒气；不要指责别人，要约束好自己。能谦恭待人，是有志气的表现；能宽容别人，是有度量的表现。为人处世的关键，是在心地的好坏；心地善良，是君子；心地险恶，是小人。一个人就如同树上结的果实，他的心好比果蒂；蒂如果坏了，果实就会烂掉落下来。我要教给你的道理，全在这里。你必须认真听从，千万不要轻言放弃啊。

霍韬：
凡立家业，须为子孙久远图

——《霍渭厓家训》（节选）

霍韬（1487—1540），字渭先，始号兀厓，后改号为渭厓。南海石头乡（今属广东佛山）人。正德九年（1514）进士，官至太子少保、礼部尚书协掌詹事府事。卒于官，赠太子太保，谥号文献。

此家训为霍韬所作，因霍韬号"渭厓"，故称《霍渭厓家训》。除序跋外，共计十四篇：《田圃》《仓厢》《货殖》《赋役》《衣布》《酒醋》《膳食》《冠婚》《丧祭》《器用》《子侄》《蒙规》《汇训上》《汇训下》，此后还有"附录"三篇，即《祠堂事例》《社学事例》《四峰书院事例》。霍韬撰写家训的目的是"保家"。他以家庭和家族的产业作为保家的经济基础，以礼法教育家族子弟作为保家的思想保障。

本文选自《霍渭厓家训·汇训上》。

凡子侄多忌农作，不知幼事农业，则不知粟入艰难，不生侈心；幼事农业，则习恒敦实，不生邪心；幼事农业，力涉勤苦，能兴起善心，以免于罪戾。故子侄不可不力农作。

译文 如今，我们家的子侄辈，大多数不愿意参加农业生产劳动，他们不懂得从小参加农业生产劳动，就不知道粮食是来之不易的，一定避免不了有奢侈之心；从小参加农业生产劳动，就可以使他们性情敦厚老实，不会产生各种私心杂念；从小参加农业生产劳动，体验过辛勤和劳苦，就能产生善良的心，避免犯法和乖张。因此子侄辈不能不参加农业生产劳动。

凡富家，久则衰倾，由无功而食人之食。夫无功食人之食，是谓厉民自养。凡厉民自养，则有天殃。故久享富佚，则致衰倾，甚则为奴仆，为牛马。是故子侄不可不力农作。

译文 凡是有钱的人家，时间久了会破落衰败，其原因是自己不从事生产劳动而享用人家的劳动成果。自己不从事生产劳动而享用人家的劳动成果，就是剥削他人来养活自己。凡是剥削他人来养活自己的人，老天一定会降罪于他的。所以长久享受富裕安逸生活的人，必然会衰落破产，甚至沦为奴仆，当牛做马。因而子侄辈不能不从事农业生产劳动。

汉取士，设孝弟力田科，敦实务本也。凡为官者，如皆出自农家，有不恤民艰者或寡矣。子侄入社学，遇农时俱暂力农，一日或寅卯力农，未申读书；或寅卯读书，未申力农。或春夏力农，秋冬读书。勿袖手坐食，以致穷困。

译文 汉代察举选拔人才，设立了孝悌力田科，是为了崇尚实际，注重根本。凡是做官的人，假如都是农民家庭出身，有不体恤老百姓疾苦的人应该是很少的。子侄们进社学学习，遇到农忙时都要暂时放下功课去参加农业生产劳动。一天之内，或早上劳动，下午学习；或早上学习，下午劳动。一年之内，或春夏劳动，秋冬学习。不能袖手旁观，坐享其成，致使最后穷困潦倒。

凡社学师，须考社学生务农力本，居家孝弟，以纪行实。乡间骄贵子弟，耻力田勿强。本家子侄兄弟，入社学耻力田，耻本分生理，初犯责二十，再犯责三十，三犯斥出，不许入社学及陪祠堂祀事。

译文 所有社学的老师，必须考查学生是否从事农业生产劳动，在家是否孝顺父母、恭敬兄长的情况，把他们的平时表现记录下来。乡里富贵人家的子弟，以参加农业生产劳动为耻的，不必勉强他们。但霍氏家族子弟们，入社学后还以从事农业生产劳动为耻的，以分内的谋生之道为耻的，初犯责打二十下，再犯责打三十下，三犯就要逐出学校，不许再入社学学习。

凡古人数世同居，多致穷困，烦有司赈之。由族聚人繁，贤不肖混无甄别，如聚畜禽兽。故凡子侄，必责之力农，以知艰苦，必严考最，以别勤惰、贤不肖。

译文 在古代，凡是数世同居在一起的家族，大多数最后都走向了贫困潦倒，最后需要官府去救济他们。之所以出现这种情况，主要原因是聚居的族人越来越多，其中道德品行高尚的人和毫无品性可言的人混在一起而无法甄别，就像把家养的动物和野生的动物放在一起混养一样。所以霍氏家族的子弟，一定要被要求去从事农业生产劳动，用来知道生活的艰辛，然

231

后用最严厉的考核标准来评价他们从事农业生产劳动的成果，以此来区分勤劳和懒惰、贤良与不肖的子弟。

凡立家业，须为子孙久远图。与其多积金帛田产，孰如多积阴骘？凡非义置田土，不准考最。岁饥量力赒[1]济邻里乡党，积阴德遗后人。

译文 大凡成家立业的人，一定要为子孙长远发展着想。与其多积蓄金银财宝和田产，还不如多做暗中于人有益的功德之事。凡用不正义的手段得到田地的，成绩不能列入上等。遇到灾荒之年，一定要量力接济邻里和当地的老百姓，积累些功德馈赠给子孙后代。

凡人家居，久则衰颓。由习尚日侈，费用日滋，人竞其私，纵恣口腹，逾礼日甚，得罪天地，积致罪殃。小则败身，大则灭族，不可不畏。凡我兄弟子侄，服食器用，已有定式，只许量议撙[2]节，不许增添毫发，以长侈风，败我家族。

译文 凡是居家过日子的，时间久了，家庭就会衰落颓败。其主要原因是家人的生活慢慢走向奢侈，费用也一天天地增加，人人都争着满足私欲，放纵自己大吃大喝，这样一天天违背礼法，得罪了天地，日积月累就会招致祸灾，轻则身败名裂，重则给整个家族带来毁灭性的灾难，不能不引起警惕。凡是我们霍氏家族的兄弟子侄，穿衣、吃饭、器用的标准，都已经有了规定，只允许视情况减少，不允许有丝毫的增加，以免助长奢侈风气，败坏我们霍氏家族。

---

[1] 赒(zhōu)：接济，救济。

[2] 撙(zǔn)：裁减，节省。

吕坤：
家长，一家之君也

——《呻吟语》（节选）

吕坤（1536—1618），明代思想家，字叔简，一字新吾或心吾，宁陵（今属河南）人。曾任户部郎中，官至刑部左、右侍郎。万历二十五年（1597），因上表《忧危疏》，纵论时务，直陈安危，万历皇帝对他十分不满，遂辞官回家，以讲学著述终老。有《呻吟语》《去伪斋文集》等。

《呻吟语》刊行于万历二十一年（1593），前后花费了三十来年，是吕坤最为重要的著作。吕坤撰写此书的目的是医世。作为一部随笔式语录体著作，吕坤对社会、人生、人性、物理、时事、政务，乃至宇宙间万事万物所发生的问题，都提出了自己的见解。全书共六卷，前三卷为内篇，分为性命、存心、伦理、谈道、修身、问学、应务、养生；后三卷为外篇，分为天地、世运、圣贤、品藻、治道、人情、物理、广喻、词章。内容涉猎广泛，体悟性强。本书所选的《伦理》篇对家庭教育的论述颇有见地。

本文选自《吕坤全集》卷一《伦理》。

亲母之爱子也，无心于用爱，亦不知其为用爱。若渴饮饥食然，何尝勉强？子之得爱于亲母也，若谓应得，习于自然，如夏葛冬裘然，何尝归功？至于继母之慈，则有德色、有矜语矣。前子之得慈于继母，则有感心、有颂声矣。

译文 亲生母亲疼爱自己的孩子，不会刻意地想着要爱他，也不知道自己所做的一切就是爱。这种爱就像是渴了要喝水，饿了要吃东西一样地自然，哪里会是勉强能做出来的呢？孩子从亲生母亲那里得到爱，就好像是理所应当得到的，在自然而然中习惯了，就好像是夏天要穿麻布做的衣服，冬天要穿裘皮做的衣服一样，怎么会想到要归功于母亲呢？至于继母疼爱继子女，要么流露对继子女有恩德的神色，要么在别人面前夸耀自己的功劳。如果继子女得到了继母的慈爱，内心就会非常感动，会说出赞美继母的话了。

一家之中，要看得尊长尊，则家治。若看得尊长不尊，如何齐他？得其要在尊长自修。

译文 在一个家庭里，如果看到长辈很有尊严，值得尊敬，那么这个家庭就能管理好。如果看到长辈都没有尊严、不值得尊敬，那么他怎么能管理好其他家庭成员呢？管理家庭的关键是长辈要加强自身的修养。

人子之事亲也，事心为上，事身次之。最下事身而不恤其心，又其下事之以文而不恤其身。

侍疾忧而不食，不如努力而加餐。使此身不能侍疾，不孝之大者也。居丧羸而废礼，不如节哀而慎终。此身不能襄事，不孝之大者也。

雨泽过润，万物之灾也；恩宠过礼，臣妾之灾也；情爱过义，子孙之灾也。

译文 为人子女在侍奉父母的时候，让父母心情愉快是第一位的，照顾他们的身体是第二位的。只照顾他们的身体而不管他们是不是心情愉快是更差的，而只是表面上走走形式而实际连他们的身体都不关心是最差的。

服侍生病的父母时，自己忧愁得吃不下饭，还不如尽力多吃一些东西。假使因为不吃饭导致自己也生了病而不能服侍父母，这就是大不孝。父母去世后办丧事期间，悲伤得身体都垮掉了而不能办好丧事，还不如节制自己的悲伤而依照礼制办好父母的丧事。如果自己不能亲自办理丧事，这也是大不孝。

雨水过多了，就会给万物招来灾难；君王的恩宠超过礼制的范围，就会给臣子和妻妾带来灾祸；对子孙溺爱，就会给子孙后代带来灾祸。

人心喜则志意畅达，饮食多进而不伤，血气冲和而不郁，自然无病而体充身健，安得不寿？故孝子之于亲也，终日乾乾，惟恐有一毫不快事到父母心头。自家既不惹起，外触又极防闲，无论贫富贵贱、常变顺逆，只是以悦亲为主，盖悦之一字，乃事亲第一传心口诀也。即不幸而亲有过，亦须在悦字上用工夫，几谏积诚，耐烦留意，委曲方略，自有回天妙用。若直净以甚其过，暴弃以增其怒，不悦莫大焉，故曰不顺乎亲不可以为子。

译文 人心里高兴了，他的情绪自然就会舒畅通达，多吃点东西也不会伤身体，气血通畅而不会郁结，自然就不会生病而身体健康，怎么能不长寿呢？所以孝子侍奉双亲，每天都要尽心尽力，唯恐有一丁点儿事让父母不高兴。自己不惹父母不快，而且非常注意防范他们在接触外界时引起不快，不管是富贵还是贫贱，也不论身在稳定中还是动荡中，顺境中还是逆境中，让父母心情愉悦是最重要的，因此"悦"这个字是子女侍奉父母的第一秘诀。即使运气不好，遇到父母有什么过错，也要在"悦"字上下功夫，委婉地劝谏，积聚诚心，耐心留意，尽量想各种策略，自然会有奇妙的作用。如果用直言不讳的方式加重父母的过失，或是用粗暴的态度增加他们的愤怒，这样他们就会更不高兴了。所以说不能孝顺父母，就不能为人之子女。

友道极关系，故与君父并列而为五，人生德业成就，少朋友不得。君以法行，治我者也。父以恩行，不责善者也。兄弟怡怡，不欲以切偲[1]伤爱。妇人主内事，不得相追随。规过，子虽敢争，终有可避之嫌。至于对严师，则矜持收敛而过无可见。在家庭，则狎昵亲习而正言不入。惟夫朋友者，朝夕相与，既不若师之进见有时情礼无嫌，又不若父子兄弟之言语有忌。一德亏则友责之，一业废则友责之，美则相与奖劝，非则相与匡救。日更月变，互感交摩，骎骎然[2]不觉其劳且难，而入于君子之域矣。是朋友者，四伦之所赖也。嗟

---

[1] 切偲(sī)：相互敬重、切磋勉励的样子。

[2] 骎(qīn)骎然：马跑得很快的样子。

夫！斯道之亡久矣，言语嬉媟[1]，尊俎[2]妪煦[3]，无论事之善恶，以顺我者为厚交；无论人之奸贤，以敬我者为君子。蹑足附耳，自谓知心；接膝拍肩，滥许刎颈。大家同陷于小人而不知，可哀也已。是故物相反者相成，见相左者相益。孔子取友曰"直""谅""多闻"，此三友者，皆与我不相附会者也，故曰益。是故得三友难，能为人三友更难。天地间不论天南地北、缙绅草莽，得一好友，道同志合，亦人生一大快也。

译文 交友之道是极为重要的，所以朋友和君臣、父子、兄弟、夫妻并列为五伦。人生道德、功业、成就的取得，都离不开朋友的帮助。君王依据律法行事，是治理我们的人。父亲以恩爱行事，不是责求我们努力向善的人。兄弟之间一团和气，不想因相互督促而伤害兄弟的感情。妻子主要承担家务事，不能跟随在丈夫身边。规正父母的过错，孩子即使敢于争辩，但终究还是要避免这样做的不孝之嫌。至于在严师面前，因为矜持收敛，使老师看不到自己的过错。在家里，因家人关系过分亲密，不会总是说那些劝人向善的一本正经的话。只有朋友，朝夕相处，不像去见老师那样有时间的局限，在情礼上也没有那么拘谨，又不像父子兄弟之间说话的时候有忌讳。如果道德上有一点欠缺，朋友就会批评指出；如果学业上有一点荒废，朋友就会规劝督促。大家做得好的地方，就会相互劝勉；大家做得不好，就会相互纠正。时间长了，彼此之间琢磨

---

[1] 嬉媟（xiè）：嬉笑轻慢。

[2] 尊俎（zǔ）：古代盛酒肉的器皿。常用为宴席的代称。

[3] 妪煦（yù xù）：和悦之色。

切磋，进步神速但丝毫不觉得劳累与困难，自己不知不觉就进入君子的行列了。这朋友啊，是其他四伦所依赖的。唉！朋友之道已经沦丧很久了。朋友相处的时候，不是言语上嬉笑轻慢，就是在宴席上和颜悦色；无论事情错与对，顺着我的就是好朋友；无论人好与人坏，恭敬我的就是正人君子；蹑足相随，总是说悄悄话，自认为是知心朋友；促膝相谈、勾肩搭背，胡乱地就结为生死之交。众人都变成了小人却还不知道，实在是可悲呀！所以说，事物相反才能相互促进，意见不一致才能使相互获益。孔子认为结交朋友的条件是"直""谅""多闻"，即正直、诚信、见闻广博，这三种朋友，都不会随声迎合我们，因此称他们为益友。所以得到这三种朋友非常难，能成为别人这样的益友更难。在这人世间，不论在天南还是在地北，不论是显赫高官还是草莽村夫，能够有一个志同道合的好朋友，也是人生一大快事啊！

　　长者有议论，唯唯而听，无相直也。有咨询，謇謇而对，无遽尽也。此卑幼之道也。

　　译文 长辈在谈话时，要恭敬而顺从地去听，不要跟他们争论；面对长辈的问话，要如实地、耐心地回答，不要慌慌张张、匆匆忙忙地一下就说完了。这是地位低的、年纪小的人对待长辈的应有态度。

　　阳称其善以悦彼之心，阴养其恶以快己之意，此友道之大蠹也。青天白日之下，有此魑魅魍魉[1]之俗，可哀也已。

---

[1] 魑魅魍魉（chī mèi wǎng liǎng）：原为古代传说中的鬼怪。指各种各样的坏人。

译文 当面称赞人家的优点让他高兴，私下却放纵他的缺点来使自己高兴，这是朋友之道中最可恶的。青天白日之下，有这种魑魅魍魉般的恶习，真是可悲啊！

古称君门远于万里，谓情隔也。岂惟君门？父子殊心，一堂远于万里；兄弟离情，一门远于万里；夫妻反目，一榻远于万里。苟情联志通，则万里之外犹同堂共门而比肩一榻也。以此推之，同时不相知而神交于千百世之上下亦然。是知离合在心期，不专在躬逢。躬逢而心期，则天下至遇也：君臣之尧、舜，父子之文、周，师弟之孔、颜。

译文 古人说君门远于万里，说的是情感相隔的缘故。哪里仅仅是君门如此？如果父子异心，即使住在同间屋子里也会好像超过万里；兄弟之间情感不和，即使从同一大门出入也好像远于万里；夫妻反目成仇，即使睡在同一张床上也好像在万里外。如果情感相连志气相通，即使相隔万里也好像在同一间房子里、在同一个屋檐下、同一张床上睡。照此类推，有的人生在同一时代而互相不了解，有的人相隔千百世之久却能够心神相通，就是这个道理。由此可以知道，离合是指两心是否相通，而不是专门指生活在一起或相逢。如果生活在一起或相逢又两心相印，那就是天地间的至遇：君臣中像尧和舜一样，父子中像周文王与周公一样，师徒中像孔子与颜渊一样。

"隔"之一字，人情之大患。故君臣、父子、夫妇、朋友、上下之交务去隔。此字不去，而不怨叛者，未之有也。

译文 "隔"这个字，是人情交往中的大患。因此君臣、父子、夫妇、朋友、上下之间的交往，一定要去掉隔阂。不去

239

掉"隔"字，又不出现怨恨、背叛的事是不可能有的。

仁者之家，父子愉愉如也，夫妇雍雍[1]如也，兄弟怡怡如也，僮仆诉诉[2]如也，一家之气象融融如也。义者之家，父子凛凛如也，夫妇嗃嗃[3]如也，兄弟翼翼如也，僮仆肃肃如也，一家之气象栗栗[4]如也。仁者以恩胜，其流也知和而和；义者以严胜，其流也疏而寡恩。故圣人之居家也，仁以主之，义以辅之，洽其太和之情，但不溃其防，斯已矣。其井井然，严城深堑，则男女之辨也，虽圣人不敢与家人相忘。

译文 仁者之家，父子之间和颜悦色、心情愉快，夫妇之间和和睦睦、恩恩爱爱，兄弟之间和睦融洽、恭敬友爱，僮仆之间欣喜快乐，一家呈现出融洽平和的气象。义者之家，父子之间严肃，夫妇之间严厉，兄弟之间恭敬，僮仆之间谨慎，一家呈现出恐惧谨慎的气象。仁德的人是以恩德取胜的，其弊端在于为求和而丧失自己的原则；讲义气的人是以严厉取胜的，其弊端在于薄情寡恩。所以圣人处理家庭事务的时候，以仁为主，以义为辅，使人与人之间感觉到平和气象，但又能不破坏礼仪，这就足够了。使家庭井然有序，犹如戒备森严的城池、深挖的壕沟，需严加防范的就是男女之别，即使是圣人，在家人之间也不敢忘记这一点。

子弟生富贵家，十九多骄惰淫泆，大不长进，古人谓之

[1] 雍雍：和乐的样子。

[2] 诉(xīn)诉：欣喜的样子。诉，同"欣"。

[3] 嗃(hè)嗃：严酷的样子。

[4] 栗(lì)栗：戒备、畏惧的样子。

豢养，言甘食美服养此血肉之躯，与犬豕等。此辈阘茸[1]，士君子见之为羞，而彼方且志得意满，以此夸人。父兄之孽，莫大乎是！

译文 富贵人家的子弟，大多数都有骄奢懒惰、荒淫放纵的毛病，毫无上进之心。古人称之为"豢养"，意思是说美味佳肴、华丽服装养着这样的血肉之躯，与养猪养狗一样。这些子弟品格卑劣，有道德有文化的君子看到他们都替他们感到羞愧，然而他们却还踌躇满志，以此向人夸耀。他们的父亲、兄长的罪孽，没有比养这样的子弟更大的了。

问安，问侍者，不问病者，问病者非所以安之也。

示儿云：门户高一尺，气焰低一丈。华山只让天，不怕没人上。

译文 问候病人的时候，要向服侍他的人打听病情，不要问病人本人，问病人本人并不能让他得到安慰。

我告诉儿子们说："自己的门户高一尺，气焰就要低一丈。华山再高也不会比天更高，所以不怕没有人登上去。"

慎言之地，惟家庭为要。应慎言之人，惟妻子仆隶为要。此理乱之原而祸福之本也，人往往忽之，悲夫！

门户可以托父兄，而丧德辱名非父兄所能庇；生育可以由父母，而求疾蹈险非父母所得由。为人子弟者，不可不知。

译文 说话要小心谨慎的地方，家里应当排在首位。说话时要小心谨慎的对象，妻子、仆人排在首位。这是家庭和睦与

---

[1] 阘茸（tà róng）：指地位卑微或品格卑鄙的人。

241

混乱的本源，也是灾祸和福祉产生的根本，人们往往忽视了这一点，真可悲啊！

自己出身的门第可以倚仗父亲和兄长得来，但做出败坏德行、辱没名声的事，就不是父兄所能够庇护的了；自己的出生和养育可以由父母决定，但遭受疾病、遭遇危险却不是父母所能掌握的。为人子女不能不懂得这个道理。

家长，一家之君也。上焉者使人欢爱而敬重之，次则使人有所严惮，故曰严君。下则使人慢，下则使人陵，最下则使人恨。使人慢未有不乱者，使人陵未有不败者，使人恨未有不亡者。呜呼！齐家岂小故哉！今之人皆以治生为急，而齐家之道不讲久矣。

译文 家长是一家之主。最好的家长让人喜爱与敬重；比较好的家长让人感到严肃和畏惧，所以这叫"严君"；稍差的家长被人轻视，再差的家长被人欺凌，最差的家长被人痛恨。家长被人轻视，这个家庭没有不乱的；家长被人凌辱，这个家庭没有不败的；家长被人痛恨，这个家庭没有不衰亡的。唉！管理好一个家庭难道是小事吗？如今的人都把经营家业、谋生计作为当务之急，而治家之道却很久没有人重视了。

儿女辈常着他拳拳曲曲，紧紧恰恰，动必有畏，言必有惊，到自专时，尚不可知。若使之快意适情，是杀之也。此愚父母之所当知也。

译文 对于子女，应该经常教育他们要小心谨慎，中规中矩，行动要有所畏惧，言语要有所忌讳。即使这样，到他们自立的时候，还不知道会怎么样。如果让他们为所欲为，随心所欲，那就是害了他们。这个道理，愚笨的父母应当明白的。

责人到闭口卷舌、面赤背汗时，犹刺刺不已，岂不快心？然浅隘刻薄甚矣。故君子攻人不尽其过，须含蓄以余人之愧惧，令其自新，方有趣味，是谓以善养人。

译文 责备别人，到了他已经哑口无言、面红耳赤、汗流浃背的时候，依然还不停地责备他，自己难道还不痛快吗？然而，这样也就太过狭隘刻薄了。所以君子在批评别人的时候，尽量不把别人的过错都说出来，应该要以含蓄的口气，使别人有羞愧和畏惧的余地，再让他改过自新，这样做才有价值，这就叫作以善养人。

恩礼出于人情之自然，不可强致。然礼系体面，犹可责人；恩出于根心，反以责而失之矣。故恩薄可结之使厚，恩离可结之使固，一相责望，为怨滋深。古父子、兄弟、夫妇之间，使骨肉为寇仇，皆坐责之一字耳。

译文 恩德和礼节应该是人的情感自然而然的流露，不能强求。然而礼节是体现在言行举止上的，还可以要求别人做到；但恩德却是根植于内心，如果勉强别人做到反而有可能失去。所以恩义浅薄，可以通过结交的方式来让它加深；恩义离散，可以通过结交的方式来让它牢固。一旦互相责备，就会滋生怨恨之心，而怨恨会越来越深。古代有些父子、兄弟、夫妇之间，使至亲变成仇敌，都是触犯了"责"这一个字的原因。

责善之道，不使其有我所无，不使其无我所有。此古人之所以贵友也。

译文 勉励别人向善的方法是不要强求别人有我也没有的品德和才能，不让勉强别人没有我有的品德和才能。这是古人看重朋友的原因。

姚舜牧家训二十一则

姚舜牧（1543—1627），字虞佐，号承庵。明乌程（今浙江湖州）人，万历初举人。曾任新兴（今属广东）、广昌（今属江西）知县，颇有政声。

《药言》（又名《计家训》《家训事理正论》《家训警俗编》《姚氏家训》）始撰于任广昌知县时，多次续增，刊定于万历三十四年（1606）。其内容共一百二十八条，包括姚氏本人所承的父训、听闻的故老之言、自己的人生心得等。内容涉及做人、治家、教子、处世等方面，深受程朱理学的影响。比如在做人方面，他提出"孝、悌、忠、信、礼、义、廉、耻，此八字是八个柱子，有八柱始能成宇，有八字始克成人"的观点。他劝诫人们要正直、谨慎，穷当守分，富则惜福。在择偶方面，他主张不能以贫贱、富贵作为标准，应当首重品性。在择业观上，他虽然认为"第一品格是读书，第一本等务农"，但并不排斥工商业。书中语言平实，通俗流畅，道理深刻，富有哲理性。

不孝不弟，便不成人了

孝、悌、忠、信、礼、义、廉、耻，此八字是八个柱子，有八柱始能成宇，有八字始克成人。圣贤开口便说孝弟，孝弟是人之本。不孝不弟，便不成人了。孩提知爱，稍长知敬，奈何自失其初，不齿于人类也？

译文 孝、悌、忠、信、礼、义、廉、耻，这八个字就好像是八根柱子，有了柱子的支撑，才能建成房子；做人有了这八个字，才能称得上是真正的人。圣贤一开口便劝导人们要孝敬父母、恭敬兄长，就是因为这两个方面是做人的根本，不孝敬父母、不恭敬兄长就称不上一个人。人从小就知道爱恋父母，年龄稍大一些就懂得恭敬兄长，为什么成年后反而失去了初心，为别人所不齿呢？

为父母者切不可毫发偏爱孩子

贤、不肖皆吾子，为父母者切不可毫发偏爱，偏爱日久，兄弟间不觉怨愤之积，往往一待亲殁，而争讼因之。创业思垂永久，全要此处见得明，不贻后日之祸可也。今人但为子孙做牛马计，后人竟不念父母天高地厚之恩。诚一衣一食，无不念及言及，儿曹数数闻之，必能自立自守，久长之计，不过如是矣。

译文 无论贤良还是不成材，都是自己的孩子，为人父母的千万不能有丝毫的偏心。如果父母长时间地偏心，导致兄弟之间的怨恨、愤怒之情就会越积越深，往往在父母去世后，兄弟之间就会发生纠纷，甚至还会打官司。创业的时候都想使家业能永久保存，为人父母的在不偏爱孩子这一问题上应当看得清楚，才不至于给儿女日后留下祸根。如今，人们为了子孙宁肯当牛做马，可是他们的子孙根本不会想起父母的比天高比地厚的恩情。因此，哪怕是一件衣服一顿饭，为人父母的一定都要跟孩子说这是父母辛苦劳动得来的，孩子们听多了，一定能够自立、守业。家业长久不败的关键，其实就在这一点上。

兄弟间须无伤亲爱

兄弟间偶有不相惬[1]处，即宜明白说破，随时消释，无伤亲爱。看大舜待傲象[2]，未尝无怨无怒也，只是个不藏不宿，所以为圣人。今人外假怡怡之名，而中怀仇隙，至有阴妒仇结而不可解，吾不知其何心也。兄弟虽当亲殁时，宜常若亲在时，凡一切交接礼仪，门户差役，及他有急难，皆当出身力为之，不可彼此推诿。

---

[1] 惬（qiè）：满足，畅快。

[2] 傲象：舜的异母兄弟。据《尚书·尧典》记：象很傲慢，但舜却能和他和睦相处。

译文 兄弟之间偶然发生了不愉快的事，就应该马上把话挑明，立即消除隔阂，不要伤了兄弟之间的感情。舜对待傲慢的兄弟象，未必就没有怨恨、没有愤怒，可是舜能不把仇恨记在心里，所以他成为了圣人。如今的人对待兄弟表面是一副和和气气的表情，而心里却彼此怀着怨恨，甚至发展成不能解的死对头，我不明白这些人心里是怎么想的。即使在父母去世后，兄弟们也应当像父母在世时一样，一切来往礼仪，家中的差役，等到谁有急难时，都应当站出来全力去帮助对方，不要相互推诿。

结发万万不宜乖弃

尝谓结发糟糠，万万不宜乖弃。或不幸先亡后娶，尤宜思渠[1]苦于昔、不得享于今，厚加照抚其所生，是为正理。今或有偏爱后妻后妾，并弃前子不爱者，岂前所生者出于人所构哉！可发一笑。

译文 我曾说过，结发妻子一定不能被离弃。有的人不幸死了妻子，又娶后妻，更要想到死去的妻子在过去吃尽了苦，但是到现在却不能享受，所以要加倍抚养照管她所生的孩子，这才是正理。现在有的人偏爱后妻、后妾，并且不爱前妻所生的孩子，难道这些孩子都是别人的骨血吗？真是好笑。

---

[1] 渠：第三人称代词。此处即"她"。

骄养起于一念之姑息

蒙养无他法，但日教之孝悌，教之谨信，教之泛爱众亲仁，看略有余暇时，又教之文学。不疾不徐，不使一时放过，一念走作，保完真纯，俾无损坏，则圣功在是矣，是之谓蒙以养正。

古重蒙养，谓圣功在此也。后世则易骄养矣。骄养起于一念之姑息。然爱不知劳，其究为傲为妄，为下流不肖，至内戕本根，外召祸乱，可畏哉，可畏哉！

译文 孩子的启蒙教育没有别的办法，只有每天教他们要孝敬父母、恭敬兄长，教他们谨慎诚信，教他们广泛爱怜众生，接近有仁德的人。如果还有一些闲暇时间，就教他学习诗文。启蒙教育不能太着急，也不能太慢，不让他们有一刻时间放松，使他们有机会做其他不正当的事情，努力保全他们纯真的天性，不受丝毫的损害，那么至高无上的功业就在这里，这就叫"蒙以养正"。

古人很重视启蒙教育，认为这是至高无上的功业之所在。可是到了后世却容易以娇生惯养来对待子女。娇生惯养起于一时姑息迁就的念头。但是只知道疼爱孩子而没有意识到要让他们受一些劳苦，最终会使孩子变得骄傲、狂妄，堕落为品行恶劣的不肖之子，甚至会伤害家族，在外面胡作非为招致灾祸，实在太可怕了，实在太可怕了！

议婚姻不可徒慕一时之富贵

凡议婚姻，当择其婿与妇之性行及家法何如，不可徒慕一时之富贵。盖婚妇性行良善，后来自有无限好处。不然，虽贵与富无益也。

译文 在讨论婚姻大事的时候，应当看选的女婿与儿媳妇的人品和行为，以及他们的家庭教育怎么样，而不能只贪图对方家庭的一时富贵。女婿或者儿媳妇如果人品端正、为人善良，那么他们婚后必定会幸福美满，家庭和睦。否则，即使地位显贵、富有钱财，对日后的家庭也不会有什么好处。

人须各务一职业

人须各务一职业，第一品格是读书，第一本等是务农，外此为工为商，皆可以治生，可以定志，终身可免于祸患。惟游手放闲，便要走到非僻处所去，自罹于法网，大是可畏。劝我后人毋为游手，毋交游手，毋收养游手之徒。

译文 每个人都应有自己的职业，最高等级是读书，最根本的是务农。除此之外，从事手工业和经商，都可以谋求生计，可以确定自己的发展方向，就可以终身避免遭受祸患。只有游手好闲的人，便会到为非作歹的地步，使自己触犯法律而引来祸端，这种结局最为可怕。所以，奉劝我们家的子孙后代一定不要游手好闲，不要与游手好闲的人交朋友，也不要收养游手好闲的人。

交与宜亲正人

凡居家不可无亲友之辅，然正人君子多落落难合，而侧媚小人常倒在人怀，易相亲狎。识见未定者遇此辈，即倾心腹任之，略无尔我。而不知其探取者悉得也，其所追求者无厌也，稍有不惬，即将汝阴私攻发于他人矣。名节身家，丧坏不小，孰若亲正人之为有裨哉？然亲正远奸，大要在敬之一字，敬则正人君子谓尊己而乐与，彼小人则望望而去耳。不恶而严，舍此更无他法。

交与宜亲正人，若比之匪人，小则诱之侠游以荡其家业，大则唆之交构以戕其本支，甚则导之淫欲以丧其身命，可畏哉。

亲友有贤且达者，不可不厚加结纳，然交接贵协于礼。若从未相知识者，不可妄援交结，徒自招卑诌之辱。且与其费数金结一贵显之人，不为所礼，孰若将此以周贫急，使彼可永旦夕，而怀感于无穷也。

睦族之次，即在睦邻，邻与我相比日久，最宜亲好。假令以意气相凌压，彼即一时隐忍，能无忿怒之心乎？而久之缓急无望其相助，且更有仇结而不可解者。尝见有势之家，不独自行暴戾于家，偶乡邻有触于我者，辄加意气凌轹，此大非理也。吾家小人家，自无此事。或后稍有进焉，亦宜愈加收敛，不独不可凌于乡，即家有豪奴悍仆，但可送官惩治，切勿自逞胸臆，取不可测之祸也。

译文 居家过日子不能没有亲戚朋友的帮助，然而亲戚朋友中的正人君子多半是耿直、不合群的，而那些惯于阿谀逢迎的小人最善于投人所好，很容易与他人亲近。识见不老成的人碰到这类人，马上就同他们推心置腹，深信不疑地交往，亲密得不分你我。他们不知道这些人想要得到的东西，一定要全部得到，但是他们的贪欲却又无穷无尽，稍微有一点不能让他们满意，他们马上会把你的私密的事告诉别人。你的名声和家庭都受到很大损害，哪里比得上亲近正人君子有那么多好处呢？然而，亲近正人君子、远离阴险小人，关键在于你能不能做到"敬"这一个字。有恭敬之心，正人君子认为自己得到了尊重而愿意与你亲近，小人则会因为无机可乘而悻悻离去。不必伤害他人就能显出威严，除此之外再没有别的好办法了。

交朋友的时候，应该与正人君子交往。如果和行为不正当的人亲近，小则诱使你去游荡玩乐，最终使你倾家荡产；大则会唆使你搬弄是非，让你残害本族；更有甚者，会诱导你纵情淫欲而丧命，真是太可怕了。

亲戚朋友中有贤能且地位显赫的人，一定要好好地跟他们结交，但是在交往中一定要合乎礼数。如果从未相互见过，就不要轻易地去与他结交，免得白白地给自己招来羞耻与侮辱。而且与其花费大量金钱结交一个显贵的人，又得不到他的尊重，还不如把这些钱用来周济贫穷或有急用的人家，使他们缓解困境而获得安宁，他们会无限地感激你。

与族人和睦相处好的下一步就是与邻居友好相处，邻居与我家长期住在同一个地方，最应当亲近、友好。如果凭着一时的意气欺压邻居，即使他们当时忍气吞声，可是他们心里难道没有怨恨和愤怒吗？等以后一旦家里有急事，就不要指望得到他们的援手了，况且还有与邻居存在不可化解的仇恨的人。我曾经见到一些有权有势的人，不仅在家里残暴异常，而且他的邻居对他稍微有点冒犯，就立即对人家百般欺凌，这是非常没有道理的。我们是小户人家，自然不会发生这样的事情。即便以后我们家的情况变好了，也要更加收敛，不仅不能欺压凌辱乡邻，即使家里有那种恃强凌弱的奴仆，只可以送交官府惩办，一定不要自己随意惩治，以免招来不测的灾祸。

交游一本乎道义

吾子孙但务耕读本业，切莫服役于衙门；但就实地生理，切莫奔利于江湖。衙门有刑法，江湖有风波，可畏哉！虽然，仕宦而舞文而行险，尤有甚于此者。

世称清白之家，匪苟焉而可承者，谓其行己唯事乎布素，教家克尚乎简约，而交游一本乎道义。凡声色货利、非礼之干，稍有玷于家声者，戒勿趋之；凡孝友廉节，当为之事，大有关于家声者，竞则从之。而长幼尊卑聚会时，又互相规诲，各求无忝于贤者之后，是为真清白耳。

凡势焰薰灼，有时而尽，岂如守道务本者可常享荣盛哉？一团茅草之诗，三咏煞有深味。

译文 我们家子孙只应当从事务农和读书这两样本业，千万不要去衙门当差；只应在当地谋生，千万不要为了赚钱而奔走于江湖。衙门中有刑法，江湖上有各种风险，太可怕了！尽管如此，官场的公文和结交之事，比在衙门和江湖更可怕。

世人所说的家风清明而声望良好的家庭，不是随随便便就能传承下去的，我认为做人必须办事要认真、生活要简朴，治理家庭要崇尚俭朴节约，与他人交朋友则完全合乎道义。凡是奢侈、庸俗的事务，不合礼法的行为，以及有可能会玷污家声的事都坚决不去做；凡是孝敬父母、友爱兄弟、清廉守节等有利于光耀门楣的事，大家都应当争着去做。全家老少在一起聚会的时候，也要相互规诫教诲，使大家都想着无愧于清白世家的后代，这才称得上是真正的清白之家。

凡是声势显赫的家庭，都有衰败消失的时候，哪能比得上那些坚守正道、致力于本业的家庭可以长久保持富贵平安呢？"一团茅草"这首诗，反复吟咏，也是很有深意的。

凡人欲保家，先宜自绝妄求

凡人欲养身，先宜自息欲火；凡人欲保家，先宜自绝妄求。精神财帛，惜得一分，自有一分受用。视人犹己，亦宜为其珍惜，切不可尽人之力，尽人之情，令其不堪，到不堪处，出尔反尔，反损己之精力矣。有走不尽的路，有读不尽的书，有做不尽的事，总须量精力为之，不可强所不能，自疲其精力。余少壮时多有不知循理事，多有不知惜身事，至今一思一悔恨。汝后人当自检自养，毋效我所为，至老而又自悔也。

译文 人如果想养身，就应当先要消除自己的淫欲；要想保全家庭，就应当先放弃非分之想。精力和财富，珍惜一分，就会有一分的用处。对待别人就像对待自己的一样，对别人的精力和财富也应当珍惜，千万不要耗尽别人的精力和财富，让他伤心透顶，使他无法忍受。把别人逼到这种地步，他会出尔反尔，反而会损耗你自己的精力和财富。每个人都有走不尽的路，有读不完的书，有做不完的事，凡事都必须根据自己的精神和财富去做，不能硬去做实在做不到的事情，让自己精疲力竭。我年轻力壮的时候，因为不懂得这个道理，做了不少不爱惜自己身体的事，至今每次想起来都会十分后悔。你们这些后辈应当自我约束，提升自我修养，不要学我的样子，等到老了追悔莫及。

有必不可已的事，即宜自身出

凡有必不可已的事，即宜自身出，斯可以了得。躲不出，斯人视为懦，受欺受诈，不可胜言矣。且事亦终不结果，多费何益？语云："畏首畏尾，身其余几？"可省已。

译文 凡是有必须要处理的事情，就应当挺身而出，这样才能把事情处理好。如果遇到有事，就躲起来不敢出面，别人就会认为你懦弱，从此以后你就会被人欺负、受人敲诈，其中的痛苦说都说不完。而且必须要处理的事情拖下去也不会有结果，就是花费再多的钱财也没有用。俗话说："头也害怕尾也害怕，留下身子还能剩余多少不害怕呢？"你可以反省自己了。

珍玩取祸，从古可为明鉴矣

积金积书，达者犹谓未必能守能读也，况于珍玩乎？珍玩取祸，从古可为明鉴矣，况于今世乎？庶人无罪，怀璧其罪。身衣口食之外皆长物也，布帛菽粟之外皆尤物也。念之。

译文 积蓄银钱、收藏图书，有见识、通达的人尚且认为子孙后代未必能够守住这些钱财，未必会读这些书，更何况是这些没有实用价值的奇珍宝玩之类的东西呢？收藏这些东西而招来灾祸，自古以来就有很多深刻的教训，更何况是在今天呢？普通人本来没有错，一旦他怀揣璧玉就犯法了。除了身上穿的衣服和填饱肚子的粮食之外，其他东西都是多余的；除了布匹和粮食这些生活必需品之外，其他一切都是珍奇难寻之物。你们好好记住这点。

风水不可信，富贵利达自有天数

今人酷信风水，将祖先坟茔[1]迁移改葬，以求福泽之速效。不知富贵利达，自有天数，生者不努力进修，而专责死者之荫庇，理有是乎？甚有贪图风水，至倾其身家者，曷不反而求之天理也？可谓惑已。

看“上世尝有不葬其亲者”节，说到“孝子仁人之掩其亲，亦必有道矣”，安可不觅善地以庀化者？但善地是藏风敛气，可荫庇后人耳。必觅发达之地，多费心力以求谋，甚至损人而利己，此最是伤天理事，切不可为。若所葬埋处，苟无水无蚁，亦可自惬矣。或听堪舆家言，别迁移以求利达，是大不孝事，天未有肯佑之者，尤切戒不可！切戒不可！

译文 现在的人特别迷信风水，将祖先的坟墓迁来迁去，希望因为风水好而快速获得福禄。他们不明白富贵和显达都取

---

[1] 坟茔(yíng)：坟墓，坟地。

决于上天命定的运数，活着的人不努力进德修身，却一味求死者保佑帮助，哪里有这样的道理？甚至有人因为贪图好的风水而倾家荡产，祸及自身，为什么做人不能按天理行事呢？真是太不明事理了。

我看到"远古时期有不安葬亲人的人"这一节内容，说到"孝子、有仁德的人要埋葬亲人，也有他们的处理办法"，怎么能不选择好地方以顺从死者的愿望呢？只是所谓好地方是指风水好，可以荫庇子孙后代的地方。而一定要找到能使后代兴旺发家的地方，必然要多费心思，不遗余力地去寻求谋划，甚至不惜损人利己，这是最伤天害理的事情，千万不能干。只要坟地没有水淹、没有虫蚁的侵害，也就要心满意足了。有的人听信风水先生的话，一再迁移先人坟墓，以求升官发财、飞黄腾达，这实际上是非常不孝敬的做法，上天也不会保佑他们的，千万不能这么做！千万不能这么做！

创业之人，其本要在于一仁字

创业之人，皆期子孙之繁盛，然其本要在于一"仁"字，桃梅杏果之实皆曰仁。仁，生生之意也，虫蚀其内，风透其外，能生乎哉？人心内生淫欲，外肆奸邪，即虫之蚀、风之透也。慎戒兹，为生子生孙之大计。

凡人为子孙计，皆思创立基业，然不有至大至久者在乎！舍心地而田地，舍德产而房产，已失其本矣。况惟利是图，是损阴骘，欲令子孙永享，其可得乎？作善降祥，作不善降殃。古来人试得多了，不消我复去试得。祖宗积德若干年，然后生得我们，叨在衣冠之列，乃或自恃才势，横作妄为，得罪名教，可惜分毫珠玉之积，一朝尽委于粪土中也。

译文 创立家业的人，都希望自己的子孙人丁兴旺，然而关键在于内心要有一个"仁"字，桃、梅、杏的果核都叫作"仁"。所谓仁，就是生长繁殖的意思。如果有虫在果核里边侵蚀，外面又透着风，这些果核还能生长繁殖吗？人也是一样，如果内心萌发了非分的欲望，行动上就会放纵恣肆，为非作歹，这就好比果核被虫侵蚀、外面透风一样。对此一定要小心谨慎，要为子孙后代的生长繁衍着想。

为子孙考虑的人，都想着创立一份家业，然而缺乏使基业规模宏大、传之永久的东西。舍弃思想上的进取而忙于购买田地，不顾道德修养而忙于购置房产，这就已经失去了创立家业的根本了。何况唯利是图，更是有损阴德，还想要子孙永久保持富贵，这怎么可能呢？多做善事，就会得到福报；作恶必然遭到报应。自古以来很多人都试过了，不需要我们再去试这句话是否灵验了。祖宗积德很多年，然后才生养了我们后代子孙，也算是跻身士大夫人家之列了，有人却倚仗着才能和权势，横行霸道、胡作非为，败坏名声，有损圣人的教化，可惜了祖先们一点一滴积攒起来的家业，一转眼便被抛弃于粪土之中，消失殆尽。

子孙之福履为祖父昔日之勤劬

释氏云：要知前世因，今生受者是；要知来世因，今生作者是。此言极佳，但彼云前世后世，则轮回之说耳。吾思昨日以前，而父而祖，皆前世也；今日以后，而子而孙，皆后世也。不有祖父之积累，昔日之勤劬，焉有今日？乃今日作为，不如祖父之积累，可望此身之考终，子孙之福履乎？是所当惕省者。

译文 佛祖说：要知道前世造的因，那么从这辈子所受到的一切就可以知道了；要知道能为下一辈子造的因，从这辈子所做的好事和坏事就可以知道。这话说得太好了，不过佛教所谓的前世和后世，是指人的生死轮回的说法。我想在昨天以前，你的父辈和祖辈都可以算作前世了；今天以后，你的儿子和孙子都可以算作后世了。没有祖辈、父辈的积德积福，以及过去的辛勤努力，哪里有我们幸福的今天呢？而我们今天的所作所为，如果不能像祖辈和父辈那样积德积福，还能指望这辈子享尽天年、寿终正寝，子孙们永享福禄吗？这是应当警醒的。

一部《易经》，只说得善补过

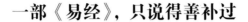

一部《大学》，只说得修身；一部《中庸》，只说得修道；一部《易经》，只说得善补过。"修补"二字极好，器服坏了，且思修补，况于身心乎？

《易》曰："聪不明也。"《诗》曰："无哲不愚。"自恃聪哲的，便要陷在昏昧不明处所去。可惜哉！所以，人贵善养其聪，自全其哲。

译文 《大学》这部书，主要讲的是修身的道理；《中庸》这部书，主要讲的是遵循中庸的道理；《易经》这部书，主要讲的是做好事、弥补过失的道理。"修补"这两个字非常恰当，如果器物、衣服坏了，还想着要进行修补，更何况是人的身心呢？

《易经》说："虽然听觉好，但不明事理。"《诗经》说："聪明人外表看起来没有不显得愚蠢的。"自以为聪明的人，就会陷入昏昧不明的境地。太可惜了！所以人最可贵之处就在于保持自己辨别是非的能力，保全自己的聪明才智。

才不宜露，势不宜恃，享不宜过

才不宜露，势不宜恃，享不宜过，能含蓄退逊，留有余不尽，自有无限受用。阿谀从人可羞，刚愎自用可恶。不执不阿，是为中道。寻常不见得，能立于波流风靡之中，是为雅操。

"淡泊"二字最好。淡，恬淡也；泊，安泊也。恬淡安泊，无他妄念，此心多少快活？反是以求浓艳，趋炎势，蝇营狗苟，心劳而日拙矣。孰与淡泊之能日休也？

译文 才能不宜过分显露，权势不宜过分倚仗，享受不宜过分讲求，如果能够含而不露，谦虚退让，为人处世都留有余地，自然会有说不完的好处。含垢屈从、迎合别人是羞耻的，刚愎自用、自以为是则可恶至极。不固执、不阿谀才是不偏不倚的常理。在平常很难真正表现出来，但是能在如汹涌的洪水、呼啸的狂风般的环境中独立的，才是真正高雅的节操。

"淡泊"两个字最好。所谓"淡"，是性情恬静淡雅；所谓"泊"，是心态安适单纯。淡泊就是没有痴心妄念，内心会有多么快活啊！反之，如果一味追求功名，趋炎附势，蝇营狗苟，则会因心力交瘁而一天天变得笨拙，哪里比得上过着淡泊宁静的生活而能得到休养呢？

人要方得圆得，方圆中又有时宜

人要方得圆得，而方圆中却又有时宜。在《易》论圆神方知，益以"易贡"[1]二字最妙，变易以贡，是为方圆之时。棱角峭厉非方也，和光同尘非圆也，而固执不通非易也，要认得明白。

译文 为人处世要既懂得端方、坚持原则，又要懂得圆通、随机应变，而端方和圆通需要把握合适的时机。《易经》论述灵活变通与坚持原则的时候，加上"易贡"两个字最妙，就是把变化告诉人们，这就是端方和圆通要根据情况和时机的变化做出选择。愤世嫉俗并不是端方，随波逐流、与世无争并不是圆通，而固执己见、不变通并不是会灵活多变，一定要明白其中的道理。

人须先立志，常咬得菜根

凡人须先立志，志不先立，一生通是虚浮，如何可以任得事？"老当益壮，贫且益坚"，是立志之说也。

盘根错节，可以验我之才；波流风靡，可以验我之操；

---

[1] 易贡：语出《易经·系辞上传》。易，变化。贡，告。

艰难险阻，可以验我之思；震撼折冲，可以验我之力；含垢忍辱，可以验我之量。

人常咬得菜根，即百事可做。骄养太过的，好看不中用。

译文 人必须先立志，如果不立志，一辈子都是空虚、浮躁的，怎么可能承担什么大事呢？所谓"年龄虽老，但志气更加豪壮；虽然处于困境，意志更加坚定"，就是指立志。

遇到盘根错节的复杂的事情，可以检验自己的才能；遇到不良的潮流风气，可以检验自己的操守；遇到艰难的困境，可以检验自己的思想意志；遇到激烈的战斗击败对手，可以检验自己的毅力；遇到毁谤和羞辱，可以检验自己的度量。

能经常吃苦的人，什么事都能做；过于娇生惯养的人，好看不中用。

不做不好人，便是好人

今人计较摆布人，费尽心思，却何曾害得人？只是自坏了心术，自损了元气。

看圣贤千言万语，无非教人做个好人，人却不信不由，自归邪僻，真是可悼。

余平生不肯说谎，却免许多照前顾后。

人谓做好人难。余谓极易，不做不好人，便是好人。

决不可存苟且心，决不可做偷薄事，决不可学轻狂态，决不可做怠赖人。

当至忙促时，要越加检点。当至急迫时，要越加饬守。当至快意时，要越加谨慎。

译文 现在的人专门挖空心思想着怎样摆布别人，然而费尽心机又怎能害得了人？只能损坏自己的心术，损伤自己的元气。

圣贤们说一千道一万，无非就是教人做个品德高尚的人，但人们却往往不相信、不采纳，结果使自己堕入邪恶之中，真是悲哀。

我平生不说谎话，因此免去了许多因说谎带来的前前后后的麻烦事。

人们常说做好人难，我却说非常容易，不做不好的人，就是一个好人。

为人处世决不能抱着侥幸心理，决不能做投机取巧的事情，决不能学人轻浮狂妄的神态，决不能做一个懒惰颓废的人。

在非常忙碌紧张的时候，要更加慎重细心；在事情非常紧急的时候，要更加谨慎从容；在自己春风得意的时候，要特别注意谨慎行事，以免乐极生悲。

读书占地位，在人品上

顾名思义，自能成立。不学做好百姓，便是异百姓；不学做好秀才，便是劣秀才。推此以上，其名其义，皆不可不反顾，不可不深思也。总其要，在循理守法而已。

世间极占地位的，是读书一着。然读书占地位，在人品上，不在势位上。

译文 看见名字便想到其中的意义，可使人的事业能确立起来。人不学着做个好百姓，那他就是个不安分守己的百姓；不学着做个好秀才，那他就是个不学无术的秀才。依此类推，有关名声和道义的大事不可不回顾反思。概括为一句话，就是循理守法罢了。

人世间最重要的事情就是读书一事，而读书最重要的是要提升人的道德修养，而不是获取权势和地位。

高攀龙：
以孝弟为本，以忠义为主，以廉洁为先，以诚实为要

——《家训》（节选）

　　高攀龙（1562—1626），明学者、文学家，字云从，后字存之，号景逸，无锡（今属江苏）人。万历进士。官至左都御史，因反对魏忠贤，被革职。与顾宪成在东林书院讲学，时称"高顾"，为东林党首领之一。后因魏忠贤党羽崔呈秀派人抓捕，他投水而死。崇祯初年追谥忠宪。有《高子遗书》《周易简说》《春秋孔义》等。

　　此家训共计二十一条，后附杂训五条。高攀龙告诫子孙立身的关键是做个好人，他提出做好人的原则是"孝弟为本，以忠义为主，以廉洁为先，以诚实为要"。他希望子孙们能记住，做个好人眼前好像得不到好处，但从长远来说是有好处的。他要求子孙说话要谨慎小心，结交朋友要有选择，认为这是做好人的表现和前提条件。如能遵守此家训，上可入圣贤之门，下亦不失为有道德修养的子弟。此家训语言浅近平易，高度凝练，旨趣深远，备受后人的推崇。

　　本文选自《高子遗书》。

吾人立身天地间，只思量作得一个人，是第一义，余事都没要紧。作人的道理，不必多言，只看《小学》[1]便是。依此作去，岂有差失？从古聪明睿知、圣贤豪杰，只于此见得透、下手蚤[2]，所以其人千古万古不可磨灭。闻此言不信，便是凡愚，所宜猛省。

译文 我们人在天地之间，只想着做成一个人，这是第一头等大事，其他事情都没有这件事那么重要。关于做人的道理，不必多说，只要学习《小学》这本书就可以了。按照书中的要求去做，难道还会有差错和过失吗？自古以来，通达明智者和圣贤豪杰，只是这方面看透了，下手得早一些，所以他们才能流芳千古，不可磨灭。如果你们不相信我讲的这些话，便是平庸愚蠢，应当幡然醒悟！

作好人，眼前觉得不便宜，总算来是大便宜；作不好人，眼前觉得便宜，总算来是大不便宜。千古以来，成败昭然如何，迷人尚不觉悟，真是可哀！吾为子孙发此真切诚恳之语，不可草草看过。

译文 做一个好人，现在虽然觉得没有占什么便宜，但是从长远来看，却是占了大便宜；而做一个不好的人，现在虽然觉得占了大便宜，但是从长远来看，却是没有占到便宜。自古以来，成功与失败的例子都已经很清楚地证明了这一点，很多人还是执迷不悟，真是悲哀啊！我为子孙们写下这些真切诚恳的话，你们切不可只是随随便便看一下！

---

[1] 《小学》：南宋朱熹、刘子澄所编启蒙读物，分内、外两篇，共六卷。

[2] 蚤：通"早"。

取人，要知圣人取"狂狷"[1]之意，狂狷皆与世俗不相入，然可以入道。若憎恶此等人，便不是好消息。所与皆庸俗人，己未有不入庸俗者，出而用世，便与小人相昵，与君子为仇，最是大利害处，不可轻看。吾见天下人坐此病甚多，以此知圣人是万世法眼。

译文 与人相处，要懂得孔子认为"狂者志向高远，能进取于善道，而狷者拘谨自守，能守节无为"的道理。这两种个性都与世俗格格不入，但合乎圣贤之道。假如你憎恶狂狷之人，也不是好的征兆。总和庸人、俗人交往，你自己不可能不会变成庸俗的人。如果走向社会，你就会与小人过分亲密，而与君子成为仇敌，这是最有害的，一定不要小看这件事。我看到天下很多人都会犯这个毛病，通过他们我看到了孔子卓越精深的眼力。

以孝弟为本，以忠义为主，以廉洁为先，以诚实为要。临事让人一步，自有余地；临财放宽一分，自有余味。善须是积，今日积，明日积，积小便大。一念之差，一言之差，一事之差，有因而丧身亡家者，岂可不畏也。

译文 要把孝敬父母、恭敬兄长作为做人的根本，把忠信、仁义作为人生的主宰，把廉洁奉公放在首位，把诚实宽厚作为做人的关键。遇到有矛盾，让人家一步，自己也就有回旋余地；在钱财方面，对别人多放宽一分，自己也会感到欣慰。好的品德是积累而成的，今天积一点，明天积一点，积小

高攀龙：以孝弟为本，以忠义为主，以廉洁为先，以诚实为要

---

[1] 狂狷(juàn)：语出《论语·子路》，指志向高远的人和拘谨自守的人。

变大，积少成多。在一个念头、一句话、一件事情上的疏忽大意，都可能导致家破人亡，这怎么能不心存敬畏呢？

"爱人者，人恒爱之；敬人者，人恒敬之。"我恶人，人亦恶我；我慢人，人亦慢我。此感应自然之理。切不可结怨于人。结怨于人，譬如服毒，其毒日久必发，但有小大迟速不同耳。人家祖宗受人欺侮，其子孙传说不忘，乘时遘[1]会，终须报之。彼我同然，出尔反尔，岂可不戒也！

译文 "关心别人的人，也会得到别人的关爱；尊敬别人的人，也会得别人的尊敬。"如果我讨厌别人，别人也会讨厌我；我轻慢别人，别人也会轻慢我，这是很自然的道理。千万不能跟别人结下仇怨。如果和别人结下了仇怨，就好像服了毒药一样，时间长了，毒性一定会发作，只是毒性大小、发作时间的快慢不一样而已。别人的祖宗在受到欺侮后，他的子孙会相互告诉不能忘掉仇恨，会寻找合适的机会，最终一定会报复的。我怎么做了，就会得到什么样的后果，怎么可以不引以为戒呢！

言语最要谨慎，交游最要审择。多说一句不如少说一句，多识一人不如少识一人。若是贤友，愈多愈好，只恐人才难得，知人实难耳。语云："要做好人，须寻好友，引醅若酸，哪得甜酒。"又云："人生丧家亡身，言语占了八分。"皆格言也。

译文 说话要特别谨慎，交朋友更要慎重选择。多说一句

[1] 遘(gòu)：遇见，遭遇。

话，不如少说一句话；多认识一个人，不如少认识一个人。如果结交的是贤良的朋友，当然是越多越好，但就怕人才难得，真正了解一个人确实难。正如俗话所说："要想做好人，必须寻找贤良的朋友，就像酿酒的时候，如果酒曲酸了，怎么可能酿出美酒呢？"又说："人一辈子搞得家破人亡，说话不谨慎要占造成这样结果的八成。"这些都是格言啊。

见过所以求福，反己所以免祸。常见己过，常向吉中行矣；自认为是，人不好再开口矣。非是为横逆之来，姑且自认不是。其实人非圣人，岂能尽善。人来加我，多是自取，但肯反求，道理自见。如此则吾心愈细密，临事愈精详，一番经历，省了几多气力，长了几多识见。小人所以为小人者，只见别人不是而已。

译文 反省自己的过错可以获得福报，自我反省可以免遭灾祸。能经常看到自己的过失，就能经常走在通向吉利的大道上。如果总是自以为是，别人就不好再开口给你提意见了。如果不是面对横暴无理的行为，可以姑且认为自己是不正确的。其实，人非圣贤，怎么能做到十全十美呢？别人指责我，大多是我自己确实做得不好，只要肯反省自己，就能明白其中的道理。这样我的想法就会更加细致周密，遇到事情就会考虑得更加精深、详细。有了一次经历，就可以省很多力气，增长很多见识。小人之所以成为小人，是因为他只能看到别人的过失罢了。

人家有体面崖岸之说，大害事。家人惹事，直者置之，曲者治之而已。往往为体面立崖岸，曲护其短，力直其事，此乃

271

自伤体面，自毁崖岸也。长小人之志，生不测之变，多由于此。

译文 一个人过分讲究体面和虚伪的尊严，这实在是很害人的。家人在外惹事，如果家人是有道理的，那么就可以置之不理，不必去过问；如果家人错了，那么就要严格管教自己的家人。但是人们往往为了自己的面子，家人做错了事还去护短，而且强词夺理，要为自己家人争辩，其实这是丢面子和失尊严的做法。这不仅助长小人的意志，还会惹出意想不到的灾祸，出现这种局面，大多是这个原因造成的。

人生爵位，自有定分，非可营求。只看"义命"二字透，落得作个君子。不然，空污秽清净世界，空玷辱清白家门。不如穷檐蔀屋[1]，田夫牧子，老死而人不闻者，反免得出一番大丑也。

译文 每个人的爵位是命中注定的，不可以通过自己的努力强求改变。只有看透"义理和命运"，才可能成为一个坦坦荡荡的君子。否则，只会在社会上招惹是非，闹得乌烟瘴气，玷辱自己清白之家的门风。如果是这样，还不如一个住在破旧茅草屋中的村夫牧民，可以默默无闻地过日子，反而不会让自己出大丑。

人身顶天立地，为纲常名教之寄，甚贵重也。不自知其贵重，少年比之匪人，为赌博、宿娼之事，清夜眠而自视，成何面目！若以为无伤而不羞，便是人家下流子弟，甘心下流，又复何言？

---

[1] 蔀（bù）屋：草席盖顶之屋。泛指贫家幽暗简陋之屋。

译文 人应该顶天立地，成为纲常名教的寄托，这一点是非常宝贵的。如果一个人不懂得纲常名教的重要性，年纪轻轻的就跟坏人厮混，赌博、嫖娼等无所不为，半夜斜着眼睛看自己，像个什么样子呢？如果认为这样做没有什么害处而不感到害羞，那他就是下流子弟，自甘下流，那还有什么好说的呢？

古语云："世间第一好事，莫如救难怜贫。人若不遭天祸，舍施能费几文？"故济人不在大费己财，但以方便存心，残羹剩饭，亦可救人之饥；敝衣败絮，亦可救人之寒。酒筵省得一二品，馈赠省得一二器，少置衣服一二套，省去长物一二件，切切为贫人算计，存些赢余以济人急难。去无用可成大用，积小惠可成大德，此为善中一大功课也。

译文 古语说："世上第一等的好事，比不上救人于苦难中、怜悯贫穷的人。人如果没有遭到自然灾害，施舍给他人一些钱，又能花费自己多少呢？"所以救济别人花费不了自己多少钱财，只要有与人方便之心，即使是残羹剩饭，也可以让人不挨饿；破衣旧絮，也可以使人免受寒冷。酒席上省下一二道菜，给人家送礼的时候少送一两件东西，平时自己少买一二套衣服，省下一两件像样的东西，真正地为贫穷人家考虑，把自己平时用不上的东西保存起来，用来救济困难的人，帮助急需帮助的人。一些舍弃的没有用的东西，可以派上大的用场；聚集小恩惠，可以成就大的德行，这就是行善积德的人每天要做的功课。

王夫之：
能士者士，其次医，次则农工商贾

——《传家十四戒》

王夫之（1619—1692），明清之际思想家。字而农，号薑斋，衡阳（今属湖南）人。晚年隐居在衡阳石船山下著书立说，学者尊称"船山先生"。青年时期积极参加反清起义，后隐伏深山，对天文、历法、数学、地理都有所研究，尤精于经学、史学和文学。清末王闿运称其为"南国儒林第一人"。著述颇丰，有《张子正蒙注》《周易外传》等。

《传家十四戒》作于康熙二十五年（1686），是王夫之秉承祖父、父亲、兄长家训，结合自己的人生经历，为训诫子孙而作。此家训的基本内容是规定子孙不能做的十四件事，尽管内容深深地打上了时代的烙印，但其中包含王夫之要后代安贫乐道，不要与清廷合作而丧失民族气节的用意，充分体现出了王夫之作为一代大儒的风范和铮铮铁骨。

本文选自《船山全书》第十五册《船山诗文拾遗》。

勿作赘婿。

勿以子女出继异姓及为僧道。

勿嫁女受财。或丧子嫁妇尤不可受一丝。

勿听鬻术人改葬。

勿作吏胥。

勿与胥隶为婚姻。

勿为讼者作证佐。

勿为人作呈诉及作歇保。

勿为乡团之魁。

勿作屠人、厨人及鬻酒食。

勿挟火枪弩网猎禽兽。

勿习拳勇咒术。

勿作师巫及鼓吹人。

勿立坛祀山獠、跳神。

能士者士，其次医，次则农工商贾，各惟其力与其时。

吾不敢望复古人之风矩，但得似启、祯间稍有耻者足矣。凡此所戒，皆吾祖父所深鄙者。若饮博狂荡，自是不幸而生此败类，无如之何，然其由来皆自不守此戒，丧其恻隐羞恶之心始。吾言之，吾子孙未必能戒之，抑或听妇言交匪类而为之。乃家之绝续在此，故不容已于言。后有贤者，引伸以立训范，尤所望而不可必者。守此亦可以不绝吾世矣。

丙寅季夏薑斋老人书。

译文 子孙不要当上门女婿。

不要将子女过继给异姓人家做儿女，或出家为和尚、道士。

嫁女不要收取聘金，或是儿子去世后，将儿媳再嫁，也不能收取一丝一毫的财物。

不要听术士的话改葬坟墓。

不要做地方官府中掌管簿书案牍的小吏。

也不要与小吏通婚，结姻亲。

不要给打官司的人作证。

不要替人打官司及做官府和乡民之间的保户。

不要做乡团的首领。

不要做屠户、厨师以及出售酒食的人。

不要携带火枪、弓箭等猎杀禽兽。

不要学习武术斗勇和诅咒方术。

不要做巫师以及敲鼓吹奏的人。

不要立神坛驱赶山中怪物和搞跳神之类的活动。

能读书就去做读书人，其次就去做医生，再次就去务农、做工、经商，每个人靠自己的能力，把握好机会谋生。

我不敢期望恢复古人的风度、规矩，只要有人能像明朝天启、崇祯年间那些有气节的人一样就足以安慰我。所有这些戒条禁止的事情，都是我们祖父深恶痛绝的。像那种酗酒、烂赌、猖狂没有德行的人，自然是我们王氏家族天生的败类，对他们只能感到无可奈何。他们之所以这样，都是因为他们开始就不守这些戒条，进而丧失了恻隐、羞恶之心。我虽然提出了这些戒条，但是子孙未必能谨守，或许因为听妻子的话、结交了行为不端正的人而违背这些戒条。我们王氏家族存亡的关键就在这里，所以我不得不说。后代有贤明的子孙，能不断充实这里面的内容，并且建立家训，更是我所期望的，但这又是很难做到的。子孙们谨守这十四戒，可以让我们王氏家族延续下去而不会断绝。

康熙二十五年（1686）六月，薑斋老人书。

王夫之：能士者士，其次医，次则农工商贾

朱柏庐：
施惠无念，受恩莫忘

——《朱子治家格言》

朱柏庐（1617—1688），清江南昆山（今属江苏）人。名用纯，字致一。朱氏家族为昆山名门望族，世人称为"玉峰朱氏"。清顺治二年（1645），清兵攻昆山，其父朱集璜率领门人及弟子死守后自尽。朱氏仰慕东晋王裒庐墓、攀柏之义，自号柏庐，以缅怀父亲。清初居乡教授学生，专治程朱理学，提倡知行并用。康熙年间断然拒绝参加清廷举行的博学鸿词科考试的推荐，终生未仕。

所著《治家格言》，世称《朱子家训》，只有522个字，言简意赅，通俗易懂，讲究对仗，朗朗上口。该家训成文以后，广为流传，成为清代家喻户晓的经典家训。其深入浅出的治家理念和博大精深的修养内涵，融合儒家的为人处世、修身齐家之法，提倡勤俭持家、公平厚道、诚实待人、与人为善、力戒色欲，不见利忘义、不谄媚权贵等，时至今日仍有教育意义。

黎明即起，洒扫庭除，要内外整洁。既昏便息，关锁门户，必亲自检点。一粥一饭，当思来处不易。半丝半缕，恒念物力维艰。宜未雨而绸缪[1]，毋临渴而掘井。

译文 黎明就要起床，打扫庭院，使室内、户外整齐清洁。到黄昏就要休息，要看门窗是否关好，是否锁牢，只有亲自检查过以后才能安心睡觉。喝一碗粥、吃一碗饭的时候，应当想到煮粥煮饭用的每一粒米都是农夫千辛万苦种出来的。穿衣服的时候，看到半段丝、半根线，要常常想到这些东西的生产过程是非常艰难的。在还没有下雨的时候，应预先把房子窗户修好。不要等到口渴的时候，再来挖掘水井。

自奉必须俭约，宴客切勿留连。器具质而洁，瓦缶胜金玉。饮食约而精，园蔬愈珍馐。勿营华屋，勿谋良田。三姑[2]六婆[3]，实淫盗之媒；婢美妾娇，非闺房之福。奴仆勿用俊美，妻妾切忌艳妆。

译文 在日常生活中必须力求俭朴节约，宴请宾客绝对不要毫无节制地挥霍，不要沉迷其中。日常的生活器具要质朴而且干净，如果能做到这样，陶器瓦罐也会胜过贵重的器皿。每天吃的东西不必多，只要精美可口，即使是菜园里种的蔬菜，也胜过珍美的肴馔。不需花很多钱建造豪华的房屋，不要费尽心思想着去购买良田。三姑、六婆这一类的女人，实属诲淫诲

---

[1] 绸缪(chóu móu)：密缠紧缚。引申为修补，使之坚固。

[2] 三姑：指尼姑、道姑、卦姑。

[3] 六婆：指牙婆（以介绍人口买卖为业从中取利的妇女）、媒婆、师婆（女巫）、虔婆（鸨母）、药婆（卖药并为人治病的妇女）、稳婆（接生婆）。

盗的媒介。女佣人长得漂亮，小妾生得娇艳，并不是家庭的福气。不要雇用外表英俊潇洒的男佣人，妻妾打扮不要过分浓艳。

祖宗虽远，祭祀不可不诚；子孙虽愚，经书不可不读。居身务期质朴，教子要有义方。勿贪意外之财，勿饮过量之酒。与肩挑贸易，勿占便宜。见贫苦亲邻，须多温恤。刻薄成家，理无久享。伦常乖舛[1]，立见消亡。兄弟叔侄，须分多润寡。

译文 虽然祖宗去世很多年了，但是在祭拜他们的时候不能不虔诚。家里的子孙虽然拙笨，儒家经典非读不可。为人处世一定要朴实厚道，教育子女要有好的方法。不要贪图意想不到的钱财，不能喝超过自己酒量的酒。对肩挑货物沿街叫卖的小贩，不要占他们的小便宜。看到家境穷苦的亲戚或邻居，必须多加关心，并给他们金钱等物质方面的接济。靠刻薄起家，按照常理是不可能长久地享用家庭财富的。如果伦常一旦错乱，这个家庭很快就会衰败。兄弟叔侄在分配家庭遗产的时候，应当力求公平，相互照顾。

长幼内外，宜法肃辞严。听妇言，乖骨肉，岂是丈夫？重资财，薄父母，不成人子。嫁女择佳婿，毋索重聘；娶媳求淑女，毋计厚奁[2]。

译文 长辈和晚辈、男人与女人相处的时候，要家法严肃、言语刚正。如果偏信妻子的话，使骨肉不和，怎么能够算

---

[1] 乖舛(chuǎn)：错误，错乱。

[2] 厚奁(lián)：丰厚的嫁妆。

是男子汉？对钱财看得很重，薄待父母，这就完全违背了做子女的底线。嫁女儿时，一定要选择德才兼备的女婿，不能向男方索要太多的聘金。娶儿媳妇的时候，要选择一个贤惠懂事的女子，不要计较女方是不是会带来很多嫁妆。

见富贵而生谄[1]容者，最可耻；遇贫穷而作骄态者，贱莫甚。居家戒争讼，讼则终凶；处世戒多言，言多必失。毋恃势力而凌逼孤寡，毋贪口腹而恣杀生禽。

译文 看见有钱有势的人就做出一副拍马屁的样子，这种人是最可耻的。遇见穷人就做出一副傲慢无礼的样子，这种人真是卑贱到了极点。居家过日子要避免跟别人争斗，甚至于去打官司，与别人打官司是凶多吉少。跟人交往时话不能说得太多，言多必失。不能仗着自己的权势欺侮或逼迫孤儿寡母；不能为了满足自己的食欲，任意屠杀牲畜和家禽。

乖僻自是，悔误必多；颓惰自甘，家道难成。狎昵恶少，久必受其累；屈志老成，急则可相依。轻听发言，安知非人之谮诉[2]？当忍耐三思；因事相争，安知非我之不是？须平心暗想。

译文 性情古怪偏激，自以为是，这样的人后悔和失误的事情一定很多。心甘情愿地颓废不振，又不想做事，是很难成家立业的。与无赖少年鬼混的时间长了，必然会受到他的牵连拖累。降低身份去结交办事稳重的人，一旦遇到紧急疑难的事情，就可以靠他们的指导或帮助来解决。轻信别人的话，怎么

[1] 谄（chǎn）：奉承，巴结。

[2] 谮（zèn）诉：谗毁攻讦。

能知道不是别人在故意说坏话呢？在这种情况下，应当再三思考。如果因为一点事情和别人发生争执，怎么知道不是自己的错呢？一定要平心静气地进行思考。

施惠无念，受恩莫忘。凡事当留余地，得意不宜再往。人有喜庆，不可生妒忌心；人有祸患，不可生喜幸心。善欲人见，不是真善；恶恐人知，便是大恶。见色而起淫心，报在妻女；匿怨而用暗箭，祸延子孙。

译文 给了别人一些好处，不要念念不忘；接受了别人的好处，一定不要忘记。不论做任何事情都应当留有退路，让自己称心如意的事不要期望有第二次了。人家有了可喜可贺的事，不能因为自己没有得到而产生忌妒心；人家有灾祸或困难，一定不能因为自己平安无事而幸灾乐祸。做了好事唯恐别人没有看见，不是真正为了做好事；做了坏事唯恐别人知道，那就是罪大恶极了。看见长得漂亮的人就起了邪念的人，报应会发生在他的妻子和女儿身上；把对别人的怨恨藏在心里，却在暗中设计陷害别人，这种行为会给子孙留下祸根。

家门和顺，虽饔飧[1]不继，亦有余欢；国课早完，即囊橐[2]无余，自得至乐。读书志在圣贤，非徒科第；为官心存君国，岂计身家。守分安命，顺时听天。为人若此，庶乎近焉。

译文 一家人和睦平顺地过日子，就算是穷得吃了早饭没晚饭，也会有无穷的快乐。赋税要尽早缴纳完毕，在缴纳完赋税以后，就算是口袋里没有剩余钱粮，也会因为心安理得而感

---

[1] 饔飧（yōng sūn）：早餐和晚餐。

[2] 囊橐（náng tuó）：袋子。

到无比快乐。读书的目的是做圣贤一样的人，而不只是为博取科举功名；做官的人心里要经常存留和考虑君王、国家的利益，而不能计较自身的安乐和家庭的利益。要安守本分，安心于自己的命运，顺从时代潮流，听凭老天的安排。如果能照这份格言去做，那么道德修养和学问成就与圣贤的距离就不远了。

张英家训十八则

　　张英（1637—1708），清安徽桐城人，字敦复，号乐圃。康熙十六年（1677）任侍讲学士，旋入值南书房，深得康熙信任，一时制诰，多出其手。后官至文华殿大学士兼礼部尚书。死后赠太子太傅，谥号文端。

　　《聪训斋语》是张英结合古代圣贤的经典名言和事例，将自己为官处世的亲身经历和心得体悟写成的家训。按写作时间的先后顺序共分为两卷，由其子辑录成册。此家训以"读书者不贱""积德者不倾""择交者不败"等为主要内容，来教育子孙后辈。《聪训斋语》是清代家训中的名篇，流传深远，尤其为世家宦族所推重。

　　张英子孙中人才辈出，举业不断，名宦迭出，广为人知。张英育有六子，其中廷瓒、廷玉、廷璐、廷瑑均高中进士，廷玉与张英并称为"父子宰相"。张廷玉育有四子，其中若霭、若澄、若淳三人入清廷内阁，足见张氏家族教子有方。

知足即为称意，得闲便是主人

圃翁[1]曰："予拟一联，将来悬草堂中：'富贵贫贱，总难称意，知足即为称意；山水花竹，无恒主人，得闲便是主人。'其语虽俚，却有至理：天下佳山胜水，名花美箭无限，大约富贵人役于名利，贫贱人役于饥寒，总无闲情及此，惟付之浩叹耳。"

译文 圃翁说："我拟写了一副对联，将来要悬挂在草堂中：'富贵贫贱，总难称意，知足即为称意；山水花竹，无恒主人，得闲便是主人。'这话虽然通俗，却包含非常深刻的道理。天下有无限的山水胜景，无数的名花美竹，大约是因为富人、贵人们忙于追逐名利，穷人、地位低下的人为了免受饥寒，忙于谋生，总是没有闲情逸致来欣赏，只能对此感慨长叹了。"

以"眠""食"二者为养生之要务

圃翁曰："古人以'眠''食'二者为养生之要务。脏腑肠胃，常令宽舒有余地，则真气得以流行而疾病少。吾乡吴

---

[1] 圃翁：张英号乐圃，即张英自称。

友季^[1]善医，每赤日寒风，行长安道^[2]上不倦，人问之，曰：'予从不饱食，病安得入？'此食忌过饱之明征也。燔^[3]炙熬煎香甘肥腻之物，最悦口而不宜于肠胃。彼肥腻易于粘滞，积久则腹痛气塞，寒暑偶侵，则疾作矣。"

译文 圃翁说："古人把'睡眠'和'饮食'当作是养生的关键。如果经常保持五脏六腑舒畅而且有余地，那么人体的元气就能畅通，才会少生病。我的同乡吴友季先生精通医术，经常顶着烈日或者冒着寒风在京城的道路上行走，丝毫不觉得疲倦，别人问他，他回答说：'我从来不吃得太饱，怎么会得病呢？'这是吃东西忌讳太饱的明显例证。那些烧烤、煎炸、香甜、肥腻的东西，虽然味道非常美，但最不利于肠胃。那些肥腻的食物容易积滞，时间积累久了，就会导致腹部疼痛，体气淤塞，偶尔受到冷热的侵犯，就会使疾病发作。"

慈、俭、和、静为致寿之道

圃翁曰："昔人论致寿之道有四：曰慈，曰俭，曰和，曰静。人能慈心于物，不为一切害人之事，即一言有损于人，亦不轻发。推之，戒杀生以惜物命，慎剪伐以养天和。无论冥报

---

[1] 吴友季：安徽桐城人，与张英关系友善，曾在北京行医。

[2] 长安道：此处指代京城的道路。

[3] 燔（fán）：焚烧。

不爽，即胸中一段吉祥恺悌[1]之气，自然灾沴[2]不干，而可以长龄矣。

"人生福享皆有分数，惜福之人，福尝有余；暴殄[3]之人，易至罄竭[4]。故老氏以俭为宝。不止财用当俭而已，一切事常思节啬之义，方有余地。俭于饮食，可以养脾胃；俭于嗜欲，可以聚精神；俭于言语，可以养气息非；俭于交游，可以择友寡过；俭于酬酢，可以养身息劳；俭于夜坐，可以安神舒体；俭于饮酒，可以清心养德；俭于思虑，可以蠲[5]烦去扰。凡事省得一分，即受一分之益，大约天下事，万不得已者，不过十之一二。初见以为不可已，细算之，亦非万不可已。如此逐渐省去，但日见事之少。白香山诗云：'我有一言君记取，世间自取苦人多。'今试问劳扰烦苦之人，此事亦尽可已，果属万不可已者乎？当必恍然自失矣。

译文 圃翁说："古人总结了长寿的秘诀有四个，即仁慈、节俭、和顺、静心。对事物怀有仁慈之心的人，不做任何害人的事，即使一句有损于他人的话也不轻易说。把仁慈推而广之，不杀生以爱惜动物的生命，尽量少砍伐树木以保养自然的祥和之气。即使冥冥之中的善恶报应不会得到应验，自己心中也有吉祥、和乐、平易的情绪，灾害自然就不会伤害到你，这

---

[1] 恺悌（kǎi tì）：态度和蔼，容易亲近。

[2] 沴（lì）：气不和而生的灾害。

[3] 暴殄（tiǎn）：任意浪费、糟蹋。

[4] 罄（qìng）竭：匮乏。

[5] 蠲（juān）：除去，免除。

样就可以长寿了。

"人所享受的福分，都是有一定之数的，珍惜幸福的人，福分就享不尽；不懂得爱惜物力的人，福分很快就会消失得干干净净。所以老子以节俭为法宝。不仅仅在钱财费用方面应该节俭，一切事情都应该想到要节省的道理，才能有回旋的余地。在饮食方面节俭，可以保养脾胃；在欲望方面节俭，可以积聚精气神；在言语方面节俭，可以培养和气、平息是非；在交游方面节俭，可以选择良友、减少过失；在应酬方面节俭，可以休养身体、消除疲劳；在夜晚消遣方面节俭，可以安顿精神、舒畅身体；在饮酒方面节俭，可以清净心灵、养成道德；在思虑方面节俭，可以消除烦恼。事情能够节省一分，就多一分的好处。天下事情，实在没有办法省去的，不会超过十分之一二。刚开始的时候，认为没有办法省去的事，但是仔细思考后发现也并不是不能省去的。如果事情都能这样省去，你只会发现事情一天比一天减少。白居易有诗说：'我有一言君记取，世间自取苦人多。'现在试问那些被烦恼困扰的人，这件事是完全可以省去的，还是属于真正不能省去的呢？他一定会惘然若失，自己也弄不清楚。

"人常和悦，则心气冲而五脏安，昔人所谓养欢喜神。真定梁公[1]每语人：'日间办理公事，每晚家居，必寻可喜笑之事，与客纵谈，掀髯大笑，以发舒一日劳顿郁结之气。'此真

---

[1] 梁公：梁清标，字玉立，号棠村、蕉林、苍岩等，祖籍真定（今河北正定）。明崇祯进士。清顺治初授编修，累擢户部尚书，官至保和殿大学士。

得养生要诀。何文端公[1]时，曾有乡人过百岁，公扣其术，答曰：'予乡村人无所知，但一生只是喜欢，从不知忧恼。'噫！此岂名利中人所能哉！传曰：'仁者静。'又曰：'知者动。'每见气躁之人，举动轻佻，多不得寿。古人谓：'砚以世计，墨以时计，笔以日计。'动静之分也。静之义有二：一则身不过劳，一则心不轻动。凡遇一切劳顿、忧惶、喜乐、恐惧之事，外则顺以应之，此心凝然不动，如澄潭、如古井，则志一动气，外间之纷扰皆退听矣。此四者于养生之理，极为切实。较之服药引导[2]，奚啻万倍哉！若服药，则物性易偏，或多燥滞。引导吐纳[3]，则易至作辍。必以四者为根本，不可舍本而务末也。《道德经》[4]五千言，其要旨不外于此。铭之座右，时时体察，当有裨益耳。"

译文　"人如果心中经常和顺愉快，那么心气就冲和，五脏就安宁，这就是前人所讲的养欢喜神。真定梁公经常对人说：'白天上班办理公事，每天晚上回到家里，我一定要找一些开心的、喜乐的事，和客人们一起畅谈，开怀大笑，以此来抒发一天劳乏困顿所积累的郁结之气。'这真是得到了养生的

[1] 何文端公：何如宠，字康侯。明万历进士，累官至礼部尚书，武英殿大学士，谥号文端。

[2] 引导：导引、道引。古代道家的一种养生方法，以主动的肢体运动，配合呼吸运动或自我按摩而进行锻炼。

[3] 吐纳：中国古代的一种养生方法。从口中尽量吐出恶浊之气，鼻缓慢吸入清新之气。

[4] 《道德经》：亦称《老子》，相传春秋时期道家思想家老子所著。西汉河上公作《老子章句》，分为八十一章，以前三十七章为《道经》，后四十四章为《德经》，故称《道德经》。

诀窍啊。何文端公在世的时候，曾经有位超过百岁的同乡人，何公向他请教养生秘诀，老人回答说：'我们农村人没有什么知识，但一生都过得很开心，从来不懂得忧愁烦恼。'唉，这哪里是追求名利的人能做到的呢?《论语》上说：'有仁德的人爱好沉静。'又说：'有智慧的人爱好活动。'常常看到心气浮躁的人，举止行为很不稳重，这样的人往往不能长寿。古人说：'砚台的寿命用世代来计算，墨的寿命用时辰来计算，笔的寿命用天数来计算。'这是静与动产生的不同结果。安静有两个含义：一是身体不要过于劳累，一是内心不轻易被外界事物牵动。凡是遇到一切疲劳困顿、忧愁惶恐、欢喜快乐、恐惧害怕的事，外表上要顺其自然地应付，内心却保持镇定自若，就像是清澈而不流动的潭水，又像寂然不会为外物所动的古井，心志专一引导情绪，外部的各种纷扰、混乱就都退却了。这四种养生方法，是非常实用的养生道理，比服药、导引等方式何止强上一万倍。如果服药，药物本身的药性并不相同，有的多干燥积滞；导引吐纳的养生方法，却不容易坚持。一定要把这仁慈、节俭、和顺、静心四种秘诀当作养生的根本，不能舍本逐末。一部《道德经》五千字，它的主要意思不外乎就是这些。因此，要把这四种方法作为座右铭，时时加以体味审察，一定会大有好处。"

人生于珍异之物，决不可好

圃翁曰："人生于珍异之物，决不可好。昔端恪公^[1]言：'士人于一研一琴当得佳者。研可适用，琴能发音，其它皆属无益。'良然。瓷器最不当好。瓷佳者必脆薄，一盏值数十金，僮仆捧持，易致不谨，过于矜束，反致失手。朋客欢燕，亦鲜乐趣，此物在席，宾主皆有戒心，何适意之有？瓷取厚而中等者，不至太粗，纵有倾跌，亦不甚惜，斯为得中之道也。

"名画法书及海内有名玩器，皆不可畜，从来贾祸招尤，可为龟鉴^[2]。购之不啻千金，货之不值一文。且从来真赝难辨，变幻奇于鬼神，装潢易于窃换。一轴得善价，继至者遂不旋踵，以伪为真，以真为伪，互相诇笑，止可供喷饭。昔真定梁公有画、字之好，竭生平之力收之，捐馆后，为势家所求索殆尽。然虽与以佳者，辄谓非是，疑其藏匿，其子孙深受斯累，此可为明鉴者也。"

译文 圃翁说："人决不能嗜好奇珍异宝之类的东西。从前端恪公说：'读书人只要有上好的砚台和古琴。砚台方便使用，古琴能演奏出音乐，除此之外，其他东西要上乘的都没有多少意义。'这话说得在理。瓷器是最不应当嗜好的物品。好的瓷

---

[1] 端恪公：姚文然，字弱侯，号龙怀，南直隶桐城（今属安徽）人。明崇祯进士。清顺治三年（1646）授国史院庶吉士，后累官至刑部尚书。谥端恪。

[2] 龟鉴：比喻借鉴。龟，龟甲；鉴，镜子。

器一定是脆且薄的，一个杯子价值几十两银子，仆人捧拿着，或者不小心，或者过于慎重拘束，反而容易失手打碎。朋友欢聚宴饮，也缺少乐趣，因为把这么珍贵的瓷器摆在酒席上，宾客和主人都有戒备之心，哪里还有开心呢？瓷器要买厚实而且质量中等的，也不能太粗糙的，即使打碎了，也不会感到可惜，这是掌握了中庸之道的做法。

"对于名画、名家书法，以及海内比较有名的珍奇宝物、古董古玩之类的东西，都是不可以收藏的，自古以来这些东西都会招致别人的怪罪或者怨恨，应当引以为鉴。购买这些东西要花大价钱，卖出去的时候却往往变得一文不值了。况且这种东西从来都是真假难辨，古董古玩的鉴定变幻莫测，比鬼神还要奇妙，装潢裱糊的时候也很容易会被人偷换。如果一轴书画卖了高价，很快就有人跟着来，把赝品说为真品，把真品说为赝品，互相之间取笑讥讽，以至于到了让人笑喷的程度。过去真定梁公爱好字画，把自己全部的钱都拿来购买、收藏字画了，很可惜的是，死后他的字画被一些有权有势的人索取光了。即使把好的字画给了人家，但是那些有权有势的人还认为不是好东西，怀疑他们把真品藏起来了，他的子孙深受其累，这真是可以作为借鉴啊。"

家道盛衰增减，决无中立之理

余尝观四时之旋运，寒暑之循环，生息之相因，无非圆转。人之一身，与天时相应，大约三四十以前，是夏至前，凡事渐长；三四十以后，是夏至后，凡事渐衰，中间无一刻停留。中间盛衰关头，无一定时候，大概在三四十之间，观于须发可见：其衰缓者，其寿多；其衰急者，其寿寡。人身不能不衰，先从上而下者，多寿，故古人以早脱顶为寿征；先从下而上者，多不寿，故须发如故而脚软者难治。凡人家道亦然，盛衰增减，决无中立之理。

译文 我曾经观察过四季的运行，寒暑的循环往复，生殖繁衍的相承，都是在轮回运行。人的一生发展，和天时运行是相对应的，大约在三四十岁以前，好比是夏至之前，所有事物都在逐渐成长；三四十岁以后，好比是夏至以后，所有的事物都逐渐衰退，在这中间则没有停留的时间。生命的盛衰没有明显的分界，大概是在三四十岁之间，这可以从胡须和头发的变化看出：衰老慢的人，寿命就长；衰老快的人，寿命就短。人的身体不可能不衰老，身体从上往下衰老的人大多长寿，所以古人把年轻秃顶作为长寿的征兆；身体从下往上衰老的人寿命不长，所以胡须头发依旧浓密，但是腿脚虚软的人难以医治。家庭的境遇也是这个道理，家境的兴盛与衰败、增加与减少，绝没有保持在两者之间的道理。

己身无大谴过，外来者平淡视之，
为处贵之道

圃翁曰："人生适意之事有三：曰贵，曰富，曰多子孙。然是三者，善处之则为福，不善处之则足为累。至为累而求所谓福者，不可见矣！何则？高位者，责备之地，忌嫉之门，怨尤之府，利害之关，忧患之窟，劳苦之薮[1]，谤讪之的，攻击之场，古之智人往往望而却步。况有荣则必有辱，有得则必有失，有进则必有退，有亲则必有疏。若但计丘山之得，而不容铢两之失，天下安有此理？但己身无大谴过，而外来者平淡视之，此处贵之道也。"

译文 圃翁说："人生有三件称心如意的事：一是显贵，一是富裕，一是多子多孙。但是这三件事，如果处理得好就是福气，处理得不好就会成为拖累。如果身心已经疲惫了，再追求所谓的福气，这是不多见的事。为什么呢？因为显贵的位置，是别人指摘的处所，是受人妒忌的门户，是招人埋怨责怪的府第，是通向利益祸害的关口，是使人忧虑担心的洞窟，是让人辛劳受苦的深渊，是遭人诽谤讥讽的靶心，是被人攻击的场所，古代有智慧的人见到做官这么危险、困难就往后退缩。更何况有荣誉必然有羞辱，有所得必然有所失，有前进必然有后

---

[1] 薮（sǒu）：人或物聚集的地方。

退，有亲近必然有疏远。如果只计算大如丘山般的所得，而不能容忍有小如一铢一两的细微损失，天下哪里有这样的道理呢？只要自己没有什么大的过错，而对外在的得失以平常之心来看待，这是对待处于高位的方法。"

俭于居身而裕于待物，薄于取利而谨于盖藏，此处富之道

佛家以货财为五家公共之物：一曰国家，二曰官吏，三曰水火，四曰盗贼，五曰不肖子孙。夫人厚积则必经营布置，生息防守，其劳不可胜言：则必有亲戚之请求，贫穷之怨望，僮仆之奸骗，大而盗贼之劫取，小而穿窬[1]之鼠窃；经商之亏折，行路之失脱，田禾之灾伤，攘夺之争讼，子弟之浪费。种种之苦，贫者不知，惟富厚者兼而有之。人能知富之为累，则取之当廉，而不必厚积以招怨；视之当淡，而不必深忮[2]以累心。思我既有此财货，彼贫穷者不取我而取谁？不怨我而怨谁？平心息忿，庶不为外物所累。俭于居身而裕于待物，薄于取利而谨于盖藏，此处富之道也。

译文 佛教把货物和财产看成五家的共有物品：一是国家，二是官吏，三是水火，四是盗贼，五是不肖子孙。一个人

---

[1] 穿窬(yú)：指偷盗行为。穿，穿壁；窬，翻墙。

[2] 忮(zhì)：残害，忌恨。

的积蓄丰厚了，就必定要多方经营谋划，以获取收益和防护看守，其中的劳累是难以言表的。一旦富裕了，就一定会有亲戚来请求帮忙，招致贫穷人的怨恨与仆人的诈骗，大到盗贼的抢劫，小到窃贼钻洞爬墙来偷窃；经商的亏损，在外面丢失的财产，庄稼的受灾减产，与别人争夺财产引起的官司，子弟的轻浮奢侈。这种种的忧虑苦难，贫穷的人是不会知道的，只有富裕殷实的人才都会遇到。一个人如果懂得财富会带来的劳累，那么获取财富的时候就会清廉，没必要因积攒财物而招致怨恨；把财富看得很轻，就不必深深嫉妒别人而使自己身心疲惫。冷静地思考，自己拥有这么多财产，贫穷的人不来拿我的，他们去拿谁的？不怨恨我，他们去怨恨谁呢？只有做到平心静气，才不会被外界的事物所拖累。自己生活节俭，待人处事宽容；要微薄取利，谨慎储藏，这是对待财富的方法。

父母尽责尽心，为处多子孙之道

至子孙之累尤多矣！少小则有疾病之虑，稍长则有功名之虑，浮奢不善治家之虑，纳交匪类之虑，一离膝下，则有道路寒暑饥渴之虑，以至由子而孙，展转无穷，更无底止。夫年寿既高，子息蕃衍，焉能保其无疾病痛楚之事？贤愚不齐，升沉各异，聚散无恒，忧乐自别。但当教之孝友，教之谦让，教之立品，教之读书，教之择友，教之养身，教之俭用，教之作家。其成败利钝，父母不必过为萦心；聚散苦乐，父母不必忧念成疾。但视己无甚刻薄，后人当无倍出之患；己无大偏私，后人自无攘夺之患；己无甚贪婪，后人自当无荡尽之患。至于天行之数，禀赋之愚，有才而不遇，无因而致疾，延良医慎调治，延良师谨教训，父母之责尽矣，父母之心尽矣。此处多子孙之道也。

译文 至于子孙连累父母的地方就更多了！他们小的时候，父母担心他们生病，他们年龄稍大一点，父母担心他们能否取得科举功名，担心他们浮华奢侈不善于治理家庭，担心他们结交行为不端正的人。一旦子女们离开自己身边，就会担心他们在路上的寒冷炎热、饥饿口渴，以至担心完儿子，又担心孙子，往复无穷，没有尽头。父母年龄大了，子孙众多，怎能保证他们没有生病或痛苦的事？子孙或贤良，或愚笨，参差不齐，有出息的和没有出息的各不相同，聚会、分离没有定准，忧伤和欢乐各有区别。父母应教导他们孝顺父母、友爱兄弟，教导他们谦逊退让，教导他们树立良好的品德，教导他们读书学习，教导他们谨慎交友，教导他们保养身心，教导他们勤俭节约，教导他们治理家庭。至于他们的成功、失败、聪明、迟钝，父母没有必要过分放在心上；他们的聚会、分离、痛苦、快乐，父母没有必要忧虑过多，以至于生病。父母只要看自己对他们没有过分冷酷无情，子孙就没有数不清的祸患；自己没有过分偏爱他们中的任何一个人，子孙自然没有争夺家产的祸患；自己没有过分贪婪，子孙自然没有败尽家产的祸患。至于上天安排的命运，比如禀赋的愚笨，有才华的没有机遇，无故生病，聘请好医生为他们小心调治，聘请好老师严格教育他们，做父母的责任和心意就已经尽到了。这就是处理多子多孙的方法。

读书者不贱，守田者不饥，积德者不倾，择交者不败

圃翁曰："予之立训，更无多言，止有四语：读书者不贱，守田者不饥，积德者不倾，择交者不败。尝将四语，律身训子，亦不用烦言夥说[1]矣。虽至寒苦之人，但能读书为文，必使人钦敬，不敢忽视。其人德性，亦必温和，行事决不颠倒，不在功名之得失，遇合之迟速也。守田之说，详于《恒产琐言》[2]。积德之语，六经、《语》、《孟》，[3]诸史百家，无非阐发此义，不须赘说。择交之说，予目击身历，最为深切。此辈毒人如鸩之入口，蛇之螫[4]肤，断断不易，决无解救之说，尤四者之纲领也。余言无奇，止布帛、菽粟，可衣可食，但在体验亲切耳。"

译文 圃翁说："我立家训，其实再也没有太多要说的，只有四句话：读书的人不卑贱，守护田产的人不挨饿，积累善行

---

[1] 夥（huǒ）说：多说。

[2] 《恒产琐言》：为张英论述守田置产的家训著作。

[3] 六经：指《诗》《书》《礼》《易》《乐》《春秋》六部儒家经典。《语》《孟》：指《论语》《孟子》。

[4] 螫（shì）：毒虫或蛇咬刺。

的人不会倾覆，择友而交的人不会破败。我曾经用这四句话来
要求自己、教训子孙，其余话说多了也没有用。即使是最贫寒
穷苦的人，只要能读书写文章，必定会让人钦佩敬重，没有人
敢忽视他。这种人的性格也一定温和，做事决不会颠三倒四，
也不计较科举功名的得失，得到机遇也只是迟早的事。守护
田产的方法，《恒产琐言》已经讲得很详细了；积累善行的话，
古代儒家的六经、《论语》、《孟子》，以及诸子百家都有阐发，
不需要我多说。至于择友而交，我亲眼看到的和亲身经历的，
体会最为深切。坏朋友害人，就好比喝了鸩毒之酒，被毒蛇咬
伤了一样，绝对不能改变，一定没有阻止的办法。所以，择友
而交是以上四句话的纲领，最为重要。我所说的话很普通，就
好像衣服能穿、粮食能吃一样，只是亲身的切实体会罢了。"

尽人子之责唯有立品、读书、养身、
俭用四事

　　思尽人子之责，报父祖之恩，致乡里之誉，贻后人之泽，
唯有四事：一曰立品，二曰读书，三曰养身，四曰俭用。世家
子弟原是贵重，更得精金美玉之品，言思可道，行思可法，不
骄盈，不诈伪，不刻薄，不轻佻，则人之钦重，较三公[1]而

---

[1]　三公：古代三种高级职官的合称，各朝代所指不同。最早出现在周朝，指司马、司
　　徒、司空或太师、太傅、太保，是最高的辅政大臣。

更贵。

译文 想尽做儿子的责任，报答祖父、父亲的恩德，获得邻里的赞誉，留福泽给子孙后代，只需要做到四件事：一是培养品德，二是读书，三是保养身心，四是节俭。显贵人家的子弟本来就尊贵庄重，再加上有纯洁完美的品德，说任何话要考虑说得有道理；做任何事要考虑做完后是可以效法的，不骄傲满足，不欺骗诈伪，不冷酷无情，不轻浮，那么就会得到别人的敬重，他们会认为你比位居三公的人更尊贵。

待人接物中见品格

予行年六十有一，生平未尝送一人于捕厅[1]令其呵谴之，更勿言笞责。愿吾子孙终守此戒勿犯也！不足，则断不可借债；有余，则断不可放债。权子母[2]起家，惟至寒之士稍可，若富贵人家为之，敛怨养奸，得罪招尤，莫此为甚。乡里间荷担负贩及佣工小人，切不可取其便宜，此种人所争不过数文，我辈视之甚轻，而彼之含怨甚重。每有愚人见省得一文，以为得计，而不知此种人心忿口碑，所损实大也。待下我一等之人，言语辞气最为要紧，此事甚不费钱，然彼人受之，同于实惠，只在精神照料得来，不可惮烦，《易》所谓"劳谦"是

---

[1] 捕厅：清代州县官署中的佐杂官。如吏目、典史等，因有缉捕之责，故称。

[2] 权子母：古代国家铸钱，以重币为母，轻币为子，权其轻重而使用。后遂称以资本经营或借贷生息为"权子母"。

也。予深知此理，然苦于性情疏懒，惮于趋承，故我惟思退处山泽，不见要人，庶少斯过，终日懔懔[1]耳。读书固所以取科名，继家声，然亦使人敬重。

译文 我今年六十一岁了，一生中从来没有把一个人送到捕厅去，让他们遭到呵骂谴责，更不用说拷打责罚了。希望我的子孙能一直坚守这一条戒律，不要违反。家里没有钱了，千万不能借债；家里钱多了，千万不能放债。靠放高利贷获利息起家，这是只有十分贫穷的人才能做的事。如果富贵人家这样做，就会招致怨恨，纵容奸邪，得罪别人，没有比这更要命的事。农村挑担走街串户的小贩以及佣工下人，千万不要占他们的便宜，他们跟你争的不过是几文钱的事，几文钱我们自己看得很轻，但他们心里会因这几文钱而痛恨你。常常有愚蠢人见到省了一文钱，自己觉得很得意，但是他不知道那些人内心愤懑不平，嘴上到处议论，说你的坏话，这样对你的损害实在很大。对地位比自己低的人，说话的语气最是要紧，这种事不需要花钱，但是对方一旦接受了，就跟得到了实际的好处一样了，只要精力上能照顾得过来，就不能怕麻烦而不这么做。《易经》上讲的"勤劳谦恭"就是这个意思。我虽然深知这个道理，但是苦于我性情疏散懒惰，不愿意迎合奉承，所以我只想退居山林，不想见到达官贵人，也许可以减少一点过失，免得整天要摆出一副严正刚烈的面孔。读书固然是为了获取科举功名，继承家族的名声，但也是让人敬重你的最好方式。

---

[1] 懔(lǐn)懔：严正刚烈的样子。

读书养身以安父母之心

予尝有言曰："读书者不贱。"不专为场屋[1]进退而言也。父母之爱子，第一望其康宁，第二冀其成名，第三愿其保家。《语》曰："父母惟其疾之忧。"[2]夫子以此答武伯之问孝，至哉斯言！安其身以安父母之心，孝莫大焉。养身之道，一在谨嗜欲，一在慎饮食，一在慎忿怒，一在慎寒暑，一在慎思索，一在慎烦劳。有一于此，足以致病，以贻父母之忧，安得不时时谨凛也？

译文 我曾经说过："读书的人不低贱。"这不是专就在科举考试中的成功或失败而言。父母疼爱子女，第一希望他健康安宁，第二希望他获得科举功名，第三希望他保全家业。《论语》说："父母只担忧子女生病。"孔子用这句话来回答武伯问怎样才算是孝顺的问题，这话非常深刻啊！保持身体健康平安让父母心安，这是最大的孝顺。保养身体的方法有六个：一是不要有过多的欲望，二是节制饮食，三是不要轻易愤怒发火，

---

[1] 场屋：科举考试的地方。此处代指科举考试。

[2] "父母惟其疾之忧"一句：语出《论语·为政》。此句历来有不同的解释，钱穆先生《论语新解》认为此句有三解：一、父母爱子，无所不至，因此常忧其子之或病。子女能体此心，于日常生活加意谨慎，是即孝。或说，子女学以谨慎持身，使父母唯以其疾病为忧，言他无可忧。第三说，子女诚心孝其父母，或用心过甚，转而使父母不安，故为子女者，唯当以父母之疾病为忧，其他不宜过分操心。孟子言父子之间不责善，亦当此义。三说皆合理。

四是冷暖寒热要小心，五是不过度用脑，六是不要过度烦恼、劳碌。如果有一种方法没有做到，都可能会生病，给父母带来忧愁，所以怎么能够不时时小心谨慎呢？

人生以择友为第一事

人生以择友为第一事。自就塾以后，有室有家，渐远父母之教，初离师保之严。此时乍得友朋，投契缔交，其言甘如兰芷，甚至父母、兄弟、妻子之言，皆不听受，惟朋友之言是信。一有匪人厕于间，德性未定，识见未纯，断未有不为其所移者，余见此屡矣！至仕宦之子弟尤甚，一入其彀中 [1]，迷而不悟，脱有尊长诫谕，反生嫌隙，益滋乖张。故余家训有云：
"保家莫如择友。"盖痛心疾首其言之也。

译文 人生中最重要的事是择友。从在私塾读书到成家立业，人就逐渐远离了父母的教诲，开始没有了老师的严格教育。这个时候刚有了朋友，遇到见解相合的人就会成为好朋友，好朋友说的话也像兰草和白芷一样芳香，甚至连父母、兄弟、妻子、儿女的话都听不进去，只相信好朋友的话。一旦有坏朋友在他的身边，而他的道德、性格都还没有定型，见解也不成熟，没有人不被这种坏朋友带坏的，这种例子我见到过很多。那些官宦人家子弟更加严重，一旦中了坏朋友的圈套，就

---

[1] 彀（gòu）中：箭能射及的范围，比喻圈套、牢笼。

会变得执迷不悟，假如有长辈来教育他，反而会被他猜疑或忌恨而产生仇怨，更加嚣张地跟长辈对着干。因此我的家训说："保全家业不如选择朋友重要。"我是因为痛心疾首才这么说的。

治家之道，谨肃为要

治家之道，谨肃为要。《易经·家人卦》[1]义理极完备，其曰："家人嗃嗃，悔厉，吉；妇子嘻嘻，终吝。""嗃嗃"近于烦琐，然虽厉而终吉。"嗃嗃"流于纵轶，则始宽而终吝。余欲于居室，自书一额曰"惟肃乃雍"[2]，常以自警，亦愿吾子孙共守也。

译文 家庭的治理方法，以谨慎恭敬为主。《易经·家人卦》所讲的道理极其完善齐备，其卦辞说："作为一家之主，治家过于严厉，难免会有后悔的情形，甚至会有危险，但是总的来说结果是吉利的。相反，如果放纵家里妇女、孩子嬉笑无节制，即治家不严厉，总是不好的，最终会后悔和带来羞辱。"严厉接近烦琐，虽然严厉，最终却吉利。嘻嘻哈哈流于放纵安逸，刚开始的时候是宽容的，但最终却悔恨。我想在住

---

[1] 《易经·家人卦》：是《易经》的第三十七卦，《家人卦》是巽上离下，外卦的"九五"，与内卦的"六二"都得正，象征男人主外，女人主内，各守正道，所以命名为"家人"。

[2] 惟肃乃雍：家庭只有恭敬才能和顺。

宅里自己写一块匾额，写上"惟肃乃雍"四个字，经常用来警醒自己，也希望我的子孙们都能遵守。

世家子弟，其修行立名之难，较寒士百倍

古称："仕宦之家，如再实之木，其根必伤。"旨哉，斯言！可为深鉴。世家子弟，其修行立名之难，较寒士百倍。何以故？人之当面待之者，万不能如寒士之古道，小有失检，谁肯面斥其非？微有骄盈，谁肯深规其过？幼而骄惯，为亲戚之所优容；长而习成，为朋友之所谅恕。至于利交而謟[1]，相诱以为非；势交而谀，相倚而作慝[2]者，又无论矣。人之背后称之者，万不能如寒士之直道：或偶誉其才品，而虑人笑其逢迎；或心赏其文章，而疑人鄙其势利。甚且吹毛索瘢[3]，指摘其过失而以为名高；批枝伤根，讪笑其前人而以为痛快。至于求利不得，而嫌隙易生于有无；依势不能，而怨毒相形于荣悴者，又无论矣。

译文 古人说："做官有名望的家庭，就像是一年结两次果实的树木，它的根部一定会受到损伤一样。"说得多么好啊，可以好好借鉴。世代显贵家庭的子弟，他们的修养品行、树立

---

[1] 謟（tāo）：超越本分。

[2] 慝（tè）：奸邪，邪恶。

[3] 吹毛索瘢（bān）：吹开皮上的毛寻找疤痕。比喻刻意挑剔别人的缺点，寻找差错。

名声的难度，要比一般的贫寒读书人难上百倍。这是为什么呢？人们面对他们，远远不如对待贫寒子弟那样真诚热心，即使他们有一点小小的过失，谁又肯当面斥责他们不对？如果他们稍微有点骄傲自满，谁又肯诚恳地规劝他们改过呢？从小就娇生惯养，被亲戚们宠爱、宽容；长大以后就习惯成自然，又会得到朋友们的谅解宽恕。至于那些为了利益交往的人，本身行为就超越本分，他们会引诱世家子弟走向邪路；为了势利而交往的人，善于阿谀奉承，倚仗世家子弟的家庭势力与子弟一起作恶，这就更不要说了。别人在背后称颂世家子弟的话，远不如对待贫家子弟那样直接。有的人偶尔称赞世家子弟的才学人品，但又怕别人说他是在逢迎拍马屁；有的人从心底欣赏世家子弟写的文章，但又怀疑别人会鄙视他是势利小人。更甚者，有的人想通过对世家子弟吹毛求疵，寻找毛病，指摘其过失错误，以博取高洁的名声；损害枝叶就会伤害树的根茎，把讥笑讽刺世家子弟的先辈当作痛快的事情。还有那些想求取利益而没有得逞的人，就会无缘无故地生出许多怨恨；而依仗势利也没有得逞的人，他的怨恨会随着世家子弟家庭的荣枯而表现出来，就更不用说了。

故富贵子弟，人之当面待之也恒恕，而背后责之也恒深。如此则何由知其过失，而显其名誉乎？故世家子弟，其谨饬如寒士，其俭素如寒士，其谦冲小心如寒士，其读书勤苦如寒士，其乐闻规劝如寒士。如此，则自视亦已足矣，而不知人之称之者，尚不能如寒士，必也。谨饬倍于寒士，俭素倍于寒士，谦冲小心倍于寒士，读书勤苦倍于寒士，乐闻规劝倍于寒士。然后人之视之也，仅得与寒士等。今人稍稍能谨饬、俭素、谦下、勤苦，人不见称，则曰"世道不古""世家子弟难做"，此未深明于人情物理之故者也。

译文 因此，富贵人家的子弟，别人当面对待他们的时候总是显得宽容，而在背后责骂他们总是很厉害的。这样，富贵人家的子弟又从哪里能知道自己的过失，从而显扬自己的名誉呢？因此富贵人家的子弟，要与贫寒子弟一样谨慎周到，与贫寒子弟一样俭省朴素，与贫寒子弟一样谦虚，与贫寒子弟一样刻苦读书，与贫寒子弟一样乐于听到别人的规劝。能做到这些，富贵人家的子弟就认为已经够了，但是他们不知道人们对他们的赞扬，还是不能像对待贫寒子弟一样。富贵子弟必须比贫寒子弟加倍谨慎周到，比贫寒子弟加倍俭省朴素，比贫寒子弟加倍谦虚，比贫寒子弟加倍刻苦读书，比贫寒子弟加倍乐于听到别人的规劝。能做到这些，别人看待他，仅仅是与贫寒子弟相同。如今不少富贵子弟在谨慎周到、俭省朴素、谦虚、刻苦等方面稍微努力了，别人没有称赞他，就会说"社会道德风尚不如从前一样厚道热心""富贵子弟难做"等等，这是没有深刻认识人之常情、事物常理的缘故啊。

我愿汝曹常以席丰履盛为可危、可虑、难处、难全之地，勿以为可喜、可幸、易安、易逸之地。人有非之、责之者，遇之不以礼者，则平心和气，思所处之时势，彼之施于我者，应该如此，原非过当。即我所行十分全是，无一毫非理，彼尚在可想，况我岂能全是乎？

译文 我希望你们要经常把生活好、福泽厚当作危险、忧虑、困难、难以保全的境地，而不要当作是让人高兴、幸福，容易安心、安逸的地方。有指责、非难你们的人，或者有对你们不礼貌的人，要心平气和，想想当时所处的情况，就会发现他这样对待我，应该如此，原来并不过分。即使我所做的都对，没有一丝一毫不讲道理，对别人的指责也是可以宽容的，更何况我怎么可能都是对的呢？

"忍"与"让"足以消无穷之灾悔

古人有言："终身让路，不失尺寸。"老氏以"让"为宝。[1] 左氏曰："让，德之本也。"[2] 处里闬[3] 之间，信世俗之言，不过曰"渐不可长"，不过曰"后将更甚"。是大不然！人孰无天理良心，是非公道？揆[4] 之天道，有"满损谦益"[5] 之义；揆之鬼神，有"亏盈福谦"[6] 之理。自古只闻"忍"与"让"，足以消无穷之灾悔；未闻"忍"与"让"，翻以酿后来之祸患也。欲行忍让之道，先须从小事做起。

---

[1] 老氏以"让"为宝：《老子》："我有三宝，持而宝之：一曰慈，二曰俭，三曰不敢为天下先。"

[2] 让，德之本也：语出《左传·昭公十年》："让，德之主也，让之谓懿德。"

[3] 闬（hàn）：乡里。

[4] 揆（kuí）：度，揣测。

[5] 满损谦益：语出《尚书·大禹谟》："满招损，谦受益。"

[6] 亏盈福谦：语出《易经·谦》："天道亏盈而益谦，地道变盈而流谦，鬼神害盈而福谦，人道恶盈而好谦。"

余曾署刑部事五十日，见天下大讼大狱，多从极小事起。君子敬小慎微，凡事只从小处了。余行年五十余，生平未尝多受小人之侮，只有一善策，能转弯早耳。每思天下事，受得小气，则不至于受大气；吃得小亏，则不至于吃大亏。此生平得力之处。

译文 古人说过："一辈子给别人让路，自己也不吃亏。"老子就以谦让、不争为美德。左丘明说："让是道德的根本。"在家乡与邻里相处，有人相信世俗的话语，他们会说"对别人不可过分谦让，此风不可长"，他们会说"如果过分谦让，会让对方的气焰更嚣张"。这些说法是很不对的。哪个人会没有天理良心，没有是非和公正的观念呢？用天理来衡量，就有"自满招致损失，谦虚得到益处"的道理；用鬼神来衡量，就有"使盈满者吃亏，使谦虚者得福"的道理。从古到今，只听说过"忍"和"让"，才能消除无穷无尽的灾难和悔恨；而没有听说过"忍"和"让"反而会酿成祸患的。要想按照忍和让的道理行事，必须要先从小事做起。

我曾经在刑部工作过五十多天，看到全国的大案要案，大多都是由非常小的事引发的。凡是有德行的人在对待细微的事上，也持谨慎小心的态度，任何事都在它尚未扩大之前处理好。我活了五十多年，一辈子没有受到小人太多的欺侮，只有一个好办法，就是能够及早调整自己罢了。我常常想天下的事情，能受小气，就不至于会受大气；能吃小亏，就不至于会吃大亏。这是我一生中最受益的地方。

凡事最不可想占便宜

凡事最不可想占便宜，子曰："放于利而行，多怨。"便宜者，天下人之所共争也，我一人据之，则怨萃于我矣；我失便宜，则众怨消矣。故终身失便宜，乃终身得便宜也。汝曹席前人之资，不忧饥寒，居有室庐，使有臧获[1]，养有田畴，读书有精舍，良不易得。其有游荡非僻，结交淫朋匪友，以致倾家败业，路人指为笑谈，亲戚为之浩叹者，汝曹见之闻之，不待余言也。其有立身醇谨，老成俭朴，择人而友，闭户读书，名日美而业日成，乡里指为令器，父兄期其远大者，汝曹见之闻之，不待余言也。二者何去何从，何得何失，何芳如芝兰，何臭如腐草，何祥如麟凤，何妖如鵂鹠[2]，又岂俟予言哉？

译文 任何事情都不要想着占便宜。孔子说："做事如果完全从私利出发，必然招致很多的怨恨。"能得到好处的事，人们都去争抢，如果让我一个人据为己有，那么别人的怨恨就会集中到我一个人身上；如果我没有占到便宜，那么别人的怨恨就消失了。因此，一辈子都没有占到便宜，就是一辈子占到了便宜。你们继承了先辈的遗产，不担心饥饿寒冷，有房子住，有奴婢供差使，有田地提供生活保障，读书有学校，确实难得

---

[1] 臧（zāng）获：古代对奴婢的贱称。

[2] 鵂鹠（xiū liú）：鸟名，古代以为恶鸟，见之不祥。

啊。但有的人闲游放荡，做尽坏事，结交狐朋狗友，以致倾覆家产，败坏家业，别人拿他们当笑话，亲戚朋友为他们惋惜长叹。这样的人你们看见过，也听到过，不需要我举例子多说。有些人为人淳厚谨慎，少年老成，节俭朴素，选择好人结交，闭门苦读，名声一天比一天好，学业也一天比一天有成，邻里都夸他是优秀的人才，父母兄弟也期望他前程远大。这样的人你们看见过，也听到过，也不需要我举例子多说。这二者你们选择哪一个，学习哪一个，哪一个有收获，哪一个有过错，哪一个芬芳得像芝兰一样，哪一个恶臭得像腐烂的草一样，哪一个吉祥得像麒麟凤凰一样，哪一个邪恶得像鸺鹠之类的恶鸟一样，这还用得着我再说吗？

纵读难得之诗书，快对难得之山水

汝辈今皆年富力强，饱食温衣，血气未定，岂能无所嗜好。古人云："凡人欲饮酒博弈一切嬉戏之事，必皆觅伴侣为之。独读快意书，对佳山水，可以独自怡悦。凡声色货利一切嗜欲之事，好之有乐则必有苦，惟读书与对佳山水，止有乐而无苦。"今架有藏书，离城数里有佳山水，汝曹与其狎无益之友，听无益之谈，赴无益之应酬，曷若珍重难得之岁月，纵读难得之诗书，快对难得之山水乎？我视汝曹所作诗文，皆有才情，有思致，有性情，非梦梦全无所得于中者，故以此谆谆告之。欲令汝曹安分省事，则心神宁谧而无纷扰之害；寡交择友，则应酬简而精神有余；不闻非僻之言，不致陷于不义；一味谦和谨饬，则人情服而名誉日起。制义者，秀才立身之本，根本固，则人不敢轻，自宜专力攻之，余力及诗、字，亦可怡情。良时佳辰，与兄弟姊夫辈一料理山庄，抚问松竹，以成余志。是皆于汝曹有益无损，有乐无苦之事。其味聪听之义。

座右箴：

立品、读书、养身、择友。右四纲。

戒嬉戏，慎威仪；谨言语，温经书；精举业，学楷字；谨起居，慎寒暑；节用度，谢酬应；省宴集，寡交游。右十二目。

译文 你们现在都年富力强，吃得饱，穿得暖，但身心都不成熟，怎么会没有什么爱好呢？古人说："凡是人想去喝酒、下棋等，做一切游戏娱乐的事，都必定要寻找伙伴一起去玩。而只有阅读使人心情畅快的书籍和欣赏美丽的山水，可以独自享受愉悦。有关音乐、女色、货物和财利等一切人们喜欢的事情，爱好它们带来欢乐的同时，就必然伴随着痛苦。只有读书和欣赏山水这两件事，可以说只有欢乐而没有痛苦。"现今我们家的书架上有藏书，离城几里地的地方有美丽的山水，你们与其和没有益处的朋友瞎混，听毫无益处的话，参加没有益处的应酬，哪里比得上珍惜难得的岁月，广泛阅读难得的诗书，畅快地欣赏难得的山水呢？我看你们写的诗和文章，都有才情，有意趣，有性格，并不是心中昏乱什么也没有的人，所以我反反复复地告诉你们这些话。想让你们安分守己，减少麻烦，这样精神状态就安定平静，而没有纷乱的侵害；交朋友要有选择，少交朋友，就会应酬少而精力旺盛；不听邪恶的话，不至于做不正义的事；总是谦虚平和、谨慎周到，别人就会佩服你们，而你们的名誉则会一天天上升。八股文章是秀才安身立足的根本，根本牢固了，别人就不敢轻视你们，因此自然应当专心攻读。在八股文写得游刃有余之后，再把精力用在写诗和书法上，也可以怡情悦性。遇到美好的时刻，与兄弟、姐夫们一同去料理山庄，观赏山庄里的松树和竹林，可以成全我的志向。这都是对你们只有好处没有坏处、只有快乐没有痛苦的事。你们要仔细体会我的训话啊！

我的座右箴是：

四纲：立品、读书、养身、择友。

十二目：戒嬉戏，慎威仪；谨言语，温经书；精举业，学楷字；谨起居，慎寒暑；节用度，谢酬应；省宴集，寡交游。

郑燮家书二则

郑燮（1693—1766），清书画家、文学家。字克柔，号板桥，江苏兴化人。早年家贫，乾隆年间进士，曾任山东范县、潍县知县。做官前后均在扬州卖画，擅写兰竹，工书法，为"扬州八怪"之一。

郑板桥三十岁时，有二女一子，为原配徐氏所生，儿子早夭。直至五十二岁时，妾饶氏又生儿子郑麟（小名小宝），不久也夭亡。郑板桥在山东潍县任知县期间，将小宝留在兴化老家堂弟郑墨家里。为教育孩子，他写了多封信给堂弟，所选第一封家书中，郑燮提出了"爱之必以其道"，通过读书中举、中进士是小事，而做个明理的好人是最重要的，提出了"明理作个好人"的精辟见解。所选第二封家书中，郑燮认为贫家子弟最容易成才，对贫家子弟要多关爱，同时强调尊重老师是最重要的。家书文字写得明白如话，娓娓道来，读起来亲切自然。

教子读书，第一要明理作个好人

——《潍县署中寄舍弟墨第二书》（节选）

余五十二岁始得一子，岂有不爱之理！然爱之必以其道，虽嬉戏顽耍，务令忠厚悱恻，毋为刻急也。……我不在家，儿子便是你管束。要须长其忠厚之情，驱其残忍之性，不得以为犹子而姑纵惜也。家人儿女，总是天地间一般人，当一般爱惜，不可使吾儿凌虐他。凡鱼飧[1]果饼，宜均分散给，大家欢嬉跳跃。若吾儿坐食好物，令家人子远立而望，不得一沾唇齿，其父母见而怜之，无可如何，呼之使去，岂非割心剜肉乎！夫读书中举、中进士、作官，此是小事，第一要明理作个好人。

译文 我五十二岁才有了这个儿子，哪有不爱他的道理呢？但爱儿子必须讲究方法。就算嬉戏玩耍的时候，也一定要注意培养他忠诚厚道的品质和同情心，千万不能让他养成刻薄急躁的毛病。……我不在家的时候，儿子便全靠老弟你来管教。关键是要培养他的忠厚之心，去掉他性情中残忍的一面，不要因为是侄子你就迁就姑息、放纵、溺爱他。仆人的子女，也是天地间一样的人，应当像对待自己的儿女一样一视同仁，决不允许我的儿子欺负他们。平时家中的饭食、水果、点心等

---

[1] 飧（sūn）：晚饭，亦泛指熟食。

好吃的，应当平均分给每个孩子，让大家都欢喜开心。如果只让我儿子一个人吃好东西，让仆人的孩子远远地站在一边望着他吃，一点也尝不到，他们的父母看到后便会可怜他们，又无可奈何，只好喊他们离开，这难道不是割他们的心、剜他们的肉吗？读书中举、中进士以至做官，这些都是小事，最重要的是让孩子做一个明白道理的好人。

夫择师为难，敬师为要

——《潍县寄舍弟墨第三书》

富贵人家延师傅教子弟，至勤至切，而立学有成者，多出于附从贫贱之家，而己之子弟不与焉。不数年间，变富贵为贫贱，有寄人门下者，有饿莩[1]乞丐者。或仅守厥家，不失温饱，而目不识丁。或百中之一，亦有发达者，其为文章，必不能沉着痛快，刻骨镂心，为世所传诵。岂非富贵足以愚人，而贫贱足以立志而浚慧乎？我虽微官，吾儿便是富贵子弟，其成其败，吾已置之不论，但得附从佳子弟有成，亦吾所大愿也。

译文 富贵人家聘请老师来教育子弟，是对自己的孩子充满着期待的，然而真正学有所成的，却多半是那些依附富家私塾就读的贫寒人家子弟，富贵人家的子弟反而不在其中。过不了几年，富贵人家变为贫贱人家，他的子弟中有寄人篱下的，

---

[1] 饿莩(piǎo)：也作"饿殍"。饿死的人。

有沦落为乞丐甚至饿死在街头的。有的好歹还能守住家业，维持温饱，却目不识丁。当然，一百个富贵人家子弟中，也有一两个发达的人，但他写的文章，一定不会因为遒劲酣畅，刻骨铭心，而被世人广为传颂。难道不是富贵足以让人变得愚钝，贫贱足以使人立志而通达心智吗？虽然我只是做了小官，但是我的儿子也算是富贵人家的子弟，他将来是否有成就，我已经不去说了，只要他能跟着几个好的子弟一起学有所成，就是我最大心愿。

至于延师傅，待同学，不可不慎。吾儿六岁，年最小，其同学长者当称为某先生，次亦称为某兄，不得直呼其名。纸笔墨砚，吾家所有，宜不时散给诸众同学。每见贫家之子，寡妇之儿，求十数钱，买川连纸[1]钉仿字簿，而十日不得者，当察其故而无意中与之。至阴雨不能即归，辄留饭；薄暮，以旧鞋与穿而去。彼父母之爱子，虽无佳好衣服，必制新鞋袜来上学堂，一遭泥泞，复制为难矣。

译文　至于聘请老师，对待同学，也不能不慎重。我儿子六岁，在同学中年龄最小，对于同学中年龄大的，要称他们为某某先生；年龄稍大的，也要称他们为某某兄，不能直接叫他们的姓名。笔墨纸砚一类的学习用品，只要我家有的，应当经常分给其他同学。每当看见贫寒人家的子弟，或寡妇的儿子，为了挣十几个钱买川连纸钉习字本，却十天还不能得到时，应当在了解原因后，尽量不露声色地给他一些。如果遇到下雨

---

[1]　川连纸：产于四川的练习写毛笔字的纸。

天，上学的孩子不能及时回家，就要留他们在家里吃饭。天黑了，把旧鞋子给他们，让他们穿上回家。他们的父母同样爱自己孩子，虽然没有很好的衣服，但一定会添置新鞋袜让他们穿着来上学，一旦被泥水弄脏了，再做新的就困难了。

夫择师为难，敬师为要。择师不得不审，既择定矣，便当尊之敬之，何得复寻其短？吾人一涉宦途，即不能自课其子弟。其所延师，不过一方之秀，未必海内名流。或暗笑其非，或明指其误，为师者既不自安，而教法不能尽心；子弟复持藐忽心而不力于学，此最是受病处。不如就师之所长，且训吾子弟之不逮。如必不可从，少待来年，更请他师；而年内之礼节尊崇，必不可废。

译文 挑选好老师是十分困难的，而尊敬老师是关键。选择老师不能不审慎，但既然选定了，就应当尊敬他，为什么要再去找他的不足呢？我一进入官场，就不能亲自授课教孩子们了。要聘请的老师，只要是当地的优秀读书人就可以了，不一定要是天下闻名的人士。有人暗中嘲笑老师的不足，有人当面指出老师的错误，老师就会惴惴不安，就不能尽心尽力地教学了，孩子们还会抱着轻视怠慢的心态而不专心致志地学习，这就是最大的害处。不如发挥老师的长处，训诫孩子们的不对之处。如果老师一定不行，也不妨等到明年，再重新聘请其他老师。而这一年内对老师的礼节和待遇，是一定不能取消的。

纪昀家书三则

纪昀（1724—1805），清代学者、文学家。字晓岚，一字春帆，号石云、观弈道人。献县（今属河北）人。官至礼部尚书、协办大学士。谥号文达。曾以总纂官主撰《四库全书》，主持编撰《四库全书总目提要》。有《纪文达公遗集》《阅微草堂笔记》等。纪昀一生以学问显于世，以节俭闻于朝。

在写给妻子马氏和儿子们的家书中，他列事实，讲道理，剖心迹。他要妻子亲自教子，不宜有偏私，更要认真领会自己的"四戒四宜"，认为这是教子的金科玉律。他把自己老师的对联"事能知足心常惬；人到无求品自高"推荐给次子汝传，并希望像座右铭一样刻在汝传的心里。他告诫儿子们不仅要发奋读书，"勿持傲谩，勿尚奢华"，而且还要学会务农，以便能自食其力。

父母同负教育子女责任

——《寄内子》

父母同负教育子女责任。今我寄旅京华，义方之教，责在尔躬。而妇女心性偏爱者多，殊不知爱之不以其道，反足以害之焉。其道维何？约言之有四戒四宜：一戒晏起，二戒懒惰，三戒奢华，四戒骄傲；既守四戒，又须规以四宜：一宜勤读，二宜敬师，三宜爱众，四宜慎食。以上八则，为教子之金科玉律，尔宜铭诸肺腑，时时以之教诲三子。虽仅十六字，浑括无穷，尔宜细细领会。后辈之成功立业，尽在其中焉。书不一一，容后续告。

译文 父母应共同担负起教育子女的责任。现在我住在京城，教育子女做人走正道的责任就由你来承担了。而妇女的心性是偏爱子女，她们不知道如果不按正确的方法去爱子女，反而是害了他们。教育子女的正确方法是什么呢？简单地说有四戒四宜：一戒早上晚起，二戒懒惰，三戒奢侈豪华，四戒骄傲；已经守住了四戒，又必须用四宜来约束他们：一宜勤奋读书，二宜尊敬师长，三宜善爱众生，四宜节制饮食。以上八条，是教育子女的金科玉律，你应该铭记在心中，时时用这八条教育我们的三个儿子。虽然只有十六个字，但总括的道理是无穷的，你应该深刻领会。后代是否能成功立业，全在其中了。信中就不再一一赘述了，容我日后继续跟你谈。

教子不宜盛气凌人

——《训次儿》

当世宦家子弟，每盛气凌轹，以邀人敬，谓之自重，不知重与不重，视所自为。苟道德无愧于贤者，虽王侯拥彗不为荣，虽胥縻版筑不为辱。可贵者在我，在外者不足计耳。如必以在外为重轻，待人敬我我乃荣，人不敬我我即辱，则舆台仆妾，皆可以自操荣辱，毋乃自视太轻耶？先师陈白崖先生尝手题于书言曰："事能知足心常惬，人到无求品自高。"斯真标本之论。尔当录作座右铭，终身行之，便是令子。

译文 当今一些官家子弟，经常以骄傲蛮横的态度去欺凌他人，来谋求得到别人的敬畏，还说这是自重，却不懂得受不受人尊重，全在于自己的修为。假使道德修养上无愧于贤人，即使是王侯恭敬扫地相迎也不会感到荣耀，即使去做服劳役的奴隶或者成为土木工匠也不会感到耻辱。唯有自己可以让自己尊贵起来，身外的一切都不值得考虑。如果非要以别人的意志为标准，别人尊敬我，我就感到光荣，别人不尊敬我，我就感到耻辱，那么，所有奴仆、小妾都能掌握我的荣辱了，这不是把自己看得太轻了吗？我的老师陈白崖先生曾亲自为我题字说："做事情能知足，心中就常感到满足；做人能够没有私欲，品味自然就会高雅。"这真是能揭示事物根本的高论。你应当记下来当作座右铭，一辈子都照着做，就是我的好儿子。

告诫勿持傲谩，勿尚奢华

——《训诸子》

　　余家托赖祖宗积德，始能子孙累代居官，惟我禄秩最高。自问学业未进，天爵未修，竟得位居宗伯[1]，只恐累代积福，至余发泄尽矣！所以居下位时，放浪形骸，不修边幅，官阶日益进，心忧日益深。古语不云乎："跻愈高者陷愈深。"居恒用是兢兢，自奉日守节俭。非宴客不食海味，非祭祀不许杀生。余年过知命，位列尚书，禄寿亦云厚矣，不必再事戒杀修善，盖为子孙留些余地耳。

　　译文 我家依赖祖宗所积功德，才能子子孙孙几代都当官，只有我的俸禄品级最高。扪心自问，我的学问没有长进，道德修养也没有多高，竟然得到礼部尚书这样的高位，估计是祖上积累下来的福气，到我这里发挥到极致了。所以，我做小官的时候，行动不受世俗礼节的约束，随随便便，不拘小节，随着官位不断晋升，心中的忧虑也越来越深。老话说过："爬得越高的人也就陷得更深。"所以我平时处事总是战战兢兢，在生活方面恪守节俭。不请宾客的时候，不吃海鲜；不祭祀的时候，绝不杀生。我已经五十多岁了，官至尚书之位，福禄和

---

[1] 宗伯：官名。周始置。礼官之长，卿爵。掌宗法礼法及宗庙社稷祭祀礼仪。后世称礼部尚书为大宗伯，礼部侍郎为少宗伯。

寿命都已经很丰厚了，其实没有必要再坚持戒杀行善了，只想积点阴德，为子孙留下一点余地罢了。

尝见世禄之家，其盛焉位高势重，生杀予夺，率意妄行，固一世之雄也。及其衰焉，其子若孙，始则狂赌滥嫖，终则卧草乞丐，乃父之尊荣安在哉？此非余故作危言以耸听。吾昔年所购之钱氏旧宅，今已改作吾宗祠者，近闻钱氏子已流为叫化，其父不是曾为显宦者乎？尔辈睹之，宜作为前车之鉴。

译文 常常看到那些世代做官的人家，他们鼎盛的时候官高势大，掌握生死、赏罚大权，肆意妄为，他们固然是一个时代呼风唤雨的大人物。到他们衰败的时候，他们的儿子、孙子就开始疯狂赌博，肆意嫖娼，最终沦落为睡在乱草丛中的乞丐了，他们父辈当年的尊贵和荣耀又到哪里去了呢？这不是我故意危言耸听来吓唬你们。我之前买下来的钱家老宅子，现在已改作我们纪氏宗祠了。最近我听说钱氏的儿子已经沦落为叫花子，他的父亲曾经不也是显赫的官员吗？你们看看这些事，应当作为前车之鉴。

勿持傲谩，勿尚奢华，遇贫者宜赒恤之，并宜服劳。吾特购粮田百亩，雇工种植，欲使尔等随时学稼，将来得为安分农民，便是余之肖子。纪氏之鬼，永不馁矣！尔等勿谓春耕夏苗、胼手胝足[1]，乃属贱丈夫之事，可知农居四民之首，士为四民之末？农夫披星戴月，竭全力以养天下之人，世无农夫，人皆饿死，乌可贱视之乎？戒之戒之。

---

[1] 胼（pián）手胝（zhī）足：手脚磨起老茧。形容经常地辛勤劳动。

译文 为人不要傲慢，不要追求奢华，碰到贫苦的人应该周济他们，并且还要亲自从事体力劳动。我特地买了一百亩良田，雇人耕种，想叫你们随时学习种庄稼，将来能做一个安分守己的农民，那就是我的好儿子。这样，我们纪家的人永远也不会成为饿死鬼了。你们不要认为春耕夏播、使手脚磨起老茧的农活是低贱男人做的事，你们知道在士、农、工、商"四民"之中，以"农"为首，以"士"为末吗？农民早出晚归，十分辛苦，竭尽全力来养活天下人。如果没有农夫，所有人都要饿死，怎么能轻视农民呢？一定不能这么想。

林则徐：
宜常持勤敬与和睦

—— 《训子汝舟》

　　林则徐（1785—1850），清末政治家。字元抚，一字少穆，福建侯官（今福州）人。嘉庆进士。曾任江苏巡抚、湖广总督以及钦差大臣等。鸦片战争后，遭革职，不久充军新疆。谥号文忠。汝舟为林则徐长子，清道光十八年（1838）中进士，选为翰林院庶吉士。散馆后，授翰林院编修。林则徐去世后，升为侍讲。

　　在这封家书中，林则徐告诫长子汝舟：你虽然二十八岁就已经考中进士，并被选为翰林院庶吉士，但其中有侥幸的成分，不能骄傲自满。他要求儿子修身要守三戒，即戒傲慢、戒奢华、戒浮躁；治家则要守勤敬、守和睦。林则徐还希望作为长子的汝舟能起到表率作用，在他看来，汝舟如果能做到勤劳、和睦、孝顺，两个弟弟也就会效仿并做到。林则徐这种重视长子在家庭教育中作用的思想，对当下家庭教育仍有现实意义。

字谕汝舟儿：尔叨蒙天恩高厚，祖宗积德，年才二十八，已成进士，授职编修，是为侥幸成名，切不可自满。宜守三戒：一戒傲慢，二戒奢华，三戒浮躁。尔既奉母弟居京华，务宜体我寸心，常持勤敬与和睦。凡家庭间能守得几分勤敬，未有不兴；能守得几分和睦，未有不发。若不勤、不和之家，未有不败者也。尔昔在侯官，将此四字于族戚人家验之，必以吾言为有证也。尔性懒，书案上诗文乱堆，不好收拾洁净，此是败家气象。嗣后务宜痛改，细心收拾，即一纸一缕，皆宜检拾伶俐，以为弟辈之榜样。勿以为是公子，是编修，一举一动，皆须人服侍也。尔能勤，二弟皆学勤；尔能和，二弟皆学和；尔能孝，二弟皆学孝。尔为一家之表率，慎之慎之！

译文 汝舟我儿，你承蒙皇上深厚的恩泽眷顾，也仰赖林氏祖宗的行善积德，才二十八岁就已经考中进士，还授了翰林院编修，你这是侥幸成名，一定不可以骄傲自满。你应当守住三条戒律：一戒骄傲怠慢，二戒奢侈豪华，三戒轻浮急躁。你既然侍奉母亲并带着弟弟住在京城，就务必要用心体会到我的这点苦心，经常保持勤奋敬畏与和睦。家庭如果能坚守勤奋敬畏，没有不能兴旺起来的；能坚守和睦，也没有不能发达的。家庭如果不勤奋敬畏、不和睦，没有不会衰败的。你之前在福建侯官的时候，把这"勤敬和睦"四个字在族人和亲戚家试验过，必定知道是有例子来证明我的话是对的。你性格懒散，书案上诗文书稿胡乱堆放，不喜欢收拾得干净整洁，这是败家的气象。以后你一定要痛改前非，仔细耐心收拾，就算是一张纸、一缕丝，都应该收拾干净整洁，以便给你弟弟们做出榜样。不要以为自己是公子，又是翰林编修，一举一动，都必须要人来伺候照料。如果你能做到勤奋，你的两个弟弟也都会学着勤奋；你能和睦待人，你两个弟弟也都会学着和睦待人；你能孝敬长辈，你的两个弟弟也都会学着孝敬长辈。你是这一家子的榜样啊，千万要慎重慎重再慎重！

曾国藩家书与日记三十二则

曾国藩（1811—1872），清末洋务派和湘军首领。原名子城，字伯涵，号涤生，湖南湘乡白杨坪（今属双峰）人。道光十八年（1838）进士，选为翰林院庶吉士。散馆后，任翰林院检讨、内阁学士兼礼部侍郎、礼部右侍郎等。咸丰二年底（1853年初），以丁忧在籍官员身份在长沙开始办团练，旋扩编为湘军，为湘军首领。官至两江总督、直隶总督，授武英殿大学士，封一等毅勇侯，死后谥号文正。

曾国藩在晚清有着极高的地位，他与李鸿章、左宗棠、张之洞并称"晚清四大名臣"，更被赞为中兴第一名臣。曾国藩一生勤修己身，治家有方、治军严格，无疑是中国传统士大夫当中的典范。由于曾氏子孙中人才辈出，他通过家书和日记展示出的治家之道，便被后世视为家教经典。

一、家书

曾国藩留下近1500多封家书，主要写给祖父曾星冈（星冈公）、父亲曾麟书（竹亭公）、大弟曾国潢（澄弟、四弟）、二弟曾国华（温弟、六弟）、三弟曾国荃（沅弟、九弟）、四弟曾国葆（季弟、洪弟），以及儿子曾纪泽、曾纪鸿等，在修身、处世、治家等方面都有诸多精辟的论述，比较全面地展示了曾国藩的家教思想。它不但是曾氏家族长盛不衰的秘诀，而且还影响到梁启超、毛泽东、蒋介石等，对当下的家庭教育也有重要的借鉴意义。

士人读书，第一要有志，第二要有识，第三要有恒

——《致诸弟》（道光二十二年十二月二十日）

（节选）

近来写信寄弟，从不另开课程，但教诸弟有恒而已。盖士人读书，第一要有志，第二要有识，第三要有恒。有志则断不甘为下流；有识则知学问无尽，不敢以一得自足，如河伯之

观海，如井蛙之窥天，皆无识者也；有恒则断无不成之事。此三者缺一不可。诸弟此时，惟有识不可以骤几，至于有志有恒，则诸弟勉之而已。予身体甚弱，不能苦思，苦思则头晕，不耐久坐，久坐则倦乏，时时属望惟诸弟而已。

译文 近来写信给弟弟们，从来不另外开列课程，都只是教导你们要有恒心罢了。因为士人读书，第一要有志气，第二要有见识，第三要有恒心。有志气就决不会甘心居处于劣等；有见识就明白学无止境，不敢因为自己有一些学习心得而自满自足，就像河伯观海、井蛙窥天一样，都是目光短浅、没有见识的表现；有恒心就绝没有办不成功的事。这三者缺一不可。弟弟们，惟有见识不是马上可以开阔的，至于有志气、有恒心，你们要努力做到！我身体很不好，不能进行苦思冥想，一苦思就头晕，也不能坐太久，久坐了就会感到疲乏。我时时刻刻盼望的，只有几位弟弟的长进罢了。

附课程表

主敬——整齐严肃，无时不惧。无事时心在腔子里，应事时专一不杂。

静坐——每日不拘何时，静坐一会，体验静极生阳来复之仁心。正位凝命，如鼎之镇。

早起——黎明即起，醒后勿沾恋。

读书不二——一书未点完，断不看他书。东翻西阅，都是徇外为人。

读史——二十三史每日读十页，虽有事不间断。

写日记——须端楷。凡日间过恶：身过、心过、口过，皆记出。终身不间断。

日知其所亡——每日记茶余偶谈一则，分德行门、学问门、经济门、艺术门。

月无忘所能——每月作诗文数首，以验积理之多寡、养气之盛否。

谨言——刻刻留心。

养气——无不可对人言之事，气藏丹田。

保身——谨遵大人手谕：节欲、节劳、节饮食。

作字——早饭后作字。凡笔墨应酬，当作自己功课。

夜不出门——旷功疲神，切戒切戒。

译文 恪守诚敬——整齐严肃，时刻都怀有恐惧之心。没有事情的时候，身心安泰；应对事情时，要心神专一，没有任何的杂念。

静坐——每天不管什么时候，都要抽出时间静坐一会儿，体验宁静到了极点之后，生发出阳气，以恢复仁爱之心，摆正身姿，集中精神，身体要像铜鼎一样沉稳端正。

早起——天一亮就要起床，醒来后不要贪恋温暖的被窝。

读书要专——一本书还没有认真看完，一定不要去看别的书。东翻一本书，西看一本书，不专一，都是去追求一些表面的知识。

读历史——二十三史，每天认真读十页，事情再多，工作再忙，也不能间断。

写日记——需要用楷书来写。凡是平时不好的事情，包括自己做的错事，不好的念头，说了不该说的话，都要一一写出来。一辈子都坚持写，不能间断。

每天知道一些过去所不知道的知识——把每天跟朋友们闲暇时谈到的事情记下来，并且进行分门别类，分德行类、学问类、经济类和艺术类。

每月不忘记那些已经掌握的东西——每月写几首诗，几篇文章，以检验自己心中懂得了多少道理，培养的正气是不是旺盛。

审慎发言——每时每刻都要留心。

涵养本有的正气——内心坦荡，没有不可告人之事，将孟子所提倡的浩然正气藏在丹田。

保养身体——谨遵父亲大人的手谕：不能放纵自己的私欲、不能过度劳累、饮食不能过度。

练字——每天早饭后练书法。凡是因为应酬，人家请我写字，都当作自己平时练书法。

晚上不出门——浪费时间，让精神疲劳，一定要戒掉。

和睦兄弟为第一

——《禀父母》(道光二十三年二月十九日)

（节选）

兄弟和，虽穷氓小户必兴；兄弟不和，虽世家宦族必败。男深知此理，故禀堂上各位大人俯从男等兄弟之请。男之意实以和睦兄弟为第一。

译文 兄弟如果和睦，即使是穷困弱小的平民百姓之家也一定会兴旺；兄弟如果不和，即使是世宦家族也一定会败落。我深深地懂得这一道理，所以恳求家中的各位大人应允我们兄弟的请求。我这样做的意思，确实是把兄弟和睦看作最重要的事。

绝大学问即在家庭日用之间
——《致诸弟》（道光二十三年六月初六日）
（节选）

今人都将"学"字看错了，若细读"贤贤易色"[1]一章，则绝大学问即在家庭日用之间。于"孝弟"两字上尽一分便是一分学，尽十分便是十分学。今人读书皆为科名起见，于孝悌伦纪之大，反似与书不相关。殊不知书上所载的，作文时所代圣贤说的，无非要明白这个道理。若果事事做得，即笔下说不出何妨！若事事不能做，并有亏于伦纪之大，即文章说得好，亦只算个名教[2]中之罪人。贤弟性情真挚，而短于诗文，何不日日在"孝弟"两字上用功？《曲礼》《内则》所说的，句句依他做出，务使祖父母、父母、叔父母无一时不安乐，无一时不顺适；下而兄弟妻子皆蔼然有恩，秩然有序，此真大学问也。若诗文不好，此小事，不足计；即好极，亦不值一钱。不知贤

---

[1] 贤贤易色：语出《论语·学而》，意思是一个人娶妻应该注重贤德而不偏重美貌。

[2] 名教：以"三纲""五常"为主要内容的礼教。

弟肯听此语否？

科名之所以可贵者，谓其足以承堂上之欢也，谓禄仕可以养亲也。今吾已得之矣，即使诸弟不得，亦可以承欢，可以养亲，何必兄弟尽得哉？贤弟若细思此理，但于孝弟上用功，不于诗文上用功，则诗文不期进而自进矣。

译文 现在的人都把"学"字看错了，如果仔细读《论语》中的"贤贤易色"这一章，那么所谓的大学问，就在平时的生活、工作之中。在"孝悌"二字上尽到一分的努力，就有一分的学问；尽到十分的努力，就有十分的学问。今天的人读书，都是为了博取科举功名，对于孝悌等事关伦常纲纪的关键性问题，反而觉得好像跟读书没有关系。殊不知书上所记载的文章，都是作者代圣贤说的，无非要明白这个道理。如果真的事事做到，那么即使是笔下写不出东西来，又有什么关系呢？如果事事都不能做到，并且有亏于伦理纲常大义，那么即使文章写得再漂亮，也只能被算作名教中的罪人。贤弟们性情真挚，不善于写诗文，为何不天天在"孝悌"两个字上下功夫呢？按照《礼记》中《曲礼》《内则》两篇所要求的，句句都照上面说的去做，一定要使祖父母、父母、叔父母等长辈没有一时不安心、快乐，没有一刻不顺心、舒适；往下对于兄弟、妻子和儿女，以和蔼可亲的态度对待他们，让他们感受到家人的恩情，把家庭管理得井然有序，这才是真正的大学问。如果诗文写得不好，这是小事，不必斤斤计较；反之，即使诗文写得好得不得了了，也是一文不值。不知道贤弟们是否认同老兄我的这一番话呢？

科举功名之所以说它可贵，主要是因为它足以让父母高兴，考中了以后可以拿俸禄孝敬、奉养父母。现在我已经得到了科举功名，即使弟弟们没得到，也可以让父母高兴，也可以奉养父母，各位弟弟又何必都要得到科举功名呢？贤弟们如果能想通这个道理，只要在"孝悌"上用功，即使不去追求写好诗文，诗文也自然会有长进。

君子但知有悔，小人则时时求全

——《致温弟沅弟》（道光二十四年三月初十日）

（节选）

兄尝观《易》之道，察盈虚消息之理，而知人不可无缺陷也。日中则昃[1]，月盈则亏，天有孤虚，地阙东南，未有常全而不阙者。《剥》也者，《复》之幾也，君子以为可喜也。《夬》也者，《姤》之渐也，君子以为可危也。是故既吉矣，则由吝以趋于凶；既凶矣，则由悔以趋于吉。君子但知有悔耳。悔者，所以守其缺而不敢求全也。小人则时时求全；全者既得，而吝与凶随之矣。众人常缺，而一人常全，天道屈伸之故，岂若是不公乎？今吾家椿萱[2]重庆[3]，兄弟无故，京师无比美者，亦可谓至万全者矣。故兄但求缺陷，名所居曰"求阙斋"。

---

[1] 昃（zè）：太阳偏西。

[2] 椿萱：父母的代称。古代称父为"椿庭"，母为"萱堂"。

[3] 重庆：此处指祖父母、父母俱存。

盖求缺于他事，而求全于堂上，此则区区之至愿也。家中旧债不能悉清，堂上衣服不能多办，诸弟所需不能一给，亦求缺陷之义也。内人不明此义，时时欲置办衣物，兄亦时时教之。今幸未全备，待其全时，则吝与凶随之矣。此最可畏者也。贤弟夫妇诉怨于房闼[1]之间，此是缺陷，吾弟当思所以弥其缺而不可尽给其求，盖尽给则渐几于全矣。吾弟聪明绝人，将来见道有得，必且韪余之言也……

凡仁心之发，必一鼓作气，尽吾力之所能为。稍有转念，则疑心生，私心亦生。疑心生则计较多，而出纳吝矣；私心生则好恶偏，而轻重乖矣。使家中慷慨乐与，则慎无以吾书生堂上之转念也。使堂上无转念，则此举也，阿兄发之，堂上成之，无论其为是为非，诸弟置之不论可耳。向使去年得云贵、广西等省苦差，并无一钱寄家，家中亦不能责我也。

译文 老兄我曾经研究《易经》蕴含的深刻道理，体察盈满或空虚、消歇或增长的规律，从而懂得人生在世不可以没有缺陷。太阳到了正午便会开始西下，月亮圆满了便会开始亏缺，天有孤虚的地方，地的东南方向有缺口，世间万物没有十全十美而不亏缺的。《周易》的《剥》卦，是讲阴盛阳衰，小人得势而君子困顿，而《剥》卦是《复》卦的萌芽状态，《复》卦讲阳刚重返、生机蓬勃，所以君子认为得到《剥》卦是可喜的。《夬》卦讲君子强大而小人逃窜，它是《姤》卦的先导，《姤》卦讲阴气侵入阳刚，小人卷土重来，所以君子认为

---

[1] 房闼（tà）：寝室，闺房。

得到《夬》卦，也暗含着危险，决不能掉以轻心。所以本来是吉利的事，由于有小的偏失可以逐渐走向凶危；本来是凶危的事，由于懂得改悔而又走向吉利。真正的君子只是懂得应该时时警醒。懂得时时警醒的人，就能坚持欠缺，而不敢处处追求圆满。小人则时时求圆满，圆满得到了，小的偏失和凶险之事也就随之而来了。世上多数人经常处于有欠缺的情况，而我一个人常常圆满，认为这是大意有屈有伸的原因，难道上天能是这样地不公平吗？现在我们家父母、祖父母都健在，兄弟们都整齐平安，在这方面京城没有人可以与我们相比的，我们家也可说是万全之家了。所以我只求欠缺，我把自己的房子命名为"求阙斋"，目的在于以其他方面的欠缺，来求取家中祖父母、父母的齐全。这就是我胸中最大的愿望了。家里欠的旧债不能够全部还清，祖父母、父母的衣服不能够多置办，弟弟们的需求不能全部满足，也是求取欠缺的意思。你们的嫂子不能理解这里面的深意，总想置办衣服，我也不断地教导她。如今幸而没有完全备齐，等到完全齐备时，则小的偏失与凶危也就随之而来了。这是最可怕的事。贤弟们的妻子在家里诉苦埋怨，这就是欠缺。贤弟们应当想怎么样来弥补这个欠缺，但又不能够满足她们的全部要求。如果全部要求被满足了，就接近于圆满了。贤弟们是聪明绝顶的人，将来见识多了，就一定会认同我的这番话……

仁爱之心一旦生发，一定要一鼓作气，尽自己能力去付诸行动。稍有转变的念头，疑心就会产生，私心杂念也便随之而来。疑心一生，考虑计较也就多起来，无论是送出还是拿进，都会变得小气；私心一生，好恶上就会出现偏差，对事情轻重的处置便会出现乖离。如果父母乐于慷慨馈赠，就千万不要因为我写的信而使父母改变想法。假如父母没有改变想法，那么这件事便是做哥哥的我提出的，他们来成全的，父母做得是对是错，弟弟们都不要管就是了。假如我去年被任命到云南、贵州、广西等省去做苦差事，也就没有一分钱寄给家里，家中也没有人会责怪我吧。

决不肯以做官发财，决不肯留银钱与后人

——《致诸弟》（道光二十九年三月二十一日）

（节选）

大凡做官的人，往往厚于妻子而薄于兄弟，私肥于一家而刻薄于亲戚族党。予自三十岁以来，即以做官发财为可耻，以官（宦）囊积金遗子孙为可羞可恨，故私心立誓，总不靠做官发财以遗后人。神明鉴临，予不食言。此时侍奉高堂，每年仅寄些须，以为甘旨之佐。族戚中之穷者，亦即每年各分少许，以尽吾区区之意。盖即多寄家中，而堂上所食所衣亦不能因而加丰，与其独肥一家，使戚族因怨我而并恨堂上，何如分润戚族，使戚族戴我堂上之德而更加一番钦敬乎？将来若做外官，禄入较丰，自誓除廉俸之外，不取一钱。廉俸若日多，则周济亲戚族党者日广，断不畜（蓄）积银钱为儿子衣食之需。

盖儿子若贤，则不靠宦囊，亦能自觅衣饭；儿子若不肖，则多积一钱，渠将多造一孽，后来淫佚作恶，必且大玷家声。故立定此志，决不肯以做官发财，决不肯留银钱与后人。若禄入较丰，除堂上甘旨之外，尽以周济亲戚族党之穷者。此我之素志也。

至于兄弟之际，吾亦惟爱之以德，不欲爱之以姑息。教之以勤俭，劝之以习劳守朴，爱兄弟以德也；丰衣美食，俯仰如意，爱兄弟以姑息也。姑息之爱，使兄弟惰肢体，长骄气，将来丧德亏行，是即我率兄弟以不孝也，吾不敢也。我仕宦十余年，现在京寓所有惟书籍、衣服二者。衣服则当差者必不可少，书籍则我生平嗜好在此，是以二物略多。将来我罢官归家，我夫妇所有之衣服，则与五兄弟拈阄均分。我所办之书籍，则存贮利见斋[1]中，兄弟及后辈皆不得私取一本。除此二者，予断不别存一物以为宦囊，一丝一粟不以自私。此又我待兄弟之素志也。恐温弟[2]不能深谅我之心，故将我终身大规模告与诸弟，惟诸弟体察而深思焉。

译文 大多数做官的人，往往厚待自己的妻子儿女，而薄待自己的兄弟，背地里使自己的小家富有，而对亲戚、家族成员和邻里却很刻薄。我从三十岁以来，就认为靠做官发财是非常可耻的，把做官积蓄的银钱留给子孙是羞耻、可恨的，所以自己暗暗立下誓言，坚决不靠做官积累财富遗留后人。请神明监督审察我，绝不食言。现在要奉养父母，每年只寄一些银子

---

[1] 利见斋：为曾国藩之父曾麟书所办私塾名，曾国藩幼时曾就读于此。

[2] 温弟：即曾国华，字温甫，曾国藩的二弟。

作为他们生活费用的一点补充。同宗同族、亲戚中的贫困人家，也每年都给他们分一点钱，以尽我一点小小的心意。即使我往家中多寄一些钱，父母吃的穿的东西也不能因此更加丰裕，与其只让我们一家富足，让族人、亲戚因此怨恨我，进而一并怨恨父母，哪里比得上把钱分一些给族人、亲戚们，使他们对父母感恩戴德而更增加一份钦敬呢？假如我将来外放去做地方官，收入增加了，我发誓除养廉银和正俸外，不另外收取一文钱。如果我的养廉银和正俸不断增加，那么用来周济亲戚、族人和当地人的钱也就越来越多，资助的面也就越来越广，一定不把银钱积蓄下来留给儿子们，当作他们在穿衣吃饭方面的花销。如果儿子们是贤良的，那么不依靠我做官赚钱，他们能自己赚钱养活自己；如果儿子们不贤良，那么我多积蓄一分钱，他们将多造一分孽，将来骄奢淫逸为非作歹，必定会大大地玷污我们曾氏家族的名声。所以我立定这个志向，决不肯靠做官发财，决不肯把银钱留给后人享用。如果以后我的俸禄收入比较丰厚，除奉养父母产生的日常开支以外，全部拿出来周济亲戚、族人和当地的贫穷者，这是我一贯的志向。

至于兄弟之间，我也是唯有用德去爱你们，不愿用姑息去爱你们。用勤劳俭朴教导你们，用习惯辛劳、坚守俭朴来规劝你们，这是用德去爱你们；让你们吃穿都非常奢华，满足你们的所有欲望，这是以姑息去爱你们。这种姑息之爱，会使得兄弟们肢体懒惰，骄气增长，将来必定丧失好的德行。如果这么做，就是我用不孝来做兄弟们的表率，我绝对不敢这么做。我做官十多年了，现在北京家中只有书籍与衣服两样东西。衣

340

服是因为工作的需要，书籍是我平生所爱好的东西，所以这两样东西略微多些。如果将来我罢官回家，我们两口子的所有衣服，我们五兄弟拈阄平均分配。我所买的书籍，则存放在利见斋，兄弟们以及后辈子弟谁也不得私自拿一本。除这两样东西之外，我绝不保存一样物品作为自己做官积蓄的财产，一丝一粟不作为个人用品。这也是我对待兄弟们的一贯志向。我担心温弟不能从内心深处理解我的一片苦心，所以将我这辈子大的打算告诉各位弟弟，只希望你们能体察并加以深思。

但愿其为耕读孝友之家，不愿其为仕宦之家

——《致诸弟》（道光二十九年四月十六日）

（节选）

吾细思凡天下官宦之家，多只一代享用便尽。其子孙始而骄佚，继而流荡，终而沟壑，能庆延一二代者鲜矣；商贾之家，勤俭者能延三四代；耕读之家，谨朴者能延五六代；孝友之家，则可以绵延十代八代。我今赖祖宗之积累，少年早达，深恐其以一身享用殆尽，故教诸弟及儿辈，但愿其为耕读孝友之家，不愿其为仕宦之家。诸弟读书不可不多，用功不可不勤，切不可时时为科第仕宦起见。若不能看透此层道理，则虽巍科显宦，终算不得祖父之贤肖，我家之功臣。若能看透此道理，则我钦佩之至。

　　译文 我仔细思考，大凡天下做官的家庭，大多数只一代就把福泽享用完了。他们的子孙刚开始骄横放肆，接着放荡不受拘束，最后死了被人弃尸溪谷，能够庆幸绵延一到两代的都很少。做生意的家庭，勤劳俭朴的能够将福泽延至三到四代；既耕作又读书的家庭，谨慎朴实的能够将福泽延至五至六代；孝敬父母、友爱家人的家庭，福泽则可以绵延十代八代。我现在依靠祖宗所积累下来的恩德，年纪轻轻得到了功名，而且官场之路畅达，我非常担心自己一个人就把祖宗的福泽享用尽了，所以告诫各位弟弟及儿辈们，希望我们家成为耕读和孝友的家庭，不愿意成为做官的家庭。各位弟弟读书一定要尽可能多，用功也一定要勤，但是绝对不能时时存有读书是为了做官的想法。如果不能看透其中的道理，即使是在科举考试时名列前茅，得到了显赫的官职，最终也算不上是祖父的贤能子孙，也算不上是我们曾氏家族的功臣。如果能看透其中的道理，我对你们就会钦佩之至。

总以习劳苦为第一要义

——《致诸弟》（咸丰五年八月二十七日早）

（节选）

　　甲三[1]、甲五[2]等兄弟，总以习劳苦为第一要义。生当乱

---

[1] 甲三：曾国藩之子曾纪泽。

[2] 甲五：曾国潢之子曾纪梁。

世，居家之道，不可有余财，多财则终为患害。又不可过于安逸偷惰。如由新宅至老宅，必宜常常走路，不可坐轿骑马。又常常登山，亦可以练习筋骸。仕宦之家，不蓄积银钱，使子弟自觉一无可恃，一日不勤，则将有饥寒之患，则子弟渐渐勤劳，知谋所以自立矣。

译文 甲三、甲五等兄弟，你们总要把习惯勤劳、刻苦作为第一件大事。生活在乱世之中，维持家庭的方法就是不能有多余的钱财，钱财多了最终会成为祸患。你们又不能过于安逸懒惰，比如由新屋到老屋，一定要经常步行，不要坐轿骑马。还要经常爬山，也能锻炼筋骨。做官的人家，不积存钱财，可以使家中子弟感到完全没有依靠，只要一天不勤劳，就会有饥寒交迫的担忧，这样他们就会逐渐习惯勤劳、刻苦，知道只有靠自己努力，才能够自立。

但愿子孙为读书明理之君子

——《谕纪鸿》(咸丰六年九月二十九夜)
(节选)

家中人来营者，多称尔举止大方，余为少慰。凡人多望子孙为大官，余不愿为大官，但愿为读书明理之君子。勤俭自持，习劳习苦，可以处乐，可以处约。此君子也。余服官二十年，不敢稍染官宦气习，饮食起居，尚守寒素家风，极俭也可，略丰也可，太丰则吾不敢也。凡仕宦之家，由俭入奢易，由奢返俭难。尔年尚幼，切不可贪爱奢华，不可惯习懒惰。无论大家小家、士农工商，勤苦俭约，未有不兴，骄奢倦怠，未有不败。尔读书写字不可间断，早晨要早起，莫坠高曾祖考以来相传之家风。吾父吾叔，皆黎明即起，尔之所知也。

凡富贵功名，皆有命定，半由人力，半由天事。惟学作圣贤，全由自己作主，不与天命相干涉。吾有志学为圣贤，少时欠居敬工夫，至今犹不免偶有戏言戏动。尔宜举止端庄，言不妄发，则入德之基也。

译文 从家里来到军营里的人，大多夸奖你，说你举止大方，我为此有些许的欣慰。一般来说，人们大多都希望自己的子孙做大官，我却不希望你们做大官，只希望你们通过读书学习，成为一个明白道理的君子。生活方面自觉做到勤劳、节俭，学习工作方面能习惯勤勉、刻苦，既能身处安乐之中，又能身处俭约之中，这就是真正的君子。我做官有二十年了，不敢沾染一丝一毫官场的不良习气，饮食起居方面还是固守清贫、朴素的家风，极其节俭的生活可以过，略微丰厚一点的生活也可以过，太丰厚了我就不敢享用了。凡是做官的人家，从俭朴转变为奢侈很容易，从奢侈转变到俭朴却相当艰难。你现在年纪还小，千万不能贪图奢侈豪华，不能养成懒惰的坏习惯。无论是大户之家还是小户人家，从事的是士农工商中的哪个行业，只要能保持勤劳、艰苦、俭省、节约的，无一不会家业兴旺；凡是骄横、奢侈、懒倦、懈怠的，没有家业不衰落的。你读书练字不能间断，早晨一定要早起，不要丢掉我们曾氏家族从高祖以来代代相传的优良家风。我的父亲、叔父，都是天一亮就起床，这是你知道的。

富贵功名，都是命中注定的，一半是人本身努力的结果，一半则是由天意成全的。唯有学做圣贤，全部都由自己做主，并不与天命互相干涉。我有志于学做圣贤，只可惜小时候缺少了恭敬自持的修养功夫，到现在都还不免偶尔有戏言和戏谑的行为举止发生。你应该做到举止端庄，不随便乱说话，这才是培养自己成为圣贤的道德修养基础。

古来言凶德致败者约有二端：曰长傲，曰多言

——《致沅弟》（咸丰八年三月初六日）（节选）

古来言凶德致败者约有二端：曰长傲，曰多言。丹朱[1]之不肖，曰傲，曰嚚讼[2]，即多言也。历观名公巨卿，多以此二端败家丧生。余生平颇病执拗，德之傲也；不甚多言，而笔下亦略近乎嚚讼。静中默省愆尤[3]，我之处处获戾[4]，其源不外此二者。温弟性格略与我相似，而发言尤为尖刻。凡傲之凌物，不必定以言语加人，有以神气凌之者矣，有以面色凌之者矣。

---

[1] 丹朱：传说中帝尧之子。名朱，因居丹水，故称"丹朱"。因其傲慢荒淫，故尧禅位于舜。

[2] 嚚(yín)讼：奸诈而好争讼。

[3] 愆尤：罪过。

[4] 获戾：得罪，获咎。

温弟之神气稍有英发之姿，面色间有蛮很之象，最易凌人。凡中心不可有所恃，心有所恃则达于面貌。以门地言，我之物望大减，方且恐为子弟之累；以才识言，近今军中炼出人才颇多，弟等亦无过人之处，皆不可恃。只宜抑然自下，一味言忠信、行笃敬，庶几可以遮护旧失、整顿新气。否则，人皆厌薄之矣。

译文 自古以来谈到一个人招致失败的原因大约有两种：一是傲慢，二是多言。丹朱不像他的父亲尧，就是因为他为人傲慢，而且奸诈，也就是多言。遍观历代名气大、地位高的公卿，很多也是因为这两个原因导致家破人亡。我的性格固执倔强，这是性格中的一种傲气；虽然不爱多说话，但写出来的文章多少有些奸诈。在静坐时，暗中反省自己的过失，发现自己之所以处处被人怪罪，其原因也不外乎这两条。温弟的性格跟我大致相同，但他说话更加尖刻。凡是傲气凌人，不一定是以言语来欺凌别人，有以神气欺凌别人的，有以脸色欺凌别人的。温弟的神色有些英气风发的姿态，面色有时也会显得蛮横，最容易给人以势压人的感觉。人心中不能总有所倚仗，心中有所倚仗的时候，就会在面容、神态上表现出来。从门第上来说，我个人的声望大大下降，恐怕会成为家中子弟的负累；从才能见识上来说，近年军队中锻炼出的人才很多，诸位老弟也没有什么特别超过人家的地方，这些都不可倚仗。在这样的情况下，只应该尽可能地抑制自己，放下架子，讲话一定做到忠诚信实，做事一定做到笃厚敬肃，或许可以借此遮掩过去的一些缺失，整顿出一番新气象。不然，人人都会讨厌和小看我们兄弟几个了。

圣门教人不外"敬""恕"二字

——《致沅弟》(咸丰八年五月十六日)(节选)

人生适意之时不可多得，弟现在上下交誉，军民咸服，颇称适意，不可错过时会，当尽心竭力，做成一个局面。圣门教人不外"敬""恕"二字，天德王道，彻始彻终，性功事功，俱可包括。余生平于"敬"字无工夫，是以五十而无所成。至于"恕"字，在京时亦曾讲求及之。近岁在外，恶人以白眼藐视京官，又因本性倔强，渐近于愎，不知不觉做出许多不恕之事，说出许多不恕之话，至今愧耻无已。弟于"恕"字颇有工夫，天质胜于阿兄一筹。至于"敬"字，则亦未尝用力，宜从此日致其功，于《论语》之"九思"[1]，《玉藻》之"九容"，[2] 勉强行之。临之以庄，则下自加敬。习惯自然，久久遂成德器，庶不至徒做一场话说，四十五十而无闻也。

译文 人生得意的时候总是不可多得的，老弟你现在受到上上下下的交口称赞，军队和百姓都服从你，可以说是很得意了，千万不要错过这个机会，应当尽心竭力，做出一番大事业

---

[1] 九思：语出《论语·季氏》，指视思明，听思聪，色思温，貌思恭，言思忠，事思敬，疑思问，忿思难，见得思义。

[2] 《玉藻》：《礼记》的一篇，记载天子服冕之事。九容：九种可以代表君子之风的行为仪态，即足容重，手容恭，目容端，口容止，声容静，头容直，气容肃，立容德，色容庄。

来。儒家的圣贤教育人，不外乎是"敬""恕"两个字。上天的德性和以德治民的王道，应该贯彻始终，个体的道德修养与建功立业，都应将"敬""恕"包括在内。我在"敬"字上没下功夫，所以到了五十岁还是一事无成。至于"恕"字，在京城时也曾经专门研究过。近年在地方做事，憎恨别人翻着白眼藐视京官，又因为自己性格倔强，渐渐变得刚愎自用，不知不觉做出许多"不恕"的事，说出许多"不恕"的话，至今羞愧不已。老弟你在"恕"字上下了很大的功夫，在天分上也胜过我一筹。至于"敬"字，也没有用力，你应该从现在开始每天用功，努力按照《论语》所说的"九思"、《玉藻》所说的"九容"的要求来做。以庄敬的态度待人，则下属们自然会敬重你。习惯成自然，久而久之你就会成为有道德修养与才识度量的人，或许只有这样才不至于空话连篇，到四五十岁的时候仍然默默无闻。

兄弟和睦、贵体孝道、行"勤""俭"二字

——《致诸弟》（咸丰八年十一月二十三日）

（节选）

然祸福由天主之，善恶由人主之。由天主者，无可如何，只得听之；由人主者，尽得一分算一分，撑得一日算一日。吾兄弟断不可不洗心涤虑，以求力挽家运。第一，贵兄弟和睦。

去年兄弟不和，以致今冬三河之变^[1]。嗣后兄弟当以去年为戒。凡吾有过失，澄、沅、洪三弟各进箴规之言，余必力为惩改；三弟有过，亦当互相箴规而惩改之。第二，贵体孝道。推祖父母之爱以爱叔父，推父母之爱以爱温弟之妻妾儿女及兰、蕙二家。又，父母坟域必须改葬。请沅弟作主，澄弟不可过执。第三，要实行"勤""俭"二字。内间妯娌不可多写铺账。后辈诸儿须走路，不可坐轿骑马。诸女莫太懒，宜学烧茶煮菜。书、蔬、鱼、猪，一家之生气；少睡多做，一人之生气。勤者生动之气，俭者收敛之气。有此二字，家运断无不兴之理。余去年在家，未将此二字切实做工夫，至今愧恨，是以谆谆言之。

译文 然而，祸与福是由上天来做主的，善与恶是由人来做主的。由天做主的事，人力是无可奈何的，只得听之任之。由人做主的事，就应当能尽一分力就尽一分，能撑得一天就撑一天。我们兄弟决不能不洗心革面，摒除各种 杂念，以求尽力挽救家庭的运道。第一，以兄弟和睦为贵。去年我们兄弟不和，招致今年冬天三河惨剧的发生。以后兄弟们应以去年为戒，凡是我有做得不对的地方，澄侯、沅甫、季洪三个老弟都应规劝我，我一定努力改正；三位弟弟有做得不对的地方，也应互相规劝而努力改正。第二，以努力做到孝道为贵。将对祖父母的爱推广以爱叔父，将对父母的爱推广以爱温甫老弟的妻妾儿女，以及兰姐、蕙妹两家。另外，父母的坟墓必须改

---

[1] 三河之变：是指清咸丰八年（1858）十月初十，太平军陈玉成、李秀成在三河镇（今安徽肥西）歼灭李续宾、曾国华部湘军六千余人，李续宾、曾国华战死。

葬。请沅甫老弟做主，澄侯老弟不要太固执了。第三，要实行
"勤""俭"二字，家里妯娌之间不要铺张浪费，不能随意在
店铺买东西。后辈子侄要步行，不要坐轿骑马。几个女儿别太
懒，应当学会烧茶、做饭菜。读书、种菜、养鱼、喂猪是一个
家庭的生机之所在，少睡觉多做事是一个人的生机之所在。勤
是生动之气，俭是收敛之气。能做到这两个字，家运绝没有不
兴旺的道理。我去年在家，没有在这两个字上下足功夫，到现
在都惭愧悔恨，所以我要谆谆告诫你们。

改葬先人之事，须将求富求贵之念
消除净尽

——《致诸弟》(咸丰九年二月初三日)(节选)

沅弟言"外间訾议[1]，沅自任之"。余则谓外间之訾议不
足畏，而乱世之兵燹[2]不可不虑。如江西近岁凡富贵大屋无一
不焚，可为殷鉴。吾乡僻陋，眼界甚浅，稍有修造，已骇听
闻，若太闳丽，则传播尤远。苟为一方首屈一指，则乱世恐难
幸免。望弟再斟酌，于丰俭之间妥善行之。改葬先人之事，须
将求富求贵之念消除净尽，但求免水蚁以安先灵，免凶煞以安
后嗣而已；若存一丝求富求贵之念，必为造物鬼神所忌。以吾

---

[1] 訾议（zǐ yì）：非议。

[2] 兵燹（xiǎn）：指因战乱而遭致的焚毁破坏。

所见所闻，凡已发之家，未有续寻得大地者。沅弟主持此事，务望将此意拿得稳、把得定。至要至要！

译文 沅甫老弟说"外边有人议论指责，我自己承担责任"。我认为外人的指责没什么可怕的，可是乱世战火的焚毁破坏不能不考虑。例如近年来江西富贵人家的高大房屋没有一家不在战乱中被烧毁的，要引以为鉴。我们家地处偏僻，同乡人都没有见过什么世面，眼界很浅，如果我们把房屋稍微修得好一些，他们就觉得太豪华奢侈了，会很吃惊；如果修得太壮伟华丽，那他们会到处传扬，说曾家修了豪宅。如果建成了当地首屈一指的豪宅，那么到了乱世恐怕就难以幸免于灾难了。希望弟弟们反复考虑，在华丽和节俭之间妥善处理。至于改葬先人这件事，必须把谋求富贵的想法消除干净，只能求免除水、白蚁侵害先人的遗体，能免除凶神恶鬼使后代平平安安罢了。如果存有一丝一毫谋求富贵的念头，必定被上天与鬼神所忌恨。据我所见到的、所听到的，凡已经发财升官的人家，没有再去找大吉之地的。沅甫老弟负责这件事情，希望务必坚持这种思想毫不动摇。至关紧要！至关紧要！

尔欲稍有成就，须从"有恒"二字下手

——《谕纪泽》（咸丰九年十月十四日）（节选）

我朝列圣相承，总是寅正^[1]即起，至今二百年不改。我家高曾祖考相传早起，吾得见竟希公、星冈公皆未明即起，冬寒起坐约一个时辰，始见天亮。吾父竹亭公亦甫黎明即起，有事则不待黎明，每夜必起看一二次不等，此尔所及见者也。余近亦黎明即起，思有以绍先人之家风。尔既冠授室^[2]，当以早起为第一先务。自力行之，亦率新妇力行之。

余生平坐无恒之弊，万事无成。德无成，业无成，已可深耻矣。逮办理军事，自矢靡他，中间本志变化，尤无恒之大者，用为内耻。尔欲稍有成就，须从"有恒"二字下手。

余尝细观星冈公仪表绝人，全在一"重"字。余行路容止亦颇重厚，盖取法于星冈公。尔之容止甚轻，是一大弊病，以后宜时时留心。无论行坐，均须重厚。早起也，有恒也，重也，三者皆尔最要之务。早起是先人之家法，无恒是吾身之大耻，不重是尔身之短处，故特谆谆戒之。

译文 本朝的各位皇帝代代相传的习惯，都是凌晨四点就

---

[1] 寅正：寅时为凌晨三点到五点，寅正即凌晨四点。

[2] 授室：本谓把家事交给新妇，后以"授室"指娶妻。

起床，至今已经二百年了都没有变化。我们曾氏家族从高祖、曾祖、祖父到父亲，也是代代相传都早起。我曾见过曾祖父竟希公、祖父星冈公都是天还没亮就起床了。冬天寒冷，起床坐大约两个小时，才看到天亮。我的父亲竹亭公也是黎明就起床，如果有事要办，还没到黎明就起床，每天夜里一定要起床看一两次不等，这都是你曾经看到过的。我近年来也是黎明就起床，正是要继承我们曾氏家族先人的家风。你既然已成人并且结婚了，也应以早起为一定要做到的事。自己要身体力行，也要带领你新婚的妻子努力做到。

我这一生因为有无恒心的毛病，所以万事无成。修身方面没有什么长进，事业更是没有成就，已经感到是莫大的耻辱了。等到办理军务，自己发誓再也不心无旁骛了，可是到了中间本来的志向发生了变化，无恒心的毛病更加严重了，我内心引以为耻。你想要稍有成就，必须从"有恒"两个字上下手。

我曾经仔细观察祖父星冈公，他仪表过人的地方，全在一个"重"字。我走路姿态、仪容举止稳重，就是从星冈公身上学来的。你的外表举止显得很轻浮，这是一个大弊病，以后须时时留心。无论行走和坐下都要稳重。早起、有恒、稳重这三点都是你最要注意的事。早起是我们曾氏先人的家风，无恒心是我的大耻辱，不稳重是你自身的不足，所以特地谆谆告诫你。

吾教子弟不离八本、三致祥

——《谕纪泽纪鸿》(咸丰十一年三月十三日)

（节选）

吾教子弟不离八本、三致祥。八者曰：读古书以训诂为本，作诗文以声调为本，养亲以得欢心为本，养生以少恼怒为本，立身以不妄语为本，治家以不晏起为本，居官以不要钱为本，行军以不扰民为本。三者曰：孝致祥，勤致祥，恕致祥。吾父竹亭公之教人，则专重"孝"字。其少壮敬亲，暮年爱亲，出于至诚，故吾纂墓志，仅叙一事。吾祖星冈公之教人，则有八字、三不信。八者曰：考、宝、早、扫、书、蔬、鱼、猪。三者，曰僧巫，曰地仙，曰医药，皆不信也。处兹乱世，银钱愈少，则愈可免祸；用度愈省，则愈可养福。尔兄弟奉母，除"劳"字、"俭"字之外，别无安身之法。吾当军事极危，辄将此二字叮嘱一遍，此外亦别无遗训之语，尔可禀告诸叔及尔母无忘。

译文 我教育子弟离不开八本、三致祥。八本是：读书以训诂为本，作诗文以声调为本，事亲以得欢心为本，养生以戒恼怒为本，立身以不妄语为本，居家以不晏起为本，做官以不要钱为本，行军以不扰民为本。三致祥是：孝致祥（孝敬能带来祥瑞），勤致祥（勤奋能带来祥瑞），恕致祥（宽恕能带来祥瑞）。我父亲竹亭公教育子弟，专门看重于一个"孝"字。他年轻时孝敬双亲，老年时敬爱双亲，都是出于他的至诚孝心，因此我给他撰写墓志时，只是叙述了他的这一件事。我的祖父星冈公教育子弟，则是八字、三不信。八字是：考、宝、早、扫、书、蔬、鱼、猪。三不信是：不信僧巫，不信地仙，不信医药。身处这个乱世，钱越少越能免于灾祸；花费越节省，越可以修身保持福祉。你们兄弟侍奉母亲，除了"劳""俭"二字外，没有其他安身立命的方法。目前我正处在军事极其危急的时候，再把这两个字叮嘱一遍，除此之外就没有其他的遗训了。你们可以把这些禀告叔叔们和你们的母亲，千万不要忘记我的话。

惟读书则可变化气质

——《谕纪泽纪鸿》（同治元年四月二十四日）

（节选）

人之气质，由于天生，本难改变，惟读书则可变化气质。古之精相法（者），并言读书可以变换骨相。欲求变之之法，总须先立坚卓之志。即以余生平言之，三十岁前最好吃烟，片刻不离，至道光壬寅十一月二十一日立志戒烟，至今不再吃。四十六岁以前作事无恒，近五年深以为戒，现在大小事均尚有恒。即此二端，可见无事不可变也。尔于"厚重"二字，须立志变改。古称金丹换骨，余谓立志即丹也。

译文 人的气质是天生的，早就有了定数，本来是很难轻易改变的，唯独读书可以改变气质。古代擅长相面的人，都认为读书可以改变人的骨相。假如想要求得改变骨相的方法，必须先树立一个坚定卓绝的志向。就拿我这辈子来说，三十岁前最喜欢抽烟，一刻都离不开水烟袋，到道光二十二年十一月二十一日立志戒烟，至今没再抽过烟了。四十六岁以前做事没有恒心，近五年来我一直以恒心来警醒自己，现在大小事情都能持之以恒了。就这两点，可见没有什么事是不能改变的。你在"厚重"二字上，必须立志苦下功夫去改变。古人说吃金丹可以使人换骨，我认为立志就是金丹。

吾家自概之道不外"廉""谦""劳"三字

——《致沅弟季弟》(同治元年五月十五日)

(节选)

余家目下鼎盛之际，余忝窃将相，沅所统近二万人，季所统四五千人，近世似此者曾有几家？沅弟半年以来，七拜君恩，近世似弟者曾有几人？日中则昃，月盈则亏，吾家亦盈时矣。管子云："斗斛[1]满则人概[2]之，人满则天概之。"余谓天

---

[1] 斗斛(hú)：泛指量器。

[2] 概：刮平斗、斛用的小木板。引申为刮平或削平。

之概无形，仍假手于人以概之。霍氏[1]盈满，魏相[2]概之，宣帝[3]概之；诸葛恪[4]盈满，孙峻概之，吴主[5]概之。待他人之来概而后悔之，则已晚矣。吾家方丰盈之际，不待天之来概、人之来概，吾与诸弟当设法先自概之。

自概之道云何，亦不外"清""慎""勤"三字而已。吾近将"清"字改为"廉"字，"慎"字改为"谦"字，"勤"字改为"劳"字，尤为明浅，确有可下手之处。

译文 我们家现在正处于鼎盛时期，我又处在将相的高位，沅甫弟统率的军队有近两万人，季洪弟统率着四五千人，近年来像我们这样的家族天下又有多少呢？沅甫弟半年以来，七次领受朝廷的奖赏，近年来像他这样的人物又有几个呢？太阳升到中天就要开始西斜，月圆之后就要开始亏缺，我们家正处于满盈的时候了。管子说："斗斛满了，就必须有人来刮平它；人自满了，就必须由上天来刮平他。"我认为上天用来刮平自满的手段是无形的，还是需要假借人手来刮平。汉代的霍

---

[1] 霍氏：霍光，字子孟，西汉大臣，河东平阳(今山西临汾西南)人。霍去病异母弟。汉昭帝时任大司马大将军，封"博陆侯"，受汉武帝遗命辅政。昭帝死后，迎立昌邑王刘贺为帝，不久又废之，迎立宣帝。前后执政凡二十年。

[2] 魏相：字弱翁，西汉大臣，济阴定陶(今山东省菏泽市定陶区西北)人。汉宣帝时丞相，封"高平侯"。霍光死后，辅佐宣帝覆灭霍氏势力集团。

[3] 宣帝：刘询，原名病已，字次卿。公元前74年，霍光废刘贺立刘询为帝，由霍光执政。

[4] 诸葛恪：字元逊，三国琅邪阳都(今山东沂南南)人。孙吴大臣诸葛瑾之子，因独断专权，建兴二年(253年)被孙峻暗中联合吴主孙亮所诛杀。

[5] 吴主：三国时吴国第二任皇帝孙亮，孙权之子。太平三年(258年)，与全公主孙鲁班等谋诛权臣孙綝，事败后被废为会稽王。

光满盈了，就由魏相和宣帝去刮平他；三国时诸葛恪满盈了，就由孙峻和吴国的国君去刮平他。等到别人来刮平自己的时候才感到后悔，就已经晚了。我们家正处在满盈的时候，不要等着上天和别人来刮平，我和诸位弟弟应当设法先自己来刮平。

自我刮平的方法是什么呢？也不外乎"清""慎""勤"三个字罢了。我近来把"清"字改为"廉"字，"慎"字改为"谦"字，"勤"字改为"劳"字，更加浅显，确实更便于去落实。

子侄若与官相见，总以"谦""谨"二字为主

——《致澄弟》(同治元年九月初四)(节选)

为兄弟者，总宜奖其所长，而兼规其短。若明知其错，而一概不说，则非特一人之错，而一家之错也。吾家于本县父母官，不必力赞其贤，不可力诋其非，与之相处，宜在若远若近、不亲不疏之间。渠有庆吊，吾家必到；渠有公事，须绅士助力者，吾家不出头，亦不躲避。渠于前后任之交代，上司衙门之请托，则吾家丝毫不可与闻。弟既如此，并告子侄辈常常如此。子侄若与官相见，总以"谦""谨"二字为主。

译文 兄弟们相处的时候，总是应该表扬其他兄弟的长处而规劝其短处。如果明明知道其他兄弟有错误，而一概不说，这就不仅仅是一个人的错，也是全家的错。像我们家对待本县的地方官，没有必要去大肆赞扬他们是如何如何贤良，也不要

大肆指责他们这也不好那也不好。与他们的关系，应该是不远不近、不亲不疏。他们有红白喜事，我们家一定要去祝贺或吊唁；他们有公事，需要地方绅士协助办理的，我们家不要出头，也不要躲避。至于他们前任和后任的交接，到上级衙门帮他们说话办事等，我们家的人千万不要去过问。老弟你要这样做，告诉子侄辈也要这样做。子侄辈如果有必要同地方官见面的时候，总应该以"谦""谨"二字为主。

曾国藩家书与日记三十二则

"花未全开月未圆"七字，以为惜福之道、保泰之法

——《致沅弟》（同治二年正月十八）（节选）

　　拂意之事接于耳目，不知果指何事？若与阿兄间有不合，则尽可不必拂郁。弟有大功于家，有大功于国，余岂有不感激、不爱护之理？余待希[1]、厚[2]、雪[3]、霆[4]诸君，颇自觉仁让兼至，岂有待弟反薄之理？惟有时与弟意趣不合。弟之志事，颇近春夏发舒之气；余之志事，颇近秋冬收啬之气。弟意以发舒而生机乃王，余意以收啬而生机乃厚。平日最好昔人

---

[1] 希：李续宜，字克让，湖南湘乡（今湖南涟源）人，晚清湘军名将。

[2] 厚：杨岳斌，原名载福，字厚庵，湖南善化（今湖南长沙）人，晚清湘军水师统帅。

[3] 雪：彭玉麟，字雪琴，湖南衡阳人，清末湘军名将。

[4] 霆：鲍超，字春亭，后改春霆，四川奉节（今属重庆）人，晚清湘军名将。

359

"花未全开月未圆"[1]七字,以为惜福之道、保泰之法莫精于此。曾屡次以此七字教诫春霆,不知与弟道及否?星冈公昔年待人,无论贵贱老少,纯是一团和气,独对子孙诸侄则严肃异常,遇佳时令节,尤为凛不可犯。盖亦具一种收啬之气,不使家中欢乐过节,流于放肆也。余于弟营保举银钱军械等事,每每稍示节制,亦犹本"花未全开月未圆"之义。至危迫之际,则救焚拯溺,不复稍有所吝矣。弟意有不满处,皆在此等关头。故将余之襟怀揭出,俾弟释其疑而豁其郁。此关一破,则余兄弟丝毫皆合矣。

译文 我听到了你讲的不如意的事情,不知到底是指哪件事?如果老弟你与我之间偶尔有意见不合的地方,大可不必忧郁烦闷。老弟你对我们家有大功,对国家有大功,于私我是你的哥哥,于公我是你的上司,无论是于私,还是于公,我怎么会有不感激、不爱护老弟你的道理呢?我对待李续宜、杨载福、彭玉麟、鲍超等湘军的重要将领,自己觉得是仁义谦让到极致了,又怎么会对同为湘军重要将领的老弟你反而更不好呢?只是有时与老弟你的性格、旨趣不同。老弟你的性格与旨趣,与春天夏天的生发舒展之气很相似;我的性格与旨趣,与秋天冬天的收敛凝重之气很相似。老弟的意思是只有生发舒展才能生机勃勃,我认为只有收敛凝重才能生机长久。我平时最喜欢北宋蔡襄的"花未全开月未圆"七个字,认为惜福、保平安的方法没有比这个更好。我也曾多次用这七个字教导鲍超,

---

[1] "花未全开月未圆":出自北宋蔡襄的诗作《十三日吉祥探花》。

不知他是否跟你讲到过。我们的祖父星冈公待人，不论贵贱老少都是和和气气，唯独对子孙侄儿非常地严肃，逢年过节，更是凛然不可侵犯，也是具有一种收敛凝重之气，不让家中过于欢乐，以致太放肆了。我对于你的吉字营在保举、银钱、军械等方面稍微有所节制，也是本着"花未全开月未圆"的意思。如果老弟你到了危险紧迫的时候，我就会马上施以援手，救你于水火之中，不会再有丝毫吝啬、犹豫的地方。老弟你不满之处都在这种危险急迫关头。所以我把自己的内心话全部说给你听，使老弟你心中的疑团解开之后，能豁然开朗。这个关键之处一说破，我们兄弟在所有事情上都合上了。

有福不可享尽，有势不可使尽

——《谕纪瑞》（同治二年十二月十四日）

（节选）

吾家累世以来，孝弟勤俭。辅臣公以上吾不及见，竟希公、星冈公皆未明即起，竟日无片刻暇逸。竟希公少时在陈氏宗祠读书，正月上学，辅臣公给钱一百，为零用之需。五月归时，仅用去一文，尚余九十八[1]文还其父。其俭如此。星冈公当孙入翰林之后，犹亲自种菜收粪。吾父竹亭公之勤俭，则尔等所及见也。今家中境地虽渐宽裕，侄与诸昆弟切不可忘却先

---

[1]　九十八：前后数字不符，应是九十九文，当为曾氏笔误。

世之艰难，有福不可享尽，有势不可使尽。"勤"字工夫，第一贵早起，第二贵有恒；"俭"字工夫，第一莫着华丽衣服，第二莫多用仆婢雇工。凡将相无种，圣贤豪杰亦无种，只要人肯立志，都可以做得到的。

译文 我家世世代代以来，都以孝悌勤俭持家。高祖父辅臣公以上的情况我没有看到，而曾祖父竟希公、祖父星冈公都是天没亮就起床了，整天没有片刻的空闲与休息。竟希公小时候在陈氏宗祠读书，正月去上学时，辅臣公给他一百文钱作为零花钱，五月放假回家时，他仅仅用去一文钱，把剩余九十九文钱退还给父亲，他节俭到了如此的程度。星冈公在我考中进士选为翰林之后，仍然亲自种菜收粪。至于我的父亲竹亭公的勤俭情况，则是你们所亲眼看到的。虽然现在家中的境地渐渐宽裕了，但你与你的各位兄弟切不可忘记祖宗当时的艰难。你们有福分不可以享尽，有权势不可以使尽。"勤"字方面要下的功夫，第一贵早起，第二贵有恒；"俭"字方面要下的功夫，第一不穿华丽的衣服，第二不多使用仆人、婢女和雇工。大凡将相、圣贤、豪杰都不是天生的，只要人肯立志，没有什么事情是做不到的。

惩忿窒欲为养生要诀

——《谕纪泽纪鸿》（同治四年九月晦日）[1]

（节选）

张文端公英所著《聪训斋语》，皆教子之言。其中言养身、择友、观玩山水花竹，纯是一片太和生机，尔宜常常省览。鸿儿体亦单弱，亦宜常看此书。吾教尔兄弟不在多书，但以圣祖之《庭训格言》[2]家中尚有数本、张公之《聪训斋语》莫宅有之，申夫有刻于安庆二种为教，句句皆吾肺腑所欲言。以后在家则莳[3]养花竹，出门则饱看山水，环金陵百里内外，可以遍游也。算学书切不可再看，读他书亦以半日为率。未刻以后，即宜歇息游观。古人以惩忿窒欲为养生要诀。惩忿即吾前信所谓少恼怒也，窒欲即吾前信所谓知节啬也。因好名好胜而用心太过，亦欲之类也。药虽有利，害亦随之，不可轻服。切嘱。

译文 张文端公张英所著的《聪训斋语》，都是教子的话，其中说的养身、选择朋友、游山玩水、观赏花草竹木等，完全充满着一派天地间冲和之气的生机，你们要经常反省、浏览。纪鸿儿身体也单薄瘦弱，也应该经常看这本书。我教你们

---

[1] 九月晦日：九月二十九日。因九月为小月，故二十九日称晦。

[2] 《庭训格言》：为雍正八年（1730）雍正帝追述其父康熙帝在日常生活中对诸皇子的训诫而编成之书，共二百四十六条，包括读书、修身、为政、待人、敬老、尽孝、驭下以及日常生活中的细微琐事。

[3] 莳（shì）：栽种。

兄弟，读书不在多，只要以康熙帝的《庭训格言》（家中还有很多本）、张英的《聪训斋语》（莫友芝家有这本书，李榕在安庆刻有此书）这两本书为教材就行，这两本书里的每句话都像是出自我的肺腑，都是我想要说的话。以后在家里的时候就种植花草竹木，出门的时候则饱览山水，环绕着金陵百里内外的风景名胜，都可以全部游一遍。算学一类的书，一定不可以再看了，看别的书，也要以半天为限。到了下午三点以后，就应该去休息游玩了。古人以克制愤怒、遏制情欲为养生的要诀。克制愤怒，也就是我之前写的信中所说的减少恼怒；遏制情欲，也就是我前面信中所说的节制收敛。因为好名好胜而用心过度，也属于欲望一类。药物虽然有利于治病，害处也随之而来，不可以轻易服用。一定要记住我的叮嘱。

应能体会勤、俭、刚、明、忠、恕、谦、浑八德

——《谕纪泽纪鸿》（同治五年三月十四日夜）

（节选）

余近年默省之勤、俭、刚、明、忠、恕、谦、浑八德，曾为泽儿言之，宜转告与鸿儿，就中能体会一二字，便有日进之象。泽儿天质聪颖，但嫌过于玲珑剔透，宜从"浑"字上用些工夫。鸿儿则从"勤"字上用些工夫。用工不可拘苦，须探讨些趣味出来。

译文 我近年来默默体会勤、俭、刚、明、忠、恕、谦、浑八种德行，曾经跟纪泽儿说过，这些话也应该转告纪鸿儿，希望你们能体会其中的一二个字，便会有天天进步的气象了。纪泽儿天资聪颖，但缺点在过于精明灵活，应该从"浑"字上用一些功夫。纪鸿儿则要从"勤"字上用一些功夫。用功读书的时候不能过于拘谨愁苦，必须从读书中体会出一些趣味来。

家道所以可久者，恃长远之家规，恃大众之维持

——《致澄弟》(同治五年六月初五日)(节选)

养生之法约有五事：一曰眠食有恒，二曰惩忿，三曰节欲，四曰每夜临睡洗脚，五曰每日两饭后各行三千步。惩忿，即余圅中所谓养生以少恼怒为本也。眠食有恒及洗脚二事，星冈公行之四十年，余亦学行七年矣。饭后三千步近日试行，自矢永不间断。弟从前劳苦太久，年近五十，愿将此五事立志行之，并劝沅弟与诸子侄行之。

余与沅弟同时封爵开府，门庭可谓极盛，然非可常恃之道。记得己亥正月，星冈公训竹亭公曰："宽一[1]虽点翰林，我家仍靠作田为业，不可靠他吃饭。"此语最有道理，今亦

---

[1] 宽一：曾国藩幼时之名。

当守此二语为命脉。望吾弟专在作田上用些工夫，而辅之以"书、蔬、鱼、猪、早、扫、考、宝"八字，任凭家中如何贵盛，切莫全改道光初年之规模。凡家道所以可久者，不恃一时之官爵，而恃长远之家规；不恃一二人之骤发，而恃大众之维持。我若有福罢官回家，当与弟竭力维持。老亲旧眷、贫贱族党不可怠慢，待贫者亦与富者一般，当盛时预作衰时之想，自有深固之基矣。

译文 养生的方法，大约有五个：一是睡觉吃饭有规律，二是克制愤怒，三是节制欲望，四是每天晚上临睡前要洗脚，五是每天中饭、晚饭后各走三千步。克制愤怒就是我之前讲过的"养生以少恼怒为本"。睡觉吃饭有规律及临睡洗脚两点，我的祖父星冈公坚持了四十年，我也学着做了七年。饭后三千步，我近来开始试着去做，自己发誓从此永不间断。澄弟你从前太辛苦了，现在也快五十岁了，希望你能把这五件事坚持下去，并劝沅弟和子侄们都按照这五种方法去做。

我与沅弟同时被封官赐爵、开府置僚，可以说是门庭极为鼎盛了，但这不是能长久倚仗的事。记得道光十九年正月，祖父星冈公训导父亲竹亭公说："虽宽一点了翰林，但我家仍靠作田为职业，不可以靠他吃饭。"这句话最有道理。如今也应当以这句话为治家的命脉，希望老弟你能专门在作田上用些功夫，同时不要忘记以"书、蔬、鱼、猪、早、扫、考、宝"八个字为辅助，不管家里如何富贵兴盛，也绝对不要全部改变道光初年的格局。大凡家庭运道之所以能够长久保持的，不是倚仗谁一时做了多大官，有多高的爵位，而是靠能流传久远的家规；不是靠一两个人突然发迹，而是靠大家齐心协力来维持家业。我如果有福气能罢官回家，一定与老弟你一起竭尽全力来操持家业。对于过去的亲戚、眷属和贫穷的同族村民不能简慢无礼，对待贫穷的人也要与对待富裕的人一样，不能有差别，在家庭兴盛的时候要预先想到衰败的时候，这样家业就有了深厚坚实的基础。

家中要得兴旺，全靠出贤子弟

——《致澄弟》(同治五年十二月初六日)

(节选)

然处兹乱世，钱愈多则患愈大，兄家与弟家总不宜多存现银。现钱每年兄敷一年之用，便是天下之大富，人间之大福。家中要得兴旺，全靠出贤子弟。若子弟不贤不才，虽多积银积钱积谷积产积衣积书，总是枉然。子弟之贤否，六分本于天生，四分由于家教。吾家代代皆有世德明训，惟星冈公之教尤应谨守牢记。吾近将星冈公之家规编成八句，云："书、蔬、鱼、猪、考、早、扫、宝，常说常行，八者都好；地、命、医理，僧巫、祈祷、留客久住，六者俱恼。"盖星冈公于地、命、医、僧、巫五项人，进门便恼，即亲友远客久住亦恼。此八好六恼者，我家世世守之，永为家训。子孙虽愚，亦必略有范围也。

译文 然而，处在这样的乱世，钱越多则祸患就越大，我家和弟弟家总不应多存现银。每年的现钱够一年的开支，便是天下的大富翁，人间的大福星。家里要想兴旺，全靠出贤良的子弟，如果子弟不贤良又没有才干，即便多积蓄银钱、积蓄粮食田产、积蓄衣物和书籍，都是徒劳的。子弟的贤与不贤，六分是天生决定，四分由家教来决定的。我家世世代代都有相传的功德和严明的家训，惟有祖父星冈公的教训尤其应该小心遵守，牢牢记住。我近来把星冈公的家规编成八句话："读书、种菜、养鱼、喂猪、供奉祖先、早起、打扫房屋、善待亲族邻里，经常说经常做，这八个方面都是好的；风水先生、算命先生、江湖郎中、僧人巫婆、做道场法事、留客人在家久住，这六件事都是令人烦恼的。"这是因为星冈公对地、命、医、僧、巫五类人，一进门就恼火，即便是亲戚朋友或者远道而来的客人，住久了也感到烦恼。这八种爱好与六种烦恼，我曾氏家族要世世代代遵守，永远作为家训。这样，子孙即使愚蠢，也必定不会太离谱。

"好汉打脱牙和血吞"，是余生平咬牙立志之诀

——《致沅弟》(同治五年十二月十八日)

(节选)

然困心横虑，正是磨炼英雄，玉汝于成。李申夫尝谓余怄气从不说出，一味忍耐，徐图自强，因引谚曰"好汉打脱牙和血吞"。此二语是余生平咬牙立志之诀，不料被申夫看

破。余庚戌、辛亥间为京师权贵所唾骂，癸丑、甲寅为长沙所唾骂，乙卯、丙辰为江西所唾骂，以及岳州之败[1]、靖江之败[2]、湖口之败[3]，盖打脱牙之时多矣，无一次不和血吞之。弟此次郭军[4]之败、三县之失[5]，亦颇有打脱门牙之象。来信每怪运气不好，便不似好汉声口，惟有一字不说，咬定牙根，徐图自强而已。

译文 然而心力困顿，忧心忡忡，正是磨炼心智，使你在艰难困苦条件下有所成就的时候。李榕曾评价我生闷气的时候从不说出来，一味忍耐，慢慢地图谋自强之法，就引用谚语说"好汉打脱牙，和着血吞"。这两句话是我平时咬紧牙关、立下大志的秘诀，不料被李榕看破了。我在道光三十年（1850）、咸丰元年（1851）的时候被京城权贵人物所唾骂；咸丰三年（1853）、咸丰四年（1854）的时候被长沙的官绅所唾骂；咸丰五年（1855）、咸丰六年（1856）的时候被江西的官绅唾骂；以及兵败岳州、兵败靖港、兵败湖口，大概打掉牙的时候很多，没有一次不是和着血吞下去。这次你的手下郭松林的部队战败，丢失三个县，也很有被打掉门牙的样子。你来信总是怪运气不好，这就不像是好汉说的话。唯有一个字都不说，只有一个字不提，咬紧牙根，慢慢图谋自强才行。

---

[1] 岳州之败：指咸丰四年（1854）三月，湘军兵败岳阳。

[2] 靖江之败：指咸丰四年（1854）四月，曾国藩率湘军兵败长沙靖港。

[3] 湖口之败：指咸丰五年（1855），曾国藩兵败江西鄱阳湖湖口。

[4] 郭军：指湘军郭松林之军队。郭松林，字子美，湖南湘潭人，清末湘军名将。

[5] 三县之失：指同治五年（1866）十一月中，新湘军的郭松林、彭毓橘、熊登武等人接连丢湖北云梦、孝感、应城三县。

以能立能达为体，以不怨不尤为用

——《致沅弟》(同治六年正月初二日)(节选)

申甫所谓"好汉打脱牙和血吞"，星冈公所谓"有福之人善退财"，真处逆境者之良法也。弟求兄随时训示申儆，兄自问近年得力惟有一悔字诀。兄昔年自负本领甚大，可屈可伸，可行可藏，又每见得人家不是。自从丁巳、戊午大悔大悟之后，乃知自己全无本领，凡事都见得人家有几分是处。故自戊午至今九载，与四十岁以前迥不相同，大约以能立能达为体，以不怨不尤为用。立者，发奋自强，站得住也；达者，办事圆融，行得通也。吾九年以来，痛戒无恒之弊，看书写字，从未间断，选将练兵，亦常留心，此皆自强能立工夫。奏疏公牍，再三斟酌，无一过当之语自夸之词，此皆圆融能达工夫。至于怨天本有所不敢，尤人则常不能免，亦皆随时强制而克去之。弟若欲自儆惕，似可学阿兄丁、戊二年之悔，然后痛下箴砭，必有大进。

译文 李榕所说的"好汉打脱牙和血吞"，祖父星冈公所说的"有福之人善退财"，真是应对逆境的好方法。贤弟你写信来让我为你做些指导，以便你能警醒自己，为兄我自己觉得近年来能有所作为主要靠一个"悔"字，这是我的秘诀。我过去自以为本领很大，能屈能伸，能出仕也能隐居，又常常容易看到人家的不足和做得不对的地方。自从咸丰七年（1857）、咸丰八年（1858）丁父忧期间的彻底反省和醒悟之后，才知道自己完全没有本领，以后什么事情都能看到人家有几分长处。因此从咸丰八年到现在的九年间，我与四十岁以前完全不相同，大致说来，我这些年是以能立能达为本体，以不怨不尤为功用。立，就是发愤图强，在社会上站得住脚跟；达，就是办事完满周到，在社会上能行得通。我九年以来，痛下决心要戒掉没有恒心的毛病，看书写字，从没有间断过，选将练兵，也非常用心，这都是发愤图强以争取站得住的功夫。所写的奏疏公文，在遣词造句上都是再三考虑，没有一句话与事实不符，也没有一个夸耀自己的词语，这都是完满周到以求得行得通的功夫。至于埋怨上天，我历来就不敢；指责别人，则经常免不了会发生，但也都随时强制自己克服这个毛病。弟弟如果想自我警惕，似乎可以考虑学习为兄在咸丰七年、咸丰八年这两年的悔悟，然后痛下决心规谏自己，一定会有很大的进步。

常常作家中无官之想，则福泽悠久

——《致欧阳夫人》（同治六年五月初五日午刻）

（节选）

夫人[1]率儿妇辈在家，须事事立个一定章程。居官不过偶然之事，居家乃是长久之计。能从勤俭耕读上做出好规模，虽

---

[1] 夫人：曾国藩原配欧阳氏，为父亲好友欧阳凝祉之长女。

一旦罢官，尚不失为兴旺气象；若贪图衙门之热闹，不立家乡之基业，则罢官之后，便觉气象萧索。凡有盛必有衰，不可不预为之计。望夫人教训儿孙妇女，常常作家中无官之想，时时有谦恭省俭之意，则福泽悠久，余心大慰矣。

译文 夫人率领儿女、媳妇等人在家，事事都必须定下一个规矩。做官不过是偶然为之的事情，居家过日子才是长久之计。如果家中能在勤俭、耕读上做好，即便有朝一日我被罢官，还是不会失去家业兴旺的气象；如果一味贪图衙门的热闹，不在家乡建立基业，那么被罢官之后，便会觉得气象衰败、门庭冷落。所有的事情都是有盛必有衰，不能不预先做好打算。希望夫人教训儿孙、妇女，常常要有家中没有人做官的想法，时时保持谦恭待人、节省俭朴的念头，这样自然就会福泽悠久，我心里也就十分欣慰了。

修身要以不忮不求为重，治家要以勤俭孝友为先

——《谕纪泽纪鸿》（同治九年六月初四日）

（节选）

余生平略涉儒先之书，见圣贤教人修身，千言万语，而要以不忮[1]不求为重。忮者，嫉贤害能，妒功争宠，所谓"怠

[1] 忮(zhì)：嫉妒，忌恨。

者不能修、忌者畏人修”之类也。求者，贪利贪名，怀土怀惠，所谓“未得患得，既得患失”之类也。忮不常见，每发露于名业相侔[1]、势位相埒[2]之人；求不常见，每发露于货财相接、仕进相妨之际。将欲造福，先去忮心，所谓“人能充无欲害人之心，而仁不可胜用也”。将欲立品，先去求心，所谓“人能充无穿窬[3]之心，而义不可胜用也”。忮不去，满怀皆是荆棘；求不去，满腔日即卑污。余于此二者常加克治，恨尚未能扫除净尽。尔等欲心地干净，宜于此二者痛下工夫，并愿子孙世世戒之。附作忮求诗二首录右。

译文 我这一辈子对于儒家先贤的书籍略有涉猎，发现圣贤教人修身养性，千言万语，而总的说来以“不忮”“不求”为最重要。忮者，就是嫉妒优秀人才的人，因为嫉妒贤能，嫉妒人家的成就，竭力争夺恩宠，这类人，就像古人所说的“懒惰的人自己不追求修习进步，而嫉妒别人的人害怕别人修习进步”。求者，就是贪利贪名的人，唯利是图，这类人就像孔子所说的“没得到的时候担心得不到，得到了又害怕失去”。“忮”，平时不会经常见到，常常会发生在名誉、功业、势力、地位相当的人中间。“求”，平时也不会经常见到，而常常是在财物就在眼前，唾手可得，官位、职位竞争激烈，甚至互相妨碍的时候暴露出来。要想造福于社会，就要先去掉嫉妒之心，就像孟子所说“如果一个人能扩充不想害人之心，那么仁爱

---

[1] 相侔（móu）：相等，同样。

[2] 相埒（liè）：相等。

[3] 穿窬（yú）：指盗窃行为。窬，爬过墙头。

之心就用之不尽了"。要想树立好的人品，必须先除去求取之心，就像孟子所说"如果一个人能扩充穿墙打洞的偷盗之心，那正义就用之不尽了"。嫉妒之心不去，满心都是烦恼；贪求之心不去，满心都是卑污。我在这忮心和求心两方面经常加以克制，只是痛恨自己还没有能扫除干净。你们如果想要做到心地纯净，就应当在这两点上痛下功夫，并且希望子孙后代都能引以为戒。文章结尾附作了《不忮》《不求》两首诗。

历览有国有家之兴，皆由克勤克俭所致。其衰也，则反是。

余生平亦颇以"勤"字自励，而实不能勤。故读书无手抄之册，居官无可存之牍。生平亦好以"俭"字教人，而自问实不能俭。今署中内外服役之人，厨房日用之数，亦云奢矣。其故由于前在军营，规模宏阔，相沿未改，近因多病，医药之资漫无限制。由俭入奢易于下水，由奢反俭难于登天。在两江交卸时，尚存养廉二万金。在余初意，不料有此，然似此放手用去，转瞬即已立尽。尔辈以后居家，须学陆梭山之法[1]，每月用银若干两，限一成数，另封秤出。本月用毕，只准赢余，不准亏欠。衙门奢侈之习，不能不彻底痛改。余初带兵之时，立志不取军营之钱以自肥其私，今日差幸不负始愿，然亦不愿子孙过于贫困，低颜求人，惟在尔辈力崇俭德，善持其后而已。

---

[1] 陆梭山之法：陆梭山，名九韶，字子美，抚州金溪（今属江西）人，南宋学者。陆梭山之法即是将每年收入分为十份，留十分之三为水旱灾害不测之需；十分之一为祭祀之费用；剩余的六份分为十二个月用，将每个月的费用分为三十份，每天用一份。每天的费用需要有盈余，以用七成为合适。

译文 纵观历来国家、家族的兴旺发达，都是由于克勤克俭带来的结果。而国家、家族走向衰落，则是因为违背了这一原则。

我这一生也一直以"勤"字勉励自己，但实际还是没有做到勤。所以读书没有手抄本，做官也没有可以保存的文书档案。我这一生也喜欢用"俭"字教育别人，可是扪心自问，自己实际也没有做到俭。现今官署内外服侍的人，厨房每天的花销，也可以说是奢侈了。这是因为以前在军营的时候，规模就很大，也就沿用下来没有改变；近来因为自己经常生病，所花的医药费，更加是没有上限了。由俭朴到奢侈，比在水中顺流而下还容易；由奢侈返回到俭朴，却比登天还难。在卸任两江总督的时候，我这里还存有养廉银子两万两。我最初并没有料到会有这么多钱存下来，然而像这样放手去用，转眼间就花没了。你们以后居家过日子，要学陆九韶的办法，每个月用多少银子，限制一个数目，用秤称出来另外封存。这个月的银子只准有结余，不准有亏欠。衙门奢侈的习气，需要彻底痛改。我刚开始带兵的时候，立志不贪墨军营的钱来填自己的腰包，如今庆幸没有违背自己当初的心愿。当然，我也不愿意子孙过得太贫穷了，要低声下气地过日子，只要你们努力养成崇尚节俭的品德，并且能好好地坚持下去就可以了。

孝友为家庭之祥瑞。凡所称因果报应，他事或不尽验，独孝友则立获吉庆，反是则立获殃祸，无不验者。

吾早岁久宦京师，于孝养之道多疏，后来展转兵间，多获诸弟之助，而吾毫无裨益于诸弟。余兄弟姊妹各家，均有田宅之安，大抵皆九弟扶助之力。我身殁之后，尔等事两叔如父，事叔母如母，视堂兄弟如手足。凡事皆从省啬，独待诸叔之家则处处从厚，待堂兄弟以德业相劝、过失相规，期于彼此有成，为第一要义。其次则亲之欲其贵，爱之欲其富，常常以吉祥善事代诸昆季默为祷祝，自当神人共钦。温甫、季洪两弟之死，余内省觉有惭德。澄侯、沅甫两弟渐老，余此生不审能否能见。尔辈若能从"孝友"二字切实讲求，亦足为我弥缝缺憾耳。

译文 孝敬父母、友爱兄弟是家庭吉利的征兆。凡是人们平时说的因果报应，其他事情可能不会都应验，唯独孝敬父母、友爱兄弟就会立刻获得吉祥喜庆，反之就会立刻得到灾殃和祸患，没有不应验的。

我早年长期在北京做官，在孝敬奉养父母方面有很多疏忽和不足。后来又带兵打仗，转战各地，得到了诸位弟弟的很多帮助，而我却没有给各位弟弟丝毫的好处。如今我的兄弟姊妹都成了家，都有了田产和房子，可以安心生活了，这大部分都是因为九弟扶助出力的。我死之后，你们对待两位叔叔（曾国潢、曾国荃）要像对待父亲一样，对待叔母要像对待母亲一样，对待堂兄弟要像对待亲兄弟一样。凡事都要节俭，单是对待几位叔叔家，就要处处都优厚；对待堂兄弟要在道德、事业上相互勉励，过失方面要相互纠正，期望彼此有成就，这个要放在首位。其次，亲近他们就是希望他们尊贵，疼爱他们就是希望他们富足，要常常用吉祥的善事为兄弟们默默祈祷，自然就会人神共同钦佩、保佑。国华、国葆两个弟弟的死，我反省的时候，总觉得自己做得不好而内愧于心。国潢、国荃两位老弟也渐渐老了，我这一辈子不知道还能否与他们相见。你们若能在"孝敬""友爱"两个方面切实讲求，也就足以为我弥补缺憾了。

慎独则心安、主敬则身强、求仁则人悦、习劳则神钦

——《谕纪泽纪鸿》（同治十年十一月）

一曰慎独则心安。自修之道，莫难于养心。心既知有善知有恶，而不能实用其力，以为善去恶，则谓之自欺。方寸之自欺与否，盖他人所不及知，而己独知之。故《大学》之《诚意》章，两言慎独。果能好善如好好色，恶恶如恶恶臭，力去人欲，以存天理，则《大学》之所谓"自慊"[1]，《中庸》之所谓"戒慎恐惧"[2]，皆能切实行之。即曾子之所谓"自反而缩"[3]，孟子之所谓"仰不愧，俯不怍"[4]，所谓"养心莫善于寡欲"，皆不外乎是。故能慎独，则内省不疚，可以对天地质鬼神，断无"行有不慊于心则馁"[5]之时。人无一内愧之事，

---

[1] 自慊（qiè）：自足，自快。

[2] 戒慎恐惧：在别人看不到、听不到的地方也要心存敬畏。

[3] 自反而缩：反躬自问，如果正义在我这一边，即便面对的是千军万马，我也勇往直前。反，有反思、反省之意。缩，有理直、正直之意。

[4] 仰不愧，俯不怍：语出《孟子·尽心上》。意即对上无愧于天，对下无愧于人。

[5] 行有不慊于心则馁：语出《孟子·公孙丑上》。行为习惯有愧于心，则正气便会萎靡。

则天君泰然，此心常快足宽平，是人生第一自强之道，第一寻药之方，守身之先务也。

译文　第一条，慎独则心安。自我修养的方法，没有比养心更难的。心中既然知道有善有恶，但是不能实实在在用自己的力量去为善去恶，这就是自己欺骗自己了。心中是否是自欺，别人是不知道的，只有自己知道。所以，《大学》的《诚意》篇两次谈到"慎独"。如果真能做到喜欢善良像喜爱美好的事物，厌恶恶行像讨厌难闻的臭味一样，尽力去掉人的私欲，以保存天理，那么《大学》中所说的"自足"，《中庸》中所说的"君子在别人看不见、听不到的地方也要存敬畏之心"，都能够切实地做到。也就是曾子所说的"自我反省觉得问心无愧，即使面对千万人，我也勇往直前"，孟子所说的"俯仰无愧于天地"，所谓的"养心没有比寡欲更好的办法"，都是这些内容。所以，能够做到慎独，那么自我反省时就不会感到内疚，可以无愧于天地，可以直面鬼神的质问，绝对没有所做的事让心有愧悔而使得正气消失的时候。人如果没有做一件内心感到羞愧的事，心里就会泰然自若，常常感到愉快满足、宽慰平和，这是人生自强的最好方法，也是寻找快乐的最好方法，保证身心健康的首要任务。

二曰主敬则身强。"敬"之一字，孔门持以教人，春秋士大夫亦常言之。至程朱则千言万语不离此旨。内而专静纯一，外而整齐严肃，敬之工夫也；"出门如见大宾，使民如承大祭"，敬之气象也；"修己以安百姓"，"笃恭而天下平"，敬之效验也。程子谓："上下一于恭敬，则天地自位，万物自育，气无不和，四灵毕至。聪明睿智，皆由此出。以此事天飨[1]帝。盖谓敬则无美不备也。"吾谓"敬"字切近之效，尤在能固人肌肤之会，筋骸之束。"庄敬日强，安肆日偷"，皆自然之征应。虽有衰年病躯，一遇坛庙祭献之时，战阵危急之际，亦不觉神为之悚，气为之振，斯足知敬能使人身强矣。若人无众寡，事无大小，一一恭敬，不敢懈慢，则身体之强健，又何疑乎？

译文 第二条，主敬则身强。"敬"这个字，是孔子的儒家学派用来教育别人的，春秋时的士大夫也常常说到它。到了二程（程颢、程颐）与朱熹，他们的很多论述都离不开"敬"这个宗旨。内心主静纯一，外表则整齐严肃，这就是主敬的功夫。"出门办事就像是去见重要的客人，管理老百姓就像是参加隆重的祭祀活动"，这就是主敬的气象。"加强内心修养使天下百姓安乐"，"笃厚恭敬天下就太平"，这就是主敬的效验。程子说："如果上上下下都恭敬，那么天地就自安本位，万物自己化育，风调雨顺，麟、凤、龟、龙四种灵畜都会出现。人的聪明睿智，也都由此而产生。以此祭祀天地祖宗，所以说主敬则一切美事都会齐备。"我说"敬"字切实而看得见的功效，尤其在于它能使人的肌肤、筋骨连接交汇处更加坚固。"人若庄严恭敬，身体就会一天天强健；人若贪图安逸，身体就会一天天怠惰"，这都是自然而然的应验。即使自己已经年迈多病，一旦遇到隆重的坛庙祭祀的时候，或者是在战场上碰到危

---

[1] 飨(xiǎng)：祭祀。

急时刻，也不觉神情为之震动，勇气为之一振，这就足以证明主敬能够使人身体强壮了。如果能在无论人少或人多、无论事情大小的情况下，都能一一恭敬，不敢松懈怠慢，那么，身体必然强健，又有什么可怀疑的呢？

三曰求仁则人悦。凡人之生，皆得天地之理以成性，得天地之气以成形。我与民物，其大本乃同出一源。若但知私己，而不知仁民爱物，是于大本一源之道已悖而失之矣。至于尊官厚禄，高居人上，则有拯民溺救民饥之责。读书学古，粗知大义，即有觉后知、觉后觉之责。若但知自了，而不知教养庶汇，是于天之所以厚我者辜负甚大矣。

孔门教人，莫大于求仁，而其最切者，莫要于"欲立立人，欲达达人"数语。立者自立不惧，如富人百物有余，不假外求；达者四达不悖，如贵人登高一呼，群山四应。人孰不欲己立己达？若能推以立人达人，则与物同春矣。后世论求仁者，莫精于张子[1]之《西铭》。彼其视民胞物与，宏济群伦，皆事天者性分当然之事。必如此，乃可谓之人；不如此，则曰悖德，曰贼。诚如其说，则虽尽立天下之人，尽达天下之人，而曾无善劳之足言，人有不悦而归之者乎？

译文 第三条，求仁则人悦。人的出生，都是得到了天地之理而拥有人性，得到天地的气而具备人的形体。我与百姓、世间万物，从根本上说是同出一源，如果只懂得偏爱自己，而不懂得仁爱百姓、万物，那么自己与百姓、万物一源的道理就

---

[1] 张子：张载，字子厚，世称"横渠先生"，北宋理学家。

已经背离和失落了。至于做大官，享受优厚的待遇，高居于百姓之上，则有拯救百姓于痛苦饥饿之中的职责。读圣贤的书，学习古人，粗略知道了其中的大义，就有使先明理的人启发后明理的人，使先觉悟的人启发后觉悟的人的责任。如果只知道自我完善，而不知道教化大众百姓，那就辜负了上天对我的厚待了。

孔子的儒家学派教育人，最重要的就是求仁，而其中最关键的就是在"自己想事业有成就，也要让人家事业有成就；自己想要事业显达，也要让人家显达"这几句话上。能事业上有所成就的人，不害怕外界不帮助，就好比富人什么东西都有富余，并不需要去向别人去求取；能够事业上显达的人，四面八方都畅通无阻，就好比是身份尊贵的人登高一呼，四面八方响应的人就很多。哪个人不想自己成就事业，让自己显达的呢？如果能够推广到别人，让别人事业有成就，事业显达，那么，就像万物回春一样美满了。后世谈论追求仁这个道理的，最精当的是张载的《西铭》，他认为天下的人都是我的同胞，天下的万物都是我的同类，广济天下苍生是侍奉上天的人理所应当的事。只有这样做，才能称之为人；否则，就违背了做人的道德，就是贼。真像张载所说的去做，那么使天下的人都能成就事业，都能够事业显达，也没有觉得有值得夸耀的善行和功劳，天下还有不心悦诚服而归附于他的人吗？

四曰习劳则神钦。凡人之情，莫不好逸而恶劳，无论贵贱智愚老少，皆贪于逸而惮于劳，古今之所同也。人一日所着之衣、所进之食，与一日所行之事、所用之力相称，则旁人韪[1]之，鬼神许之，以为彼自食其力也。若农夫织妇终岁勤动，以成数石之粟、数尺之布，而富贵之家终岁逸乐，不营一业，而食必珍羞，衣必锦绣，酣豢[2]高眠，一呼百诺，此天下最不平之事，鬼神所不许也，其能久乎？

古之圣君贤相，若汤之昧旦丕显，文王日昃不遑，周公夜以继日，坐以待旦，盖无时不以勤劳自励。《无逸》[3]一篇，推之于勤则寿考，逸则夭亡，历历不爽。为一身计，则必操习技艺，磨炼筋骨，困知勉行，操心危虑，而后可以增智慧而长才识。为天下计，则必己饥己溺，一夫不获，引为余辜。大禹之周乘四载，过门不入，墨子之摩顶放踵，以利天下，皆极俭以奉身，而极勤以救民。故荀子好称大禹、墨翟之行，以其勤劳也。

军兴以来，每见人有一材一技、能耐艰苦者，无不见用于人，见称于时。其绝无材技、不惯作劳者，皆唾弃于时，饥冻就毙。故勤则寿，逸则夭，勤则有材而见用，逸则无能而见弃，勤则博济斯民，而神祇钦仰，逸则无补于人，而神鬼不钦。是以君子欲为人神所凭依，莫大于习劳也。

译文 第四条，习劳则神钦。一般来说，人的性情，没有不喜欢安逸而厌恶劳累的。不论贵贱、智愚，还是老少，都贪图安逸而害怕劳累，这一点古今都相同。人一天所穿的衣

---

[1] 韪(wěi)：是，对。

[2] 豢(huàn)：沉溺，陶醉。

[3] 《无逸》：出自《尚书》，为周公所作，主旨是"君子所其无逸"，告诫周成王不能贪图安逸，应当以殷商为鉴，学习文王勤政节俭的高尚品质。

服、所吃的东西，与他一天所做的事、所出的力相称，那么别人就会认同，鬼神也会称许他，认为他是个自食其力的人。比如，种田的农民，织布的妇女，一年到头勤勉辛劳，只能收获几石粮食、几尺布。而富贵人家一年到头安逸享乐，不经营任何产业，但吃的一定是珍美的肴馔，穿的一定是精美鲜艳的丝织品，沉溺于享乐之中，吃饱喝足之后高枕而眠，一呼百应，这是天下最不公平的事，鬼神不称许的，这样难道能长久存在吗？

古代的圣明君主、贤能宰相，比如商汤天不亮便起身思考治理国家的大计，周文王从早忙到晚还不休息，周公夜里还继续做白天没有做完的工作，半夜起来坐着等天亮，他们都无时无刻不以勤劳来自我勉励。《无逸》这篇文章，推论到人如果勤劳，就会长寿，如果安逸，就会夭亡，一个个清清楚楚的例子可以证明是对的。为自己着想，则必须操习各种技艺，磨炼自己的筋骨，克服困难获取知识，不断勉励自己身体力行，居安思危，只有这样，才会增长智慧与才干。为天下着想，则宁愿让自己受饥饿，受水淹，有一个百姓没有得到自己带来的好处，就应当看作是自己的罪过。大禹治水四年，历尽辛劳，三过家门而不入；墨子为了给天下人谋福祉，不辞劳苦，从头到脚都磨伤了。这些都是以极其俭朴来对待自己，以极其勤劳来拯救百姓的例子。所以荀子喜欢称颂大禹、墨子的行为，就是因为他们勤劳的缘故。

自创办湘军以来，每次见到有才华、有一技之长，而且能忍受艰难困苦的人，没有不被别人重用，为当时人所称赞的。而那些没有一点才能和技艺，又不习惯于干体力活的人，都被时代所唾弃，最终饥饿受冻而死。因此，勤劳的人会长寿，安逸的人就会夭亡；勤劳就会有才能而受到重用，安逸就会没有能力而被唾弃；勤劳则能博济众人而鬼神也会钦佩，安逸则无益于别人而鬼神也不愿意享受香火。所以，君子想要得到人和神的依靠，最重要的就是要习惯于劳累了。

余衰年多病，目疾日深，万难挽回。汝及诸侄辈身体强壮者少，古之君子修己治家，必能心安身强而后有振兴之象，必使人悦神钦而后有骈集之祥。今书此四条，老年用自儆惕，以补昔岁之愆；并令二子各自勖勉，每夜以此四条相课，每月终以此四条相稽，仍寄诸侄共守，以期有成焉。

译文 我到老年后，身体多病，眼病也越来越厉害，已经不可能好转了。你们和各位侄儿身体强壮的很少。古代的君子自我修养，治理家业，一定能做到心里安泰，身体强健，而后才会有家业振兴的气象出现；必须使别人能心情愉悦，鬼神能钦佩，然后才会有各种祥瑞聚集而来。现在写这四条日课，一方面是我年老时用来自我警惕，以弥补过去的不足；另一方面也是要勉励你们两个人，你们每天晚上学习这四条内容，到每个月底就用这四条来相互检查，同时也要寄给各位侄儿，让他们共同遵守，希望你们将来都有所成就。

养生与力学，二者兼营并进，或是家中振兴之象

——《致澄弟沅弟》(同治十年十月二十三日)

(节选)

　　吾见家中后辈体皆虚弱，读书不甚长进，曾以养生六事勖儿辈：一曰饭后千步，一曰将睡洗脚，一曰胸无恼怒，一曰静坐有常时，一曰习射有常时射足以习威仪强筋力，子弟宜多习，一曰黎明吃白饭一碗不沾点菜。此皆闻诸老人，累试毫无流弊者，今亦望家中诸侄试行之。

　　又曾以为学四字勖儿辈：一曰看生书宜求"速"，不多阅则太陋；一曰温旧书宜求"熟"，不背诵则易忘；一曰习字宜有"恒"，不善写则如身之无衣，山之无木；一曰作文宜苦"思"，不善作则如人之哑不能言，马之跛不能行。四者缺一不可。盖阅历一生，而深知之深悔之者，今亦望家中诸侄力行之。养生与力学，二者兼营并进，则志强而身亦不弱，或是家中振兴之象。两弟如以为然，望常以此教诫子侄为要。

　　译文 我看到家里晚辈的身体都比较虚弱，读书长进也不大，曾经以有关养生的六种方法勉励儿辈，这六种方法是：一是每天饭后千步，二是睡觉前温水洗脚，三是胸中没有恼怒，四是按时静坐，五是坚持按时练习射箭（射箭很能培养威严的仪态，强壮筋骨，子弟们可以多操习），六是黎明起床后吃一

碗白饭（不要任何的菜）。这些都是我从老人那里学到的，多次尝试，没有一点流弊，如今也希望家中的各位子侄按照这些方法试着做。

又曾经用为学的四个字来勉励儿辈，这四个字是：一是看之前没有看过的书应讲求"速"，速度要快，没有广泛的阅读就会孤陋寡闻；二是复习之前读过的书应讲求"熟"，要尽可能熟悉读过的书的内容，不背诵就会容易忘记；三是练习书法应讲求有"恒"，练字要持之以恒，不善于写字就好比身上没有衣服、山上没有树木一样；四是写文章应讲求苦"思"，写文章要苦苦思索，不善于写文章就好比人哑巴不能言语，就像马跛脚不能行走一样。"速""熟""恒""思"四者是缺一不可的。这是我经历了一辈子所深刻认识到的，又有自己所懊悔没有做到的事，如今也希望家中侄子们能努力去践行。养生与努力学习这两者同时并进，就使意志坚强，并且身体也不虚弱，或许这也是家业振兴的气象。两位老弟如果认为我说得有道理，就希望你们经常用这些话来教育子侄辈。

二、日记

　　从现存文献来看，曾国藩自道光十九年（1839）正月初一日起开始写日记，二十二年（1842）向倭仁学习写自省日记，将"每日一念一事"用楷书记下来，边写边反思，此后写日记成为他的重要修身课程之一。坚持写了 6 年多之后，曾国藩似乎放弃了写日记的习惯，道光二十五年（1845）二月至咸丰八年（1858）三月一共 13 年多的日记缺失。从咸丰八年三月起，直至同治十一年（1872）二月初四日去世当天的 14 年，曾国藩的日记保存相对完整。现存曾国藩 20 年写的一百三十万字的日记，内容相当丰富，既有军国大事、日常交往、生活琐事、喜怒哀乐等，也有曾氏的反思、心得，读其日记不仅可以更全面、更真实地了解曾国藩晚清历史人物，而且能由此学习他的人生智慧和处事谋略。本书所选的日记，主要是曾国藩关于修身、治家的思考，读此可以更好、更全面地认识曾国藩的家教思想。

所贵乎世家者，在乎能自树立子孙

——《咸丰八年十月十一日日记》(节选)

送九弟时，与之言所贵乎世家者，不在多置良田美宅，亦不在多蓄书籍字画，在乎能自树立子孙，多读书，无骄矜习气；又嘱多习寸以外大字，以便写碑版；又嘱为三女儿订盟。

译文 送别九弟的时候，跟他说世家大族最珍贵的，不在于多购买良田，修建豪宅，也不在于多收藏书籍字画，而在于能教育培养好子孙，让他们多读书，没有骄傲自大的习惯和作风。又嘱咐九弟多练习一寸以上的大字，以便于写碑文版面；又嘱托九弟为三女儿订婚姻盟约。

以少忍待其定，退让守其雌，择善约守之处事

——《同治元年四月十一日日记》(节选)

静中细思，古今亿万年无有穷期，人生其间数十寒暑，仅须臾耳。大地数万里不可纪极，人于其中寝处游息，昼仅一室耳，夜仅一榻耳。古人书籍，近人著述，浩如烟海，人生目光之所能及者不过九牛之一毛耳。事变万端，美名百途，人生

才力之所能办者，不过太仓之一粒耳。知天之长而吾所历者短，则遇忧患横逆之来，当少忍以待其定；知地之大而吾所居者小，则遇荣利争夺之境，当退让以守其雌；知书籍之多而吾所见者寡，则不敢以一得自喜，而当思择善而约守之；知事变之多而吾所办者少，则不敢以功名自矜，而当思举贤而共图之。夫如是，则自私自满之见可渐渐蠲除矣。

译文 静下来仔细思考，古往今来已经有亿万年了，而且没有穷尽的日期，人在其中生存，只不过几十年的时间，仅一刻光阴罢了。大地广阔几万里，而且没有办法知道它的边缘，人在其中生活，睡觉休息，活动游走，白天只需要一间房子，晚上只需要一张床的位置而已。古人和近人写的书，可以用浩如烟海来形容，人一辈子能看的书籍，不过只是九牛一毛！世界上的事千千万万，好的名声可以通过各种途径来获得，人一辈子所能办到的，不过是京师大粮仓中的一粟那么少。懂得了时间的无限，而我所经历的时间却很短，那么碰到了忧患不顺心之事的时候，就应当稍微忍耐，等它安定。知道了大地的宽广，而我所居住的地方却很小，那么碰到了争夺名利的时候，就应当退让而甘心居于低下。知道了书籍有如此之多，而我所读的书却很少，就不会因为学问方面稍有心得就沾沾自喜，而应当考虑选择其中的好书去精读。知道事情很多，而我所能办的很少，就不敢以自己的功名来夸耀自己，而应当考虑推举贤能之士来共同谋划。只有这样，自私自满的毛病才可以慢慢消除。

内外勤俭、兄弟和睦、子弟谦谨等为
兴家之道

——《同治七年正月十七日日记》(节选)

是日阅张清恪[1]之子张懿[2]敬公师载[3]所辑《课子随笔》，皆节抄古人家训名言。大约兴家之道，不外内外勤俭、兄弟和睦、子弟谦谨等事，败家则反是。夜接周中堂[4]之子文翁谢余致赙仪之信，则别字甚多，字迹恶劣不堪，大抵门客为之，主人全未寓目。闻周少君平日眼孔甚高，口好雌黄，而丧事潦草如此，殊为可叹！盖达官之子弟，听惯高议论，见惯大排场，往往轻慢师长，讥弹人短，所谓骄也。由骄字而奢，而淫，而佚，以至于无恶不作，皆从骄字生出之弊。而子弟之骄，又多由于父兄为达官者，得运乘时，幸致显宦，遂自忘其本领之低，学识之陋，自骄自满，以致子弟效其骄而不觉。吾家子侄辈亦多轻慢师长，讥谈人短之恶习。欲求稍有成立，必先力除此习，力戒其骄。欲禁子侄之骄，先戒吾心之自骄自满，愿终

---

[1] 张清恪：张伯行，字孝先，号敬庵，一号恕斋，河南仪封(今河南兰考东)人。清代理学家。官至礼部尚书，清廉刚直，康熙赞其为"天下清官第一"。谥"清恪"。

[2] 懿：疑误，为"悫"。

[3] 师载：张师载，字又渠，号愚斋，张伯行次子。康熙五十六年(1717)举人，以父荫补户部员外郎，累官至河东河道总督等。谥"悫敬"。

[4] 周中堂：周祖培，字芝台，河南商城(今安徽金寨)人。嘉庆二十四年(1819)进士，累官至刑部尚书、体仁阁大学士。谥"文勤"。

身自勉之。

曾国藩家书与日记三十二则

译文 今天读张伯行的儿子张师载所辑录的《课子随笔》，上面都是节抄的历代古人的家训名言。大概家庭兴旺的规律，不外乎内外勤俭、兄弟和睦、子弟谦谨等几个方面，反之家庭则会衰败。夜晚接到周中堂之子周文翕的信，感谢我在周中堂过世后送赙仪，他的来信中错别字很多，字迹也写得马虎潦草，大概是手下的门客们办的，主人也完全没有过目。听说周家的少爷平日眼界很高，喜欢信口雌黄，但丧事却办得潦草到这种程度，真是让人叹息啊！大概达官贵人家的子弟，听惯了各种大事的议论，见惯各种大场面，他们往往会轻视怠慢师长，讥讽别人的短处，这就是人们平时所说的骄傲。因由骄傲走向奢侈、淫荡、懒散放荡，以至于无恶不作，这都是从骄傲产生出的弊端。但是子弟的骄傲，往往又大部分是由于他们的父亲和兄弟是地位显赫的高官。这些人之所以做上高官，是因为运气好，遇到好时机，侥幸获得了显要的官职，于是他们就忘记自己根本没有多大本事，忘记了自己的学识浅陋，还自骄自满，导致子弟仿效他们的骄傲而他们却没有察觉。我们曾氏家族的子侄们也多有轻视怠慢师长，讥讽别人短处的恶习。如果期望他们要稍微有所成就，就必须先用大力气除掉这种恶习，一定要戒掉他们的骄傲；要想禁绝子侄们的骄傲，一定要先戒掉我心中的自骄自满，希望终身能以此自勉。

左宗棠：
知义与顺之理，得肃与雍之
意，室家之福永矣

——《与癸叟侄》（咸丰六年正月二十七日）

　　左宗棠（1812—1885），字季高，湖南湘阴人。道光举人，曾入湖南巡抚张亮基、骆秉章幕府。由曾国藩推荐，率湘军在江西、浙江、福建等与太平军作战，历任浙江巡抚、闽浙总督。在福州创办福州船政局。后任陕甘总督，官至两江总督，封二等恪靖侯。中法战争时督办福建军务，病死于福州，谥号"文襄"。与曾国藩齐名，并称"曾左"。有《左文襄公全集》。

　　此封家书为左宗棠于咸丰六年（1856）正月二十七日夜写给侄儿左澂的。左宗棠首先告诫侄儿，读书的目的并不是只为科举功名，关键是提升自己的道德修养。针对侄儿性格软弱的问题，他要求侄儿刚强，即勇于担责任，能忍人所不能忍，立志之后全力以赴等。他要求侄儿秉持家族的寒素家风，通过努力学习，提升自己，并且告诫新婚的侄儿，夫妻之间只有能做到敬之如宾，联之以情，接之以礼，家庭才能永远幸福。

癸叟^[1]侄览之：

郭意翁来，询悉二十四日嘉礼告成，凡百顺吉，我为欣然。

尔今已冠，且授室矣，当立志学作好人，苦心读书，以荷世业。吾与尔父渐老矣，尔于诸子中年稍长，姿性近于善良，故我之望尔成立尤切，为家门计，亦所以为尔计也，尔其敬听之。

译文 癸叟侄儿：郭意老人来，了解到你的婚礼在二十四日已经办完了，事事都顺利、吉庆，我为之感到欣慰、高兴。

你已经二十岁了，而且娶妻成家了，应当立志学做一个好人，刻苦读书，以承担起世代相传的家业。我和你的父亲都渐渐老了。你在诸位子侄中年纪稍微大一点，禀性也善良，因此我盼望你长大成人之心就特别殷切。这既是为我们左氏家族考虑，也是为你考虑。你要恭敬地听我的话。

读书非为科名计，然非科名不能自养，则其为科名而读书，亦人情也。但既读圣贤书，必先求识字。所谓识字者，非仅如近世汉学云云也。识得一字即行一字，方是善学。终日读书，而所行不逮一村农野夫，乃能言之鹦鹉耳。纵能掇巍科、跻通显，于世何益？于家何益？非惟无益，且有害也。冯钝吟^[2]："子弟得一文人，不如得一长者；得一贵仕，不如得一

---

[1] 癸叟：即左澂，为左宗棠次兄左宗植长子。

[2] 冯钝吟：名班，字定远，号钝吟老人，江苏常熟人。明末生员，入清未仕，为人不合时俗，能诗文，精于小楷。与兄冯舒齐名，同属虞山学派，被称为"海虞二冯"。著有《钝吟集》。

良农。"文人得一时之浮名，长者培数世之元气；贵仕不及三世，良农可及百年。务实学之君子必敦实行，此等字识得数个足矣。科名亦有定数，能文章者得之，不能文章者亦得之；有道德者得之，无行谊者亦得之。均可得也，则盍期蓄道德而能文章乎？此志当立。

译文 读书并不应该只为了博取科举功名打算，但是没有科举功名就不能养活自己，那么为科举功名而读书也是人之常情。但既然要读圣贤书，必须先要识字。所谓识字，并不是仅仅如近世乾嘉汉学所追求的。认得一个字，就实行一个字，这才是学得好。如果整天读书，但行为举止还比不上山村中的一个农夫，那么这种能说会道就不过是一只学舌的鹦鹉而已。纵然能够考取高等级的科举功名，跻身于高官的行列，对社会、对家庭又有什么帮助？不但没有益处，而且还有害。冯钝吟说："子弟中出个文人，不如出一个忠厚老实的长者；出一个显贵的官员，不出一个老实本分的好农夫。"文人得到的只是一时的虚名，忠厚老实的长者能够培育几代人的元气；显贵的官职传不了三代，好农夫可以让人受益百年。从事实学的君子必然敦促自己努力去实行，这样的字认得几个就足够了。科举功名也是命中注定的，能写文章的人可得到科举功名，不能写文章的人也能得到；有道德的人可以得到，没有道德的人也能得到，都可以得到科举功名，那么还能指望他们有好的修养道德，而且能写出好的文章吗？这个志向一定要立。

尔气质颇近于温良，此可爱也，然丈夫事业非刚莫济。所谓刚者，非气矜之谓、色厉之谓，任人所不能任，为人所不能为，忍人所不能忍。志向一定，并力赴之，无少夹杂，无稍游移，必有所就。以柔德而成者，吾见罕矣，盍勉诸！

译文 你的气质是温顺良和，这是可爱的一方面。但是，大丈夫干事业，没有刚强之气是不行的。所谓刚强，不是气色矜持，也不是外表强硬而内心怯懦，应该是承担别人所不能承担的事，能够干别人所不能干的事，能忍受别人所不能忍受的人。志向一定确立起来，就必须全力以赴，没有一丁点儿杂念，没有丝毫的动摇，一定能有所成就。以柔顺的德性而成就事业的人，我很少看到，你要努力啊！

家世寒素，科名不过乡举，生产不及一顷，故子弟多朴拙之风，少华靡佻达之习，世泽之赖以稍存者此也。近颇连姻官族，数年以后，所往来者恐多贵游气习。子弟脚跟不定，往往欣厌失所，外诱乘之矣。唯能真读书则趋向正、识力定，可无忧耳，盍慎诸！

译文 我们左氏家族世代贫寒清白，家族子弟取得的科举功名也不过只是秀才、举人，田产也不到一顷，因此子弟大多数为人都有纯朴之风，很少有浮华轻佻的不良习惯，世世代代的恩泽因此得以稍微保存一些。最近我们左氏家族跟一些官宦之家结成儿女亲家，几年以后，往来我们家的人恐怕会有富贵子弟游手好闲的习气。如果我们左氏家族子弟的脚跟没有站稳，爱憎往往会没有了规范，外界的诱惑就会乘机侵入。只要能够真正读书，走向正道，有辨识能力，就没什么可忧虑的了，你能不谨慎吗？

一国有一国之习气，一乡有一乡之习气，一家有一家之习气。有可法者，有足为戒者。心识其是非，而去其疵以成其醇，则为一国一乡之善士，一家不可少之人矣。

家庭之间，以和顺为贵。严急烦细者，肃杀之气，非长养气也。和而有节，顺而不失其贞，其庶乎？

用财之道，自奉宁过于俭，待人宁过于厚，寻常酬应则酌于施报可也。济人之道，先其亲者，后其疏者；先其急者，次其缓者。待工作力役之人，宜从厚偿其劳，悯其微也。广惠之道，亦远怨之道也。

人生读书得力只有数年。十六以前知识未开，二十五六以后人事渐杂，此数年中放过，则无成矣。勉之！

译文 一个国家有一个国家的风俗习惯，一个乡有一个乡的风俗习惯，一个家庭有一个家庭的风俗习惯。这些风气，有可以效法的地方，有要引以为戒的地方。如果心中能明辨是非，而能去掉它们之中不好的并吸取有益的东西，那么，这个人就可以成为一个国家、一个乡里的优秀人才，一个家庭中不可缺少的主心骨。

家庭成员之间相处，要以和睦柔顺为贵。严厉、急躁、烦恼、苛细呈现出来的是一种肃杀之气，并不是家族兴旺发达需要有的氛围。和睦而讲究礼节，顺从而不失真诚，大致差不多了吧？

家里日常生活开支的原则是，自己的花费宁可节俭一些，对待别人的花费也尽量丰厚一些，平常的应酬则按一般的规矩办就可以了。用财物接济别人的方式，应该是先救济关系亲近的，后救济比较疏远的；先救济急需帮助的，后救济不太急需的。对待卖苦力做工的人，应当给丰厚的薪金以回报他们的劳动，同情他们，因为他们的收入实在太微薄了。广泛施恩惠，是消除怨恨的方式。

一个人一生读书，真正用功学习的只有几年。十六岁以前，知识还不够开阔；二十五六岁以后，又有各种繁杂的事务。从十六岁到二十五六岁这十年中，如果没有用功，终生会一事无成。你一定要努力啊！

新妇名家子，性行之淑可知。妃匹之际，爱之如兄弟，而敬之如宾，联之以情，接之以礼，长久之道也。始之以狎昵者其末必睽，待之以傲慢者其交不固。知义与顺之理，得肃与雍之意，室家之福永矣。妇女之志向习气皆随其夫为转移，所谓"一床无两人"也。身出于正而后能教之以正，此正可自验其得失，毋遽以相责也。孟子曰："身不行道，不行于妻子。"

胡云阁先生[1]乃吾父执友，曾共麓山研席数年。咏芝[2]与吾齐年生，相好者二十余年。吾之立身行事，咏老知之最详，其重我非它人比也。尔今婿其妹，仍不可当钧敌之礼，无论年长以倍，且两世朋旧之分重于姻娅也，尊之曰先生可矣。

尔婚时，吾未在家。日间文书纷至，不及作字，暇间为此寄尔。自附于古人醮[3]子之义，不知尔亦谓然否？如以为

---

[1] 胡云阁先生：胡达源，字清甫，号云阁，湖南益阳人。嘉庆二十四年（1819）探花，官至贵州学政。致仕后，主讲长沙城南书院。晚清中兴名臣胡林翼的父亲。

[2] 咏芝：胡林翼，字贶生，号咏芝、润芝，湖南益阳人。胡达源之子。道光十六年（1836）中进士，累官至湖北巡抚，晚清中兴名臣之一，湘军重要首领。

[3] 醮（jiào）：此处指古代婚娶时用酒祭神之礼。

然，或所见各别，可一一疏陈之，以觇所诣也。

——正月二十七夜四鼓季父字

译文 新媳妇是大家族的女儿，从她性情温柔、行为贤淑可以知道。结婚的时候，应该爱她如同兄弟，尊敬她如同宾客，用真挚感情去打动她，依照礼节对待她，这是长久相处的方式。刚刚结婚的时候，如果对她过分亲热，将来一定会出问题；如果彼此有傲慢的态度，夫妻的感情就不会牢固。明白道义与和顺的道理，懂得恭敬与和谐的意思，家庭就会永远幸福。女人的志向和习气都会跟着丈夫的变化而变化，所谓"一张床上没有两条心的人"。丈夫品行正派，然后才能教妻子品行正派，也可以反过来验证丈夫品行正派与否，不要马上就相互指责。孟子说："自己不依道而行，那么道义在妻子儿女身上都行不通，更不要说对别人了。"

胡达源先生是我父亲的好朋友，曾与我父一起在岳麓书院研读多年。胡林翼与我同一年出生，有二十多年的友谊。我的立身行事的原则，胡林翼知道得最清楚，他对我的看重并不是他人能相比的。你现在娶了她的妹妹，仍然不可用平辈的礼节对待他，不要说他年龄比你大一倍，而且两辈人的友谊要比婚姻关系更重要。你要尊称他为"先生"。

你结婚的时候，我没在家。平时又有各种公务文书要处理，我来不及给你写信，如今在空闲时间写了这封信寄给你。我自己认为这封信有着与你结婚时用酒祭神仪式一样重要的意义，不知你是不是这样认为？如认为有道理，或者有不同的意见，可来信一一阐明之，让我听听你的见解。

主要参考文献

一、史籍类

〔西汉〕司马迁．史记［M］．北京：中华书局，1959.

〔清〕严可均，辑．全上古三代秦汉三国六朝文［M］．北京：商务印书馆，1999.

〔南朝宋〕范晔．后汉书［M］．北京：中华书局，1973.

〔蜀〕诸葛亮，撰；张连科，管淑珍，校注．诸葛亮集校注［M］．天津：天津古籍出版社，2008.

〔魏〕嵇康，撰；戴明扬，校注．嵇康集校注［M］，北京：人民文学出版社，1962.

〔东晋〕陶渊明，撰；袁行霈，笺注．陶渊明集笺注［M］．北京：中华书局，2003.

〔南朝梁〕沈约．宋书［M］．北京：中华书局，1974.

〔北齐〕颜之推，撰；王利器，集解．颜氏家训集解［M］．上海古籍出版社，1980.

〔后晋〕刘昫．旧唐书［M］．北京：中华书局，1975.

〔宋〕邵雍，撰；郭彧，于天宝，点校．邵雍全集［M］．上海：上海古籍出版社，2016.

〔宋〕蔡襄，撰；陈庆元等，校注．蔡襄全集［M］．福州：福建人民出版社，1999.

〔宋〕司马光，撰；王宗志，注释．温公家范［M］．天津：天津古籍出版社，1995.

〔宋〕司马光, 撰; 李文泽, 霞绍晖, 校点. 司马光集 [M]. 成都: 四川大学出版社, 2010.

〔宋〕黄庭坚, 撰; 刘琳, 李勇先, 王蓉贵, 点校. 黄庭坚全集 [M]. 成都: 四川大学出版社, 2001.

〔宋〕叶梦得, 撰;〔清〕叶德辉, 辑. 石林遗书·石林家训 [M], 民国二十四年 (1935) 长沙中国古书刊印社本.

〔宋〕陆游. 放翁家训 [M]. 丛书集成初编本.

〔宋〕朱熹. 朱子全书 [M]. 上海古籍出版社, 安徽教育出版社, 2002.

〔宋〕袁采. 袁氏世范 [M]. 丛书集成初编本.

〔明〕方孝孺. 逊志斋集 [M]. 四部丛刊本.

〔明〕薛瑄, 撰; 孙玄常等, 点校. 薛瑄全集 [M]. 太原: 山西人民出版社, 1990.

〔明〕陈献章, 撰; 黎业明, 编校. 陈献章全集 [M]. 上海: 上海古籍出版社, 2019.

〔明〕徐媛. 络纬吟 [M]. 明末钞本.

〔明〕王阳明, 撰; 吴光, 钱明, 董平等, 编校. 王阳明全集 [M]. 杭州: 浙江古籍出版社, 2010.

〔明〕霍韬. 霍渭厓家训 [M]. 桂林: 广西师范大学出版社, 2015.

〔明〕吕坤, 撰; 王国轩, 王秀梅, 整理. 吕坤全集 [M]. 北京: 中华书局, 2008.

〔明〕姚舜牧. 药言 [M]. 丛书集成初编本.

〔明〕高攀龙. 高子遗书 [M]. 清文渊阁四库全书本.

〔清〕刘毓崧. 船山公年谱后编 [M]. 清光绪十八年鄂藩使署刻本.

〔清〕朱柏庐等，撰；湘子，译注.朱子家训〔外二种〕[M].长沙：岳麓书社，2015.

〔清〕张英，〔清〕张廷玉，撰；江小角，陈玉莲，点注.父子宰相家训——聪训斋语·澄怀园语[M].合肥：安徽大学出版社，1999.

〔清〕郑燮.板桥集[M]，清清晖书屋刻本.

〔清〕纪晓岚，撰；江不平，校订.纪晓岚家书[M].中央书店民国二十六年（1937）.

〔清〕林则徐，撰；江不平，校订.林则徐家书[M]，中央书店民国二十六年（1937）.

〔清〕曾国藩.曾国藩全集[M].长沙：岳麓书社，2011.

〔清〕左宗棠.左宗棠全集[M].长沙：岳麓书社，1987.

二、译注类

〔晋〕嵇康，著；夏明钊，译注.嵇康集译注[M].哈尔滨：黑龙江人民出版社，1987.

翟博，主编.中国家训经典[M].海口：海南出版社，1993.

劳子等，译注.白话新辑二十四孝图说[M].北京：中国致公出版社，1994.

成晓军，主编.名儒家训[M].武汉：湖北人民出版社，1996.

管曙光，编译.家书[M].武汉：湖北人民出版社，1996.

周秀才等，编.中国历代家训大观[M].大连：大连出版社，1997.

吴敏霞，杨居让，侯蔼奇，注译.治家格言[M]，西安：三秦出版社，1998.

檀作文，译注.颜氏家训 [M].北京：中华书局，2007.

王人恩，编著.古代家训精华〔精编本〕[M].兰州：甘肃教育出版社，2012.

马誉国，马吉照，编著.父母课：我国传统家庭教育经典译注大全 [M].合肥：安徽人民出版社，2013.

荣格格，吉吉，编著.中国古今家风家训一百则 [M].武汉：武汉大学出版社，2014.

刘开举，译注.颜氏家训译注 [M].上海：上海三联书店，2014.

唐浩明.唐浩明评点曾国藩语录〔典藏版〕[M].长沙：岳麓书社，2015.

〔明〕王阳明，撰，吴格，译注.王阳明诗文选译 [M].南京：凤凰出版社，2017.

〔明〕吕坤，撰；中华文化讲堂，注译.呻吟语 [M]，北京：团结出版社，2017.

楼含松，主编.中国历代家训集成 [M]，杭州：浙江古籍出版社，2017.

朱迪光.船山《传家十四戒》今译 [J].《船山学刊》.2018年第 3 期.

〔东晋〕陶渊明，著；郭平，译注.陶渊明集 [M]，上海：上海文艺出版社，2019.

方羽，编著.中国古代家训三百篇 [M].北京：商务印书馆，2019.

〔清〕左宗棠，著；彭昊，张四连，选编、译注.左宗棠家训译注 [M].上海：上海古籍出版社，2020.

张天杰，译注.曾国藩家训 [M].长沙：岳麓书社，2022.